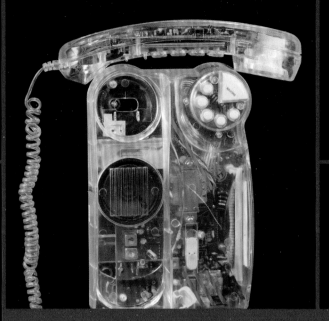

视觉之旅

[美]西奥多·格雷（Theodore Gray）著
[美]尼克·曼（Nick Mann）摄
陈晟 江昀 译

神秘的机器世界（彩色典藏版）

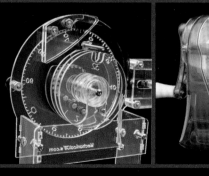
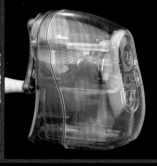

U0240231

人民邮电出版社

北京

Ⅰ. ①视… Ⅱ. ①西… ②尼… ③陈… ④江… Ⅲ.
①机器－普及读物 Ⅳ. ①TB4-49

中国版本图书馆CIP数据核字（2021）第202167号

版 权 声 明

◆ 著　　　　[美]西奥多·格雷（Theodore Gray）
　 摄　　　　[美]尼克·曼（Nick Mann）
　 译　　　　陈　晟　江　昀
　 责任编辑　刘　朋
　 责任印制　陈　犇

◆ 人民邮电出版社出版发行　　　北京市丰台区成寿寺路 11 号
　 邮编　100164　　电子邮件　315@ptpress.com.cn
　 网址　https://www.ptpress.com.cn
　 北京宝隆世纪印刷有限公司印刷

◆ 开本：889　1194　　1/20
　 印张：12.8　　　　　　　　2022 年 3 月第 1 版
　 字数：527 千字　　　　　　2022 年 3 月北京第 1 次印刷
　 著作权合同登记号　图字：01-2019-8019 号

定价：99.90 元
读者服务热线：(010) 81055410　印装质量热线：(010) 81055316
反盗版热线：(010) 81055315
广告经营许可证：京东市监广登字 20170147 号

内容提要

　　在漫长的历史长河中，人类发明了许许多多神奇而又伟大的机器，这些机器的出现解放了我们的双手，给我们的生活带来了很大的便利。今天，我们生活在一个机器世界之中，已经无法想象离开机器的情形了。

　　在本书中，畅销书作家西奥多·格雷将带领我们遨游神秘的机器世界，向我们展示日常生活中那些常见器物的结构之美，揭示其背后神奇的科学原理，讲述一段又一段迷人的故事，还特别介绍了众多看似怪诞而又美丽的透明机器。格雷再一次向我们展示了他那引人入胜的叙事能力、无比强烈的好奇心以及令人惊艳的珍贵收藏，分享了他对平凡事物的深刻洞察以及对人类创造力的由衷赞叹。

　　锁具、钟表、衡器、纺织机械这些古老的发明在人类历史的早期就已经出现了，而今天它们又以铯原子钟、太空体重计、自动化纺织机等崭新的面孔展现在世人面前。了解这些机器，就是了解人类文明和工业化的进程，也就是认识我们自己。

　　请开启你的发现之旅吧。

译 者 序
——蒸汽朋克和古早机械爱好者的宝典

我们高兴地宣布,格雷先生的这本神奇之书终于在我们的手里完成了翻译工作。一方面,我们非常自豪地将它介绍给中国读者,相信这本书一定能获得蒸汽朋克、古早机械爱好者和好奇心很重的孩子们的青睐。另一方面,我们也长长地缓了一口气,因为这本书的翻译过程实在太有挑战性了……实际上,这两者本是一回事:它读起来颇有些费脑力,却又能填补大多数人的知识空白。

如果你已经翻阅了前面的书页,就会发现这本书讲述的对象都非常普通:机械钟表、天平、杆秤、台秤、钥匙、门锁、采棉机、织布机……一句话,这些就是我们在日常生活中能遇到的寻常物件,并没有什么特殊之处。

然而,这本书并没有止步于此。格雷要为你解答的可能是你儿时曾经苦苦思索而又从未搞清楚答案的问题。这些最普通的机械装置的工作原理究竟是什么?

哦,或许你会说,这很简单啊!不就是杠杆原理,还有齿轮、弹簧啥的,在初中物理课上都学过嘛……实际上,本书的译者正是抱着和你同样的想法接受了翻译任务。但随着翻译的进行,我们陡然发现这些问题一点都不简单!要把它们弄明白,真的需要一些巧思呢。

比如,称量的时候,如果砝码没有放在托盘的中心,会有什么影响?为什么秤盘往往挂在秤杆的下面,而不是放在上面呢?弹簧秤小巧玲珑,读数方便,可为什么几乎没有哪个商家用它来称量物品?会不会有某一块钟表比地球本身的"走时"更精确?那些用于称量几吨或几十吨物品的秤又是怎么做到这一点的?当你忘记带钥匙时,"撬锁"这个操作是怎样完成的?

当然,这些问题属于"冷知识",即便你答不上来,也不过和地球上的绝大多数居民一样。然而,倘若你是一个蒸汽朋克爱好者,或者喜欢捣鼓古早机械,或者单纯就是好奇心爆发,想要知道这些问题的答案,那么这本书就很适合你。我们可以保证,这本书能够把这些问题讲得足够清楚,也足够好玩,还绝对不涉及那些复杂的公式和计算。(本书的译者都不擅长物理和数学,所以读者大可放心。)

本书由陈晟(西华大学讲师,吴大猷科学普及著作奖翻译类佳作奖获得者)和江昀(北京政法职业学院讲师)合作翻译,由人民邮电出版社刘朋负责编辑(在本书的翻译工作中,他对译者表现出了极大的耐心)。

最后,除了推荐这本书之外,我们还想郑重地介绍一下西奥多·格雷这个可爱的老顽童。他出版过《疯狂科学》《视觉之旅:神奇的化学元素(彩色典藏版)》《视觉之旅:化学世界的分子奥秘(彩色典藏版)》《视觉之旅:奇妙的化学反应(彩色典藏版)》等有趣的科普图书,一度让我们以为他是一位化学家。但这本书清楚地表明,他更是一个机械师,一个对机械充满了感情的手工匠人。嗯,你可以把他想象成一个熟悉炼金术的地精工程师。他的那几本化学科普书也很值得一看,强烈建议各位立即下单。

希望本书能够带给你一些独特的知识——也许是在世界上的其他地方很难获得的呀。

译者
2021 年 7 月 20 日于成都

目 录

前 言
令人感觉舒爽的事物

人们的身上总是充满了各种矛盾，他们的行为无法预测。他们可能会伤害你，甚至伤及你的内心。然而，机器就不是这样。它们该是什么样子就是什么样子。它们不会说谎，不会欺骗你；它们也不知道在哪里可以把伤害最大化，并加强那里的力度。（但是，打印机除外，因为打印机是机器里的另类。）机器总是遵守规则，即使刚开始时你还没有搞懂这些规则。一旦你掌握了这些规则，它们就永远不会改变了。它们会永远保持真实性和一致性。这一点对于你亲手制造的机器而言更是如此。

而别人制造的机器，那些结构复杂的东西，是可能让人感到沮丧、难以操控的。（因此，在拉斯维加斯的射击场里，你可以把你的打印机带过去，然后用手枪、突击步枪、锯短了枪管的霰弹枪等武器对它开火。你知道，怎么打都可以。）而你亲手制造的机器就像一本摊开的书。在你设计了它并把它变成现实的过程中，机器就把它的本质一步步地展现在你的眼前。最终，它因为你而存在，你也会比任何人更加了解它。你不仅清楚它的最终形态，而且知道你最终放弃的其他技术路线和其他外观形状，知道它可以为你提供良好服务的方式。如果某个东西是由别人制造的，当它坏掉时几乎就是不可修复的；而如果你制造的机器坏了，那么没问题，既然你做过一次了，当然就可以重新做一次。

平时常能制作各种东西，就是惬意的生活。当你捣鼓物件时，它们就变成了你的一部分。也就是说，在制造它们时，你有时会发现它们也反过来塑造了你。

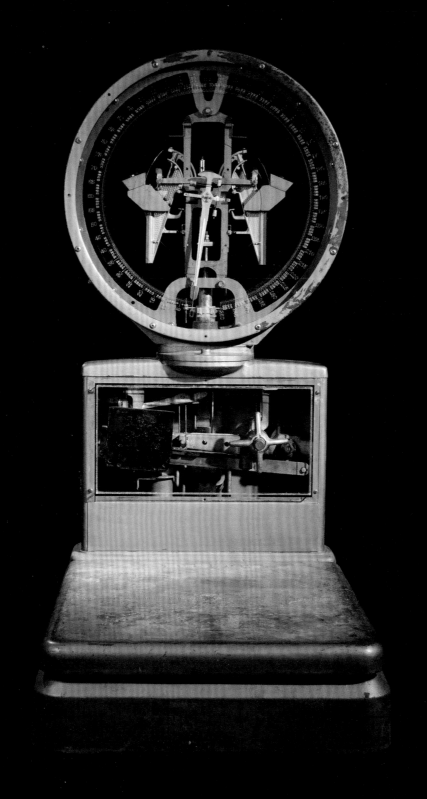

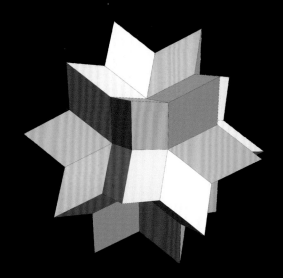

很多年来，我一直致力于创造一款名为 Mathematica 的计算机软件。当然，还有许多其他人也在为此工作。不过，开发之初，在该软件的用户登录页面上只看得到我自己，孤零零的一个人。看着这些年来积累的创作，我感到非常满意。那就是我的生活。（这也是字面意义上的：几年来，我没有其他生活，甚至没有一次约会。）

即便是在今天，我也能在脑海中看到那款软件的内部架构、逻辑，以及一些地方还存在的混乱。我已经有很多年没有实质性地看过程序代码了，但如果我这么做了，我确信自己能在那里找到老朋友编写的代码，以及那些在我之后参加这个项目的程序员。

如今，我每天依然会用 Mathematica 软件来完成自己的工作。没错，有时我会咒骂那个之前的自己，为什么留下了程序里的那些小漏洞（bug），以及那些我没有想到去开发的功能（因为除了我之外，没有谁会去关心这些功能并把它们添加进去）。它是我的宝贝，但现在不是了。它就像我的孩子一样，曾经幼小，但已经慢慢长大了。我必须接受我的孩子现在的模样，而不是去抱怨它本应该是什么样子。

开发 Mathematica 软件的过程，在 23 年里塑造了我。那是我的世界里很重要的一件事，我以在它上面投入心血为荣。不过，我同样也很高兴的是，当我有机会去做其他事情时，我选择了那条不同的道路。

出于一个偶然的机会，我开始搜集各种元素，然后我在它们身上花了很多时间，还顺道写了几本关于它们的书（《视觉之旅：神奇的化学元素》《视觉之旅：神奇的化学元素 2》《视觉之旅：神奇的化学元素（彩图卡片版）》《视觉之旅：化学世界的分子奥秘》《视觉之旅：奇妙的化学反应》《疯狂科学》《疯狂科学 2》）。元素是好东西。就像孩子一样，它们是天然和原始的，独特而又遍及各处。万物都是由元素组成的，包括我们所知和所拥有的一切，甚至孩子们也是由各种元素组成的。而被我们称为分子的东西，则是世间最复杂、最独特的机器。对我们而言，那些叫作 DNA 和蛋白质的机器就是生命本身。我花费在元素上的时间改变了我的生活，让我成为一个更好的人。嗯，我想，也是一个更有趣的人。

伴我一起长大的那些东西

软件和元素都是很有意思的东西，但本书并不是要谈软件和元素，而是要讲讲那个确定而又令人舒适的机器世界。当我还是个孩子时，我就摆弄、拆解、修理和制作了很多东西，年复一年。我从中学到了很多东西。最重要的是，我热爱这些事情，它们改变了我。无论我的心情好坏，它们都在那儿等着我。它们让我保持兴趣，为我敞开了一个新世界的大门。它们是我的过去的一部分，是我的现在的一部分，也将会是你的一部分。在这本书里，我搜集了许多有趣的东西给你看。我希望在后续的章节里，你能看到我所做的那些漂亮的东西——没有生命而又有趣的机器。

▲ 这个头像是用从废弃的屋顶上拆下来的锌皮制作的。

▼ 这就是计算器曾经的样子。我喜欢这些东西，其中一些是我刚开始记事时就见过的，如今它们依然可以使用。这样的东西我还有好几个。当然，现在它们都不再工作了，但我依然保留着它们。或许某一天，我会尝试让它们恢复生机。

▲ 还记得唱片吗？我听说它们近年来又回潮了。这个手提箱是我特意制作的，如果哪天有人邀请我去参加聚会，我就用它提着唱片去。呃，当然，目前还没有人邀请我。

▼ 在第 250~251 页，我会介绍这个触摸键盘的故事。

▷ 这个东西在当时可是军队里的绝密武器，它叫诺顿投弹仪。我爸爸得到了一个淘汰的产品，而我花了好几个钟头的时间去搞清楚如何让它的陀螺仪运转起来。这就是一台精密的机械式计算机，设计的用途是在考虑飞机所处的高度、速度以及风速和风向的影响之后，精确地计算出投弹的最佳时机。

◁ 这个东西是我做的，然后我把它扔了。

▲ 我做了好些个这样的动物模型，而我的父母把它们保存至今。对此，我永远心存感激。

▲ 17 岁那年，我织了一条像神秘博士戴的那样的围巾。没错，制片方公布了每种纱线的准确颜色和行数。当我正在编织它时，我的父亲走进房间里告诉我，我的妹妹刚刚去世。我以为自己会永远记住我当时正在编织的条带的颜色，但实际上并没有。我只记住了洒进窗户的阳光、空气的味道、开门的声音，以及其他诸多难以名状的感觉。

▲ 在德国念大学时，有一年的圣诞假期，我在祖父阿明（参见第 163 页）那位于瑞士阿尔卑斯山中的小木屋里，向他展示如何用一台简易的小车床制造一个木制的手摇铃。不要误会，他是一位专业的发明家，而在他的那座位于山巅的小木屋里，我见到了最精良的私人车间。当他表扬我那哗啦作响的婴儿玩具时，我真的感到很高兴。直到今天，我依然记得他当时说的那句"Ein rechtes Lehrlingsstück."。这是一句瑞士方言，意思就是"这是个优秀的学徒作品"。

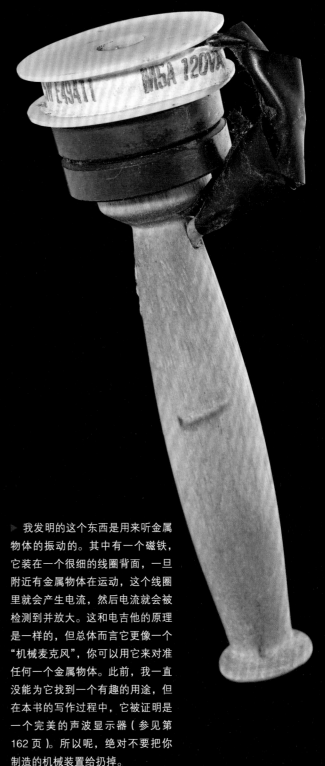

▷ 我发明的这个东西是用来听金属物体的振动的。其中有一个磁铁，它装在一个很细的线圈背面，一旦附近有金属物体在运动，这个线圈里就会产生电流，然后电流就会被检测到并放大。这和电吉他的原理是一样的，但总体而言它更像一个"机械麦克风"，你可以用它来对准任何一个金属物体。此前，我一直没能为它找到一个有趣的用途，但在本书的写作过程中，它被证明是一个完美的声波显示器（参见第 162 页）。所以呢，绝对不要把你制造的机械装置给扔掉。

如何阅读本书

在这本书里，你会看到透明的产品、锁、钟表、秤，以及其他许多从零件开始搭建的机器。这些主题看起来或许有些杂乱无章。嗯，至少关于透明装置这一章在安排上确实有一些随意。（不过，总体来说，本书是很有趣的，我保证。）

不过，其他各个章节就绝对不是随意安排的了，它们代表了那些古老而基础的机器。正是这些机器帮助人类丈量了我们的世界，确立了人类在其中的位置，引导我们走进今天这个奇妙而又可怕的现代世界。我无法拿出一份完整的清单记录下人类所有的发明，我想写的东西也非常多，但这只算是一个好的开始而已。了解了这些机器的工作原理，你就能大致理解这个机器世界是如何工作的了。

本书的写作绝对是一件乐事，我希望你也能感受到这种快乐，发现、了解此后各章里介绍的每一个好东西。

▼ 透明的东西：这一章介绍的是透明物体，其中许多是现代的发明，但它们也表达了古人渴望看到物体的内部，渴望去理解、揭示手中的东西是如何工作的。第一台机器是个简单的东西，其中所有能动的部件都一览无余。透明的东西可以帮助我们展示从早期到现代的各种机器的工作原理。

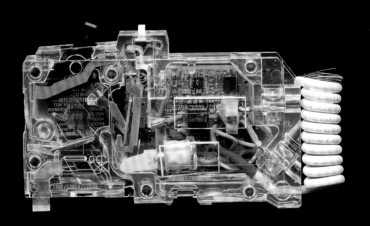

▲ 钟表：这是本书各章中最年轻的一类机械，只有 3500 多年的历史。当然，最初的钟表和一根插在地上的棍子差不多，那就是日晷。多个世纪之后，钟表已经演进为一系列奇妙的机械和电子装置。在 1954 年的某个时刻，钟表终于变得比日晷精确多了。实际上，它比地球本身的运转还要精确（这里指 1954 年人类历史上第一台商用原子钟诞生——译者注）。钟表是所有机械装置的一个缩影。从轮子到芯片，每个时代的发明都被用在了同时代的钟表之中。

▶ 锁具：目前已知最古老的锁具是在 4000 多年前制造的，其历史比钟表要悠久得多。显然，总有人试图偷别人的东西，甚至在人类发明文字之前，这种犯罪行为就已经存在了。保密则是锁具的基础。只要有足够的信息（比如说钥匙的形状、数字的组合），你就可以打开任何一把锁。这个事实让锁具成为人类历史上的第一种信息处理装置。它们就像一台台微型计算机，设计出来就是为了检测你是否掌握了足以打开它们的秘密信息。而在现代，锁具已经被抽象为一种纯粹的信息处理机制，包括密钥、计算机口令以及复杂的公钥加密机制等，从而确保了互联网上交易的安全性。

▶ 衡器：秤的出现甚至比锁具更早。大约在建造埃及的大金字塔时，人类就有了秤，距今已有 4500 年之久。当我们要买或卖某个东西时，首先要解决的同时也是最重要的问题就是对它进行称重。重量（严格地说，应该是"质量"——译者注）是定义我们所拥有的东西的数量的基本方式，同时也是判断它们值多少钱的依据。对商业活动而言，衡器必须是诚实的（很难作弊），但并不需要特别精确。对于那些不到一分钱的误差，谁会真的在乎呢？但如果是进行科学研究，有时就需要衡器达到十亿分之一的精度，这就促使了一系列更巧妙的设计诞生。2018 年，衡器制造技术达到了一个新的里程碑：人们制造了一台衡器，它比当时能够达到的称量精度更加精准。从此，存放在巴黎的国际千克原器就不再是人类对重量的标准定义了。（这里指的是 2018 年国际计量委员会决定用普朗克常量作为"千克"的定义基准——译者注。）

▶ 纺织：最古老的一些机器就是编织和纺织工具，可以追溯到文字发明之前。正如你期望拥有基本的保暖衣物一样，已知人类的所有族群都曾通过各种方式制造了线和布料。正是这些机器的重大改进吹响了工业革命的号角，布料特别是棉布在当时的技术领域和政治中都扮演了核心角色。正是布料制造方式的变革引导人类进入了现代社会，深刻地影响了我们这种会动手动脑的生物——让我们不再仅仅是这个世界的居民，而成为它的创造者。

透明的东西

　　当我还是小孩子时，某一天，我从一张图片上第一次看到了一个外壳透明的电话机，可以看到它的内部，看到那些使它发挥作用的电子元器件。我当时的第一个念头就是"哇，太棒了"，然后就是"我想要一个"。然而，我很快就开始担心起来。

　　看起来一个外壳透明的电话机显然比其他不这么做的电话机更有趣。那么，为什么并不是所有的电话机都有一个透明外壳呢？谁会想要把所有的好东西藏在一个毫无意义、不透明的外壳里呢？我知道，使用透明塑料制作外壳并不比用彩色塑料制作外壳更费钱。那些制造电话机的人只是还没有意识到可以用透明塑料制造它们的外壳吗？既然人们足够聪明，可以制造出整个电话机来，难道他们会笨到想不到这一点吗？一念至此，我突然有了一种失落感，或许并不是每个人都喜欢看到电话

机的内部结构。也许很多人更在意电话机外壳的颜色，而不是它的各个零件是如何组合在一起的。想到这里，我依然还是很难过。

　　在童年时期，我始终没能得到一部透明电话机，而现在我有了一个。但它来得太晚，已经没有用了，因为很多年前我家就不再安装固定电话了。

　　写这么一本关于机器是如何工作的书是一个很好的借口，让我能去搜集很多具有透明外壳的东西。这些东西对于理解机器的内部构造很有帮助，它们也很有趣，就像我预想的那样。不过，我没想到的是，这些东西中有很多其实只是在监狱中才使用的（为了防止服刑人员在其中夹藏违禁物品——译者注）。

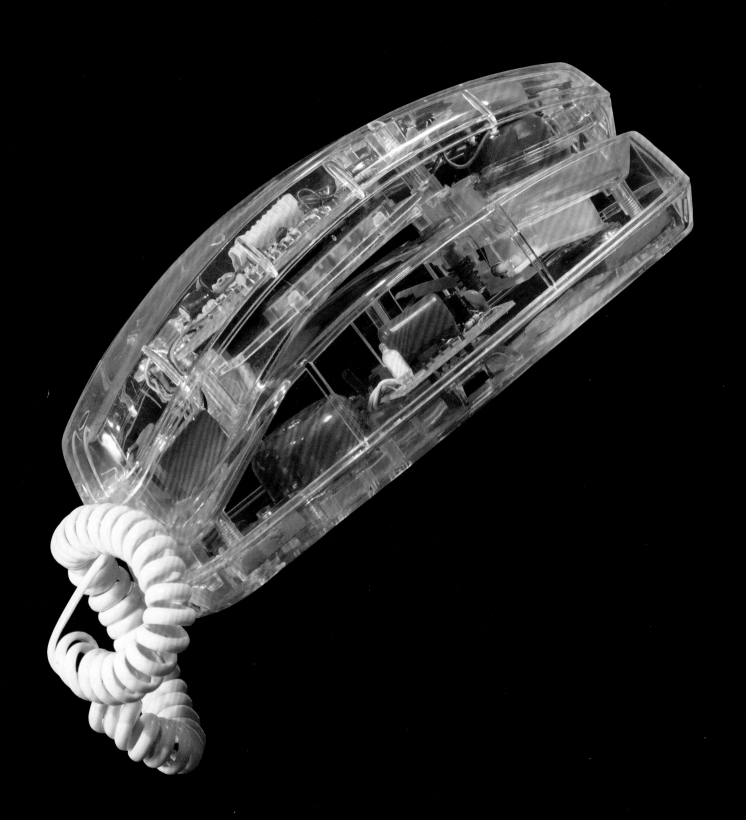

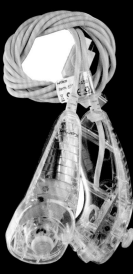

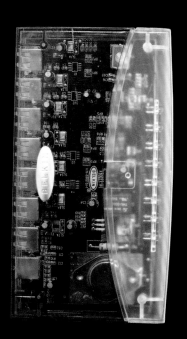

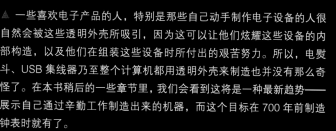

▲ 一些喜欢电子产品的人，特别是那些自己动手制作电子设备的人很自然会被这些透明外壳所吸引，因为这可以让他们炫耀这些设备的内部构造，以及他们在组装这些设备时所付出的艰苦努力。所以，电熨斗、USB 集线器乃至整个计算机都用透明外壳来制造也并没有那么奇怪了。在本书稍后的一些章节里，我们会看到这将是一种最新趋势——展示自己通过辛勤工作制造出来的机器，而这个目标在 700 年前制造钟表时就有了。

▼ 或许在我之外还有不少人由于其他原因会喜欢这些带有透明外壳的东西，这足以证明我不是唯一喜欢带有透明外壳的东西的人。这些透明外壳作为游戏机的周边产品出售，让你可以把游戏机、游戏机手柄的那些傻乎乎的塑料外壳扔掉，换成这种可爱的透明外壳。

▲ 你甚至可以为你的 iPhone 手机换上一个透明外壳。这样，你就可以清楚地看到它里面的电路板了。好吧，我是在开玩笑。这只是一个 iPhone 手机的保护套，上面印了一幅 iPhone 手机的内部结构图。不过，当我使用这个保护套时，它还是成功地吸引了不少人的目光。

透明外壳的救赎

年前，当在朋友科迪家里看到这样一台带有透明外壳的电视机（它和本页中的这两台很相似）时，我才第一次意识到"监狱工业"这个庞大的存在。我当时认为这很时髦，但她解释说，这不过是她在狱中使用过的电视机而已（没错，她曾经惹过官司）。而监狱方面之所以要求使用这种带有透明外壳的电视机，是为了确保囚犯们无法在电视机的外壳中藏匿毒品、刀具和其他违禁品。正如我以前不知道这类电视机的存在一样，这不过是冰山一角。

实际上，一些品牌的老式电视机（使用阴极射线管显像）的确有这种透明外壳，并且已经在监狱中沿用多年了。图中灰色的东西是阴极射线管，也就是你看到的玻璃屏幕背后的那个灰色的部分。它是空心的，同时也是不透明的。它可以用来完美地藏匿违禁品吗？没戏了，它的里头是真空，如果你试图在它的上面钻个洞以便把东西藏在里头，整个电视机就会轰隆一声炸裂开来。

这类使用阴极射线管的电视机内部充满了危险的高压，即便是电源线已经被拔下来几天之后依然如此（因为它的里头有电容器，可以把这些危险的电荷保存很长的时间）。因此，当电视机开着时，打开它的外壳，显然不是什么好主意。而如果你使用的是这种带有透明外壳的电视机，那么它内部的运作情况就一目了然了，而且很安全。

▲ 当然，如今的监狱也开始使用液晶电视机了，所以藏匿违禁品的空间就更难找了。在使用阴极射线管的老式电视机里，有不少磁铁和高压变压器，而液晶电视机里只有各种芯片和液晶显示器（LCD）。（至于液晶显示器是如何工作的，请参见第 127 页中的介绍。）

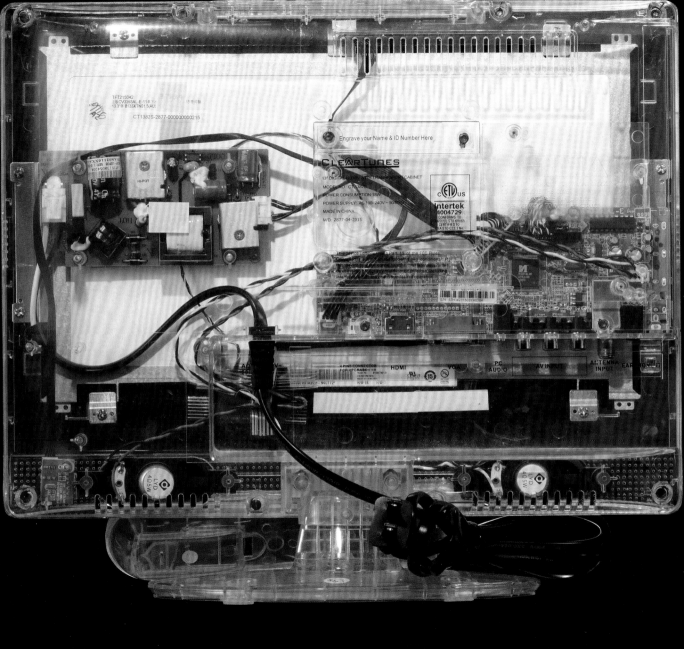

▲ 上一页中的那台液晶电视机的背部。

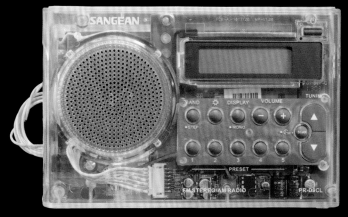

在近年来监狱中使用的收音机中，你也可以看到技术进步。老式收音机里有一个个独立的、硕大的电子元器件（比如电容器、电感器、电阻、变压器等），如今它们都已被各种新型芯片所取代。一个功能齐全的收音机完全可以被容纳在一个微芯片中，而这个微芯片也不过只有几个面包屑加起来那么大。

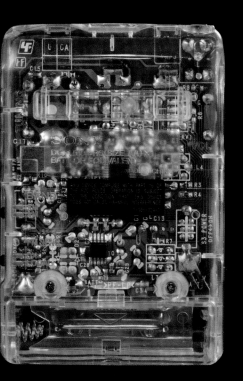

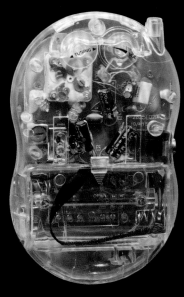

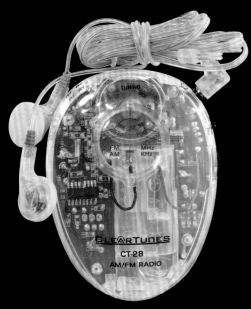

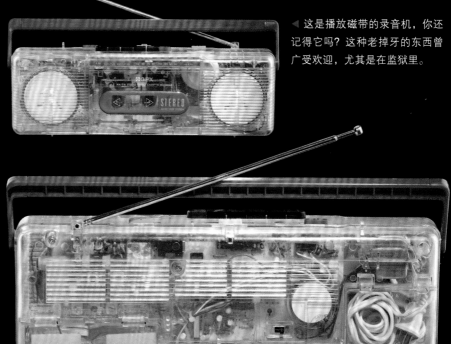

这是播放磁带的录音机，你还记得它吗？这种老掉牙的东西曾广受欢迎，尤其是在监狱里。

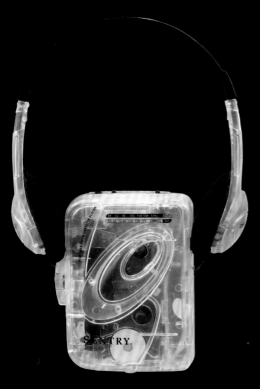

当我看到这盒透明的磁带时，我就想到其实磁带本身也可以为一些体积很小的违禁品提供藏身之处。而监狱方面在我之前就考虑到了这一点，所以磁带本身也是透明的。

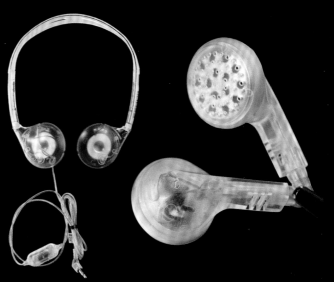

这是磁带录音机，已被 CD 播放器替代了。

透明的头戴式耳机和耳塞。

发条式收音机

我一直很喜欢这个透明的东西，因为它结合了发条和电子技术。它并不需要装电池，因为它使用的是手摇曲柄和发条式发电机。

这个发电机能产生脉冲电流。这种脉冲每秒可以产生很多次，就平均水平而言，其能量水平足以让一台收音机工作。然而，我们需要的是持续的电压，而不是脉冲式的，所以，我们就要有一个电容器，在脉冲的峰值储存电能，在脉冲的谷值释放电能。通过这种方式，它就能给收音机提供稳定的电压了。

这种连接方式还有一个巧妙的作用，电容器会将其中储存的电荷反馈到发电机中，使其对发条产生一个反向的推力，减缓发条松开的速度。当收音机的音量很低时，它只需要一点点电能就够了。这样，电容器就会在很长的时间内都保持充电状态，发电机也只需要每隔几秒旋转一次。而当音量升高时，收音机需要较多的电能，发电机就必须保持快速旋转了。

电容器能让发电机产生的电力平稳地输出。

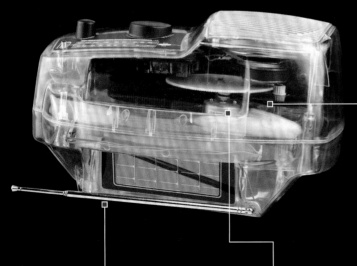

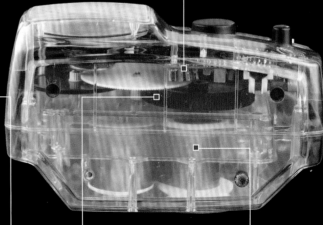

一组齿轮，可以使发条松开时的旋转运动加快。

这个强有力的簧片已经被缠绕和扭曲了，你通过绞盘传递给它的能量被它储存起来了。当它被卷紧时，千万不要去把它松开；否则，它就会猛烈地弹开，锋利的簧片甚至会划破你的手指。在第112页介绍年钟时，我们还会看到一个类似的簧片装置。

一个手柄，藏在天线的后面。转动这个手柄，就能让发条上弦。

一台发电机，很像一台反向工作的电动机。它不是把电能转化为旋转运动的动能，而是将旋转运动的动能转化为电能。导线再将电能从发电机输送到电路板，为这台收音机供电。

在发电机中，橡胶带把一个大转轮和一个小转轮连接起来，能够让转速进一步提高。

打字机

这个透明的打字机是一个很好的例子，不同时代的技术在这里梦幻般地混合在了一起。它的技术水平大致介于计算机和机械式打字机之间。当你敲击按键时，相应的字母信息就会进入机器内部的一个很小的芯片里并储存起来。这个芯片很小，每次只能储存一行字母的信息，而你可以修改这一行字母的信息，直到你按下回车键。这时，这些字母就会被真正打印出来。以上是计算机部分的功能，而接下来就是机械动作了。它的里头有一个齿轮，齿轮上有很多齿，每个齿对应一个字母或符号。齿轮快速转动，以确保此刻所需要的那个字母或符号恰好就位于齿轮的顶部。然后，一个强有力的电动锤子（也称为电磁阀）就会去敲击那个位于顶部的齿，将齿顶凸起的那个字母压印在色带

上，从而在色带背后的纸上留下这个字母的印迹。

虽然在外部世界里，人们早已转向使用计算机来打字了，但在监狱里时间是凝固不动的……这种透明打字机有时甚至还是全新的，仍然在这个国家的监狱系统内使用。

电吹风

一个透明的电吹风！还不止这一个，而是有好几种型号。当我看到这类特殊的物件时（在某监狱的商品目录和电商网站上看到），我突然意识到外壳透明的物件可能比我想象的还要多。如果电吹风的外壳都能做成透明的，还有什么东西不能呢？

电吹风的特殊之处就在于它是手持使用的电器中唯一的高能耗产品。实际上，它们的最大功率通常被设定为墙壁上的标准插座所允许提供的最大功率（这是由当地的法律所规定的）。

如果允许的话，电吹风的制造商还会让它的功率更大。

普通的电吹风通常有三挡温度设置（冷风、热风和高温）和三挡风速设置（断开、低速和高速）。从插座来的电流是交流电，这是一种不断变化的电流，它的方向会以每秒 60 次的频率在正相电压和反相电压之间来回变化（1/120 秒是正相，下一个 1/120 秒是反相，如此循环往复）。而我们恰好有一种很便宜、很小巧而又很有效的器件，它叫作二极管，可以让一个方向的电流通过，而阻止另一个方向的电流通过。

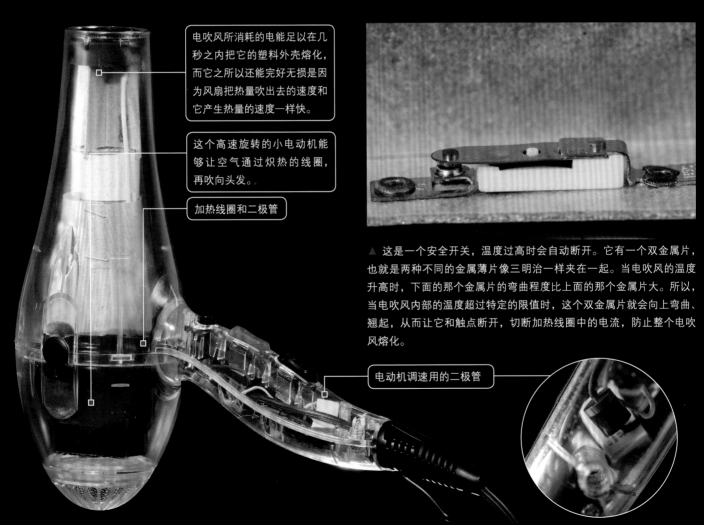

电吹风所消耗的电能足以在几秒之内把它的塑料外壳熔化，而它之所以还能完好无损是因为风扇把热量吹出去的速度和它产生热量的速度一样快。

这个高速旋转的小电动机能够让空气通过炽热的线圈，再吹向头发。

加热线圈和二极管

▲ 这是一个安全开关，温度过高时会自动断开。它有一个双金属片，也就是两种不同的金属薄片像三明治一样夹在一起。当电吹风的温度升高时，下面的那个金属片的弯曲程度比上面的那个金属片大。所以，当电吹风内部的温度超过特定的限值时，这个双金属片就会向上弯曲、翘起，从而让它和触点断开，切断加热线圈中的电流，防止整个电吹风熔化。

电动机调速用的二极管

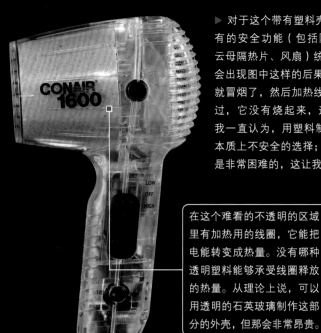

▶ 对于这个带有塑料壳的电吹风，如果你让它所有的安全功能（包括防止过热的安全开关、云母隔热片、风扇）统统都失效了，然后就会出现图中这样的后果。仅仅几秒之后，它就冒烟了，然后加热线圈周围就熔化了。不过，它没有烧起来，这多少让我有些惊讶。我一直认为，用塑料制作电吹风的外壳，属于本质上不安全的选择；但现在我发现要让它烧起来是非常困难的，这让我感觉放心多了。

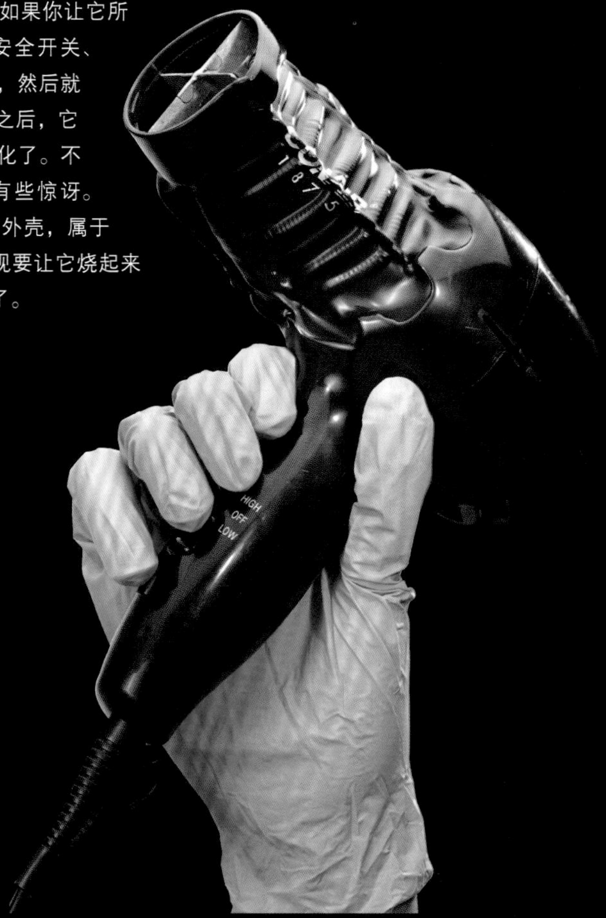

在这个难看的不透明的区域里有加热用的线圈，它能把电能转变成热量。没有哪种透明塑料能够承受线圈释放的热量。从理论上说，可以用透明的石英玻璃制作这部分的外壳，但那会非常昂贵。

如果你让交流电先通过一个二极管，则只有一半的电能（下图中的红色区域）可以通过二极管。电吹风中的低功率／高功率切换开关实际上只用于把一个二极管接入或让它脱离电路。当二极管被接入电路时，只有一半的电能可以通过它到达线圈。这就是你想要的低功率模式。

如果你想要的是两挡以上的功率选择开关，那么就会复杂得多，成本也会更高。实际上，如果你需要两挡以上的功率选择或者变化幅度更大的电流，那么不妨使用一个无级功率调节器。它又叫作三端可控硅开关（TRAIC），通常用在一些昂贵的电吹风以及安装在墙壁上的灯光亮度调节开关之中。

真实事件：1984 年，我正在德国哥廷根大学读大二，住在学生宿舍里。楼下住着一群来自中东地区的学生，而他们的电吹风坏了。我帮忙"修好"了那个电吹风，实际上是将电路绕过那个已经损坏的过热开关。我心存侥幸，认为这应该不会

带来更大的问题吧……结果，他们一打开电吹风，两秒后就跳闸停电了。他们开玩笑说，要把我扣为人质。当时我还没听懂，因为德语里"人质"这个词是那天晚上的晚些时候我查字典才知道的。

后来出了一件与此无关的事情，那件事完全没有我的责任。那就是一个立体声音响设备在公共区域突然燃烧起来了。在当时在场的人里，只有我认为应该立即用灭火器灭火（我也真的这么做了）。我想其他学生可能很不爽，因为我把灭火器里的干粉喷得整个房间里到处都是，但我敢肯定自己拯救了很多人的生命。我在那里住了一年，当时同住的其他同学的名字和模样如今我已经记不清了，但我依然清晰地记得音响设备里的那个大功率滤波电容器着火时的样子——它直接从音响设备顶部飞出来了。

透明的东西　27

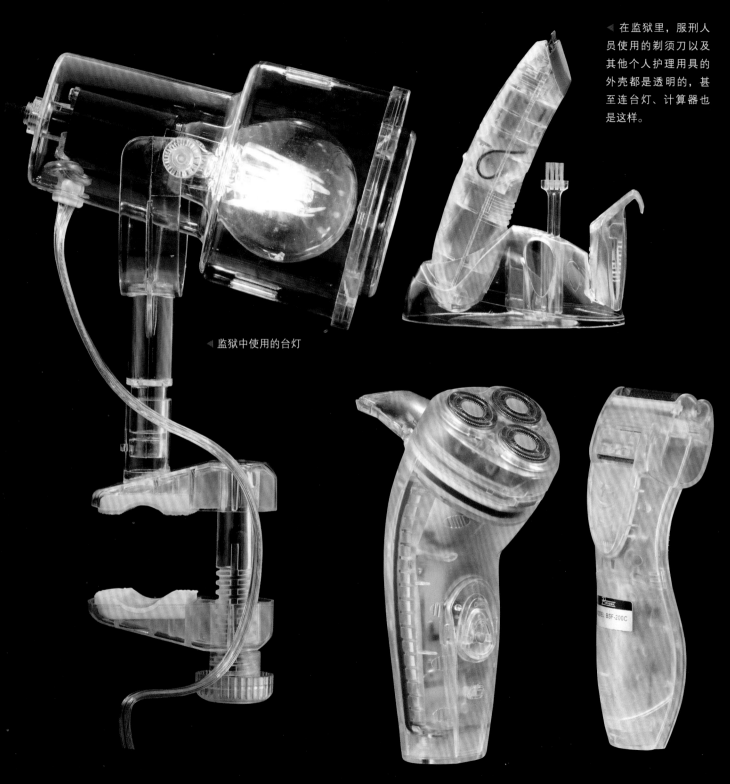

在监狱里，服刑人员使用的剃须刀以及其他个人护理用具的外壳都是透明的，甚至连台灯、计算器也是这样。

监狱中使用的台灯

这个是监狱里使用的计算器？哦，不是，这只是个小玩具而已。它做成透明的样子似乎并没有什么特别的原因。

这个才是监狱里使用的计算器。

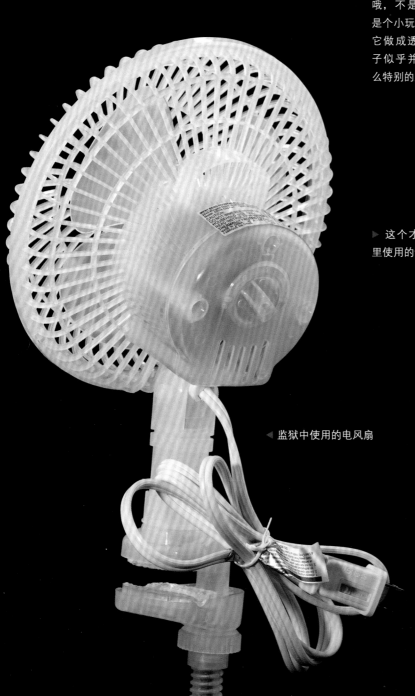

监狱中使用的电风扇

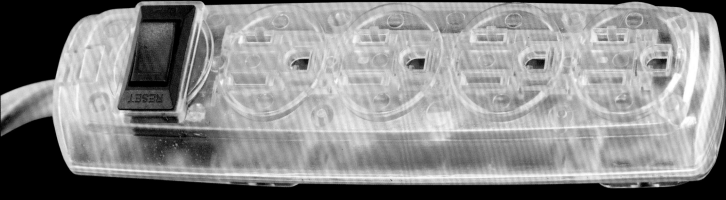

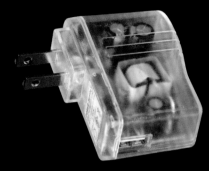

▲ 在一间低戒备等级的牢房里有一堆电气设备，因而需要一个标准的插线板和电源适配器。而企业对此做出了积极响应，提供了这类外壳透明的插线板。

▶ 透明的插头并非都是为监狱制造的。比如，图中的这一个就是在医院里使用的，它们的外壳是透明的，这样就可以从外部检查它们，确保电线的连接牢固、可靠，并且没有出现导线过热（会导致氧化）和绝缘性能失效的情况。

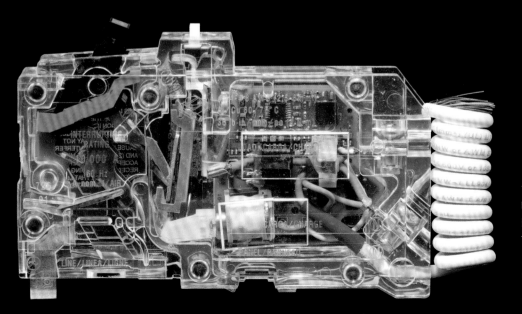

◀ 断路器是一种电气设备，当电路里的电流强度超过设计值时，它就会立即切断电路。这个外壳透明的断路器可以让你看到其内部的那个电磁铁。当电路过载时，电磁铁弹起开关切断电路。我相信，之所以这么设计是因为这个断路器被用在性命攸关的场合。

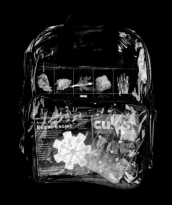

鉴于美国的监狱管理部门如此热衷于使用外壳透明的物体，我认为倘若有可能的话，他们会要求囚犯自己最好也是透明的吧！

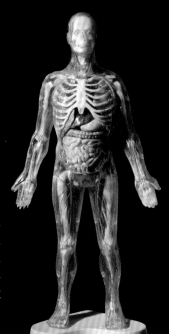

▲ 广告上说这种透明的书包是给学生用的，而据说需要用到它们的理由跟监狱中使用外壳透明的物件类似。这真是一件令人难过的事情，我们的学生居然和那些作奸犯科的人一样不被信任。

▶ 尽管我从未找到任何一个监狱管理部门主张囚犯穿透明囚服的实例，但我确实找到了一则新闻报道：一名警长因为试图让囚犯们穿上透明的囚服而惹上了麻烦。这被认为显然越过了底线。

▼ 透明人并不存在（至少目前还不存在），但世界上真的有一些透明的动物，比如一些透明的鱼类和这种可爱的透明青蛙。

▼ 另外，还有一个地方也会把无辜的人当作罪犯一样对待，那就是机场。放在这些透明塑料袋里的二元式液态爆炸物（两种液体本身是安全的，但把它们混合后会产生一种易燃易爆物质——译者注）能通过机场的安检。（另外说一句，美国的这种使用透明袋子检测液体炸药的做法完全是徒劳的，因为无论是用肉眼看还是用 X 光机看，它们都和洗发水是一样的。）

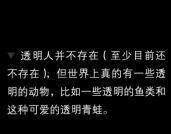

好吧，关于监狱的话题，我们已经说得够多了。实际上，世界上还有很多其他透明物体。钟表的历史非常悠久，而这和它们的内部构造是分不开的。在许多个世纪里，世界上再也没有比这些精致的钟表更精密、更漂亮的机械装置了。所以，钟表制造商们想要炫耀这一点就也不奇怪了。在"钟表"这一章里，你可以了解到这些美丽的老式透明钟表所有的工作部分。

我喜欢这个投影式时钟。虽然投影式时钟是一种古老的艺术品，但图中的这个倒是完全的现代产品。首先，它是用透明的丙烯酸酯制成的，而不是用金属和玻璃拼接而成的。其次，它靠电力驱动，而不像过去的那些需要拧紧发条，或者依靠手腕的摆动来工作。最后，它通过光束把钟面上的图像投射到墙上。

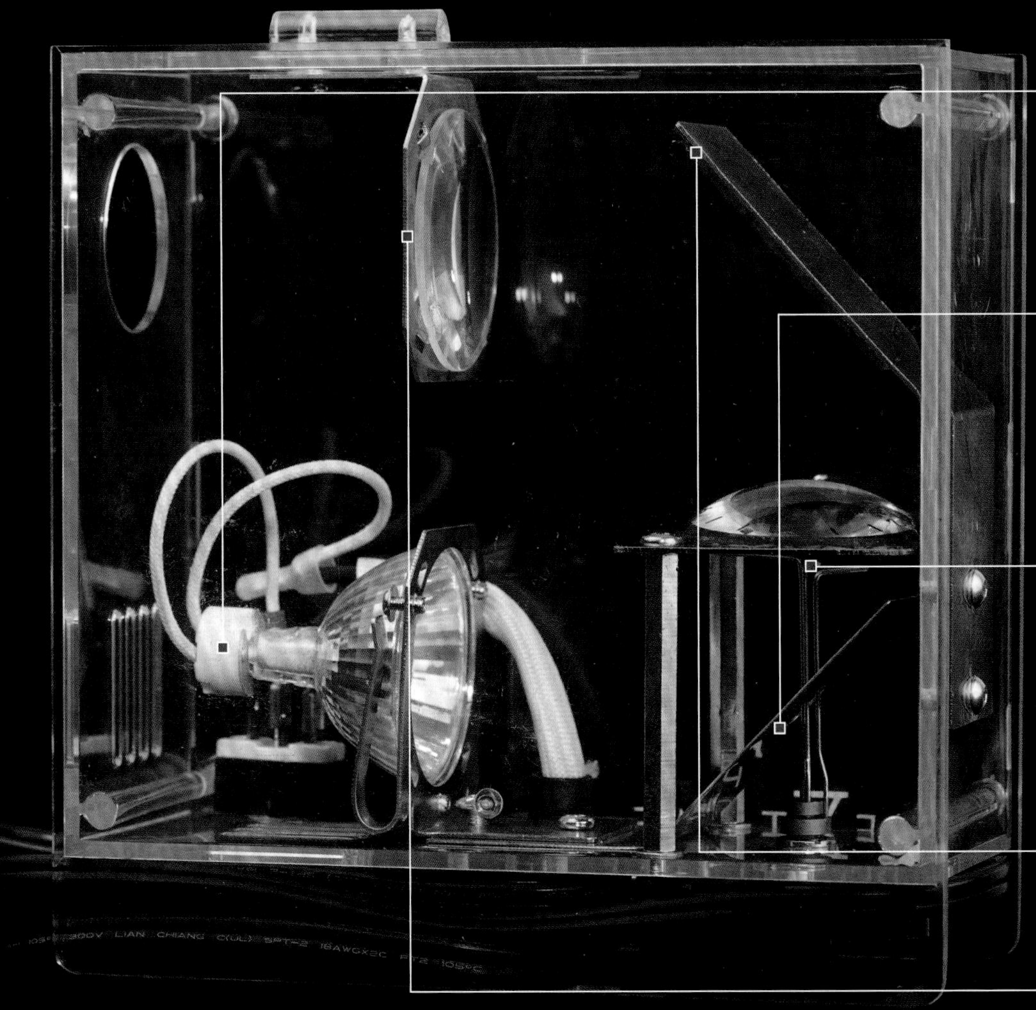

一个明亮的白炽灯泡，用作投影灯，可以产生一束光线并射向右边。

这块镜子的中间开有一个小洞。钟面上的时针和分针分别连接在一根长杆上，然后从这个洞里穿过去。这样，时钟的机械部分就藏在镜子后面了，而时针和分针则显露在镜子前面。这面镜子可以把光束向正上方反射。

时针和分针，在光束中产生了它们自己的阴影。

这块镜子第二次反射光束，将其射向左边。

这块透镜可以将光束聚焦，然后在墙面上投影出一个圆形图案来，那就是钟面。

这块透明手表实际上非常小，直径大约仅为 2.5 厘米，但它被放在一个直径为 10 厘米的实心玻璃球内。这个玻璃球起到了放大镜的作用，所以这块表看起来就像充满了整个球体。这类钟表在中国的旧货市场上很常见，我就是在那里买到它的。当我带着它乘飞机回来时，一名很和蔼的机场安检人员看着行李箱在 X 光下的图案对我进行询问。的确，它看起来还真像卡通片里的那种炸弹，引线从顶端伸出。关于这类东西，她也许已经见怪不怪了。因此，当我告诉她这是什么东西时，她甚至没有再让我去开包检查。

▼ 这两块带有透明塑料外壳的腕表看起来很相似，但其设计目的截然不同。上面的那块是透明的，它戴起来很酷炫；而下面的那块则是给服刑人员使用的，戴起来怪怪的。

◀ 实际上，中国机场的安检工作相当严谨。我一直想拍一张"定时炸弹"在 X 光下的照片。在我随后的一次旅行中，安检人员再次拦住了我。弄清问题后，他们很乐意让我拍摄了这张很漂亮的 X 光照片，而图中显示的其实是我的 5 个塞满各种钟表的手提箱中的一个。在"钟表"这一章里，我们还会提到它。（关于安检人员的严谨，另一个证据是在这 5 个塞满钟表的大箱子里，他们唯一感兴趣的就是图中箱子左下角的那个黑色的圆柱体。实际上，那是一个摆钟的沉重的大理石底座，我们将在本书第 111 页看到它。）

和水一样透明

　　图中的这个装置算得上一个奇思妙想：一套透明的洗碗槽下水管，加上一个内置的管路堵塞清理机构。在所有正确安装的洗碗槽上都会有一个 U 形排水管，它通常连接在洗碗槽的底部。排水管从洗碗槽底部向下延伸，然后来一个 U 形转弯，扭头向上行进几厘米，接着再次掉头向下，伸入下水道里。这样一来，少量的水始终位于 U 形弯的底部。为什么要这样设计呢？这是因为下水道的气味非常难闻。如果没有这个 U 形弯，下水道里散发出来的气体就会顺着管路释放到洗碗槽里，再散发出来。（如果一个房间很久没有人住过了，那么往往会有难闻的气味，因为存留在 U 形弯里的那些水几个月后就会蒸发殆尽，而下水道散发出的气体就能长驱直入了。解决之道是，每隔几个月就要把房间里的每个水龙头都打开，放水 1 分钟，并让抽水马桶冲一次水。）

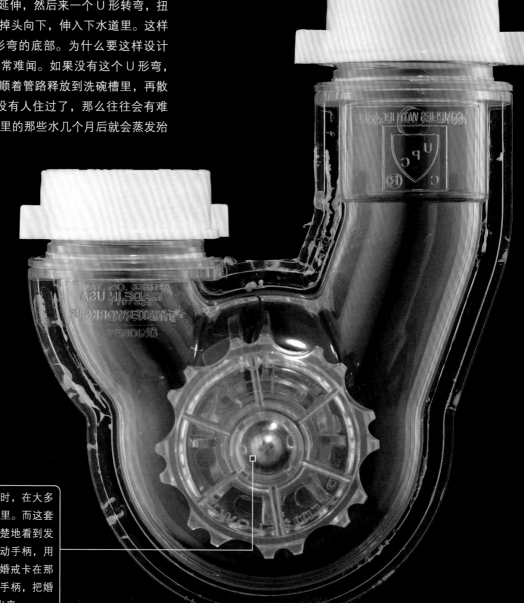

当厨房中洗碗槽的排水管路堵塞时，在大多数情况下堵塞部位都在 U 形弯那里。而这套透明的下水管道不仅可以让你清楚地看到发生堵塞的情况，而且可以让你转动手柄，用桨叶排除堵塞物。当你看到你的婚戒卡在那里时，也可以往相反的方向转动手柄，把婚戒朝上推，再从洗碗槽里把它捞出来。

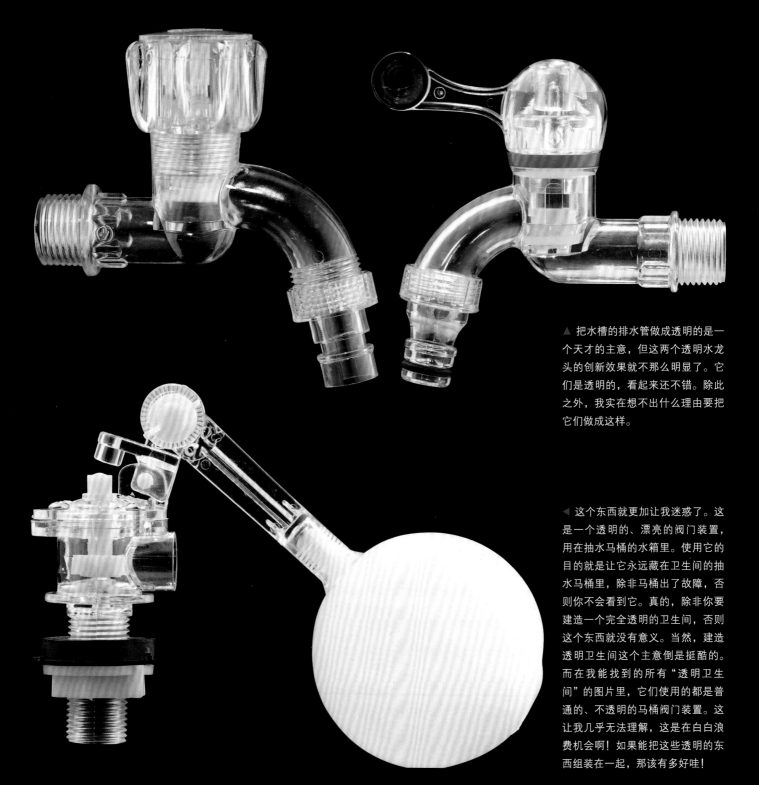

▲ 把水槽的排水管做成透明的是一个天才的主意，但这两个透明水龙头的创新效果就不那么明显了。它们是透明的，看起来还不错。除此之外，我实在想不出什么理由要把它们做成这样。

◀ 这个东西就更加让我迷惑了。这是一个透明的、漂亮的阀门装置，用在抽水马桶的水箱里。使用它的目的就是让它永远藏在卫生间的抽水马桶里，除非马桶出了故障，否则你不会看到它。真的，除非你要建造一个完全透明的卫生间，否则这个东西就没有意义。当然，建造透明卫生间这个主意倒是挺酷的。而在我能找到的所有"透明卫生间"的图片里，它们使用的都是普通的、不透明的马桶阀门装置。这让我几乎无法理解，这是在白白浪费机会啊！如果能把这些透明的东西组装在一起，那该有多好哇！

其他一些透明的东西

每天都有无数个本该一次性使用的透明物品被当作艺术品制造出来，同时也有很多被当作客户订制的时尚物品被装在纽约市的豪华公寓里，其中一些是相当精致的。但我更感兴趣的是那些大规模生产出来的透明物体，因为通常而言，它们蕴含了许多设计思想和心血。如果你打算制造数百万件产品，并且只打算每件卖个十来块钱，那么你就必须认真优化你的设计。正是在这些平常的产品中，反而更容易看到真正的天才设计。

在很多情况下，这些艰辛而昂贵的设计工作主要是为了生产普通的、不透明的产品。但模具就是模具，某些时候，若设计师决定改用透明塑料代替不透明的材料来生产产品，那么就有了它们。

在监狱和管道这两个领域之外，办公室似乎是另一个适合透明物品存在的温床。也许在那些没有窗户的格子间里有一个看透订书机的"窗口"，多少能让白领们感到宽慰一些。我敢说，图中的那个订书机还是用普通订书机的模具制造的。订书机通常是红色或黑色的，但把它们做成透明的不需要额外增加成本。这个订书机是我从某个"1元店"买来的，那里的每件东西的价格真的就是 1 美元。

▲ 透明打孔机

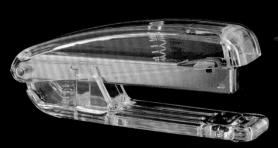

◤ 透明订书机

◀ 透明电动订书机

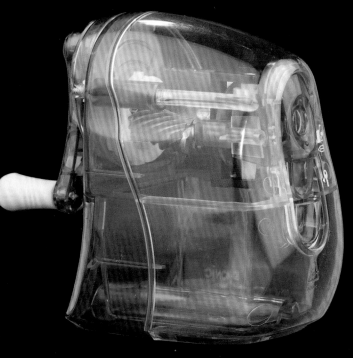

▲ 透明卷笔刀

▼ 这把透明的塑料椅子实际上牢固得惊人。最初，我有点怕坐在它的上面，但我现在担心的是不要把它刮花了。（这也是有些人讨厌透明物体的理由之一。它们的表面一旦被划伤了，看起来就会非常丑陋。）

▶ 不过，对于这些稍贵一些的桌子和椅子而言，就不存在刮花的问题了。它们是用玻璃切割而成的，就像你看到的那种玻璃花瓶一样。19 世纪中晚期，这类东西很受印度富人们的欢迎。马哈拉哈人对于高档玻璃家具的独特品位支撑起了英国的整个玻璃家具行业（图中的这些无价之宝现收藏于康宁玻璃博物馆）。

因为我已经活了很久，制造过足够多的"有趣的玩意"，所以有件事情一直困扰着我：我知道万物都会变脏，这时它们看起来就不那么酷了，而是脏乎乎的。许多现代艺术品也遭受了同样的厄运。起初，它们看起来非常棒，然而它们很快就会变得破旧了。这件事真正的症结在于，透明的丙烯酸树脂只有在一尘不染的时候才会好看。图中的这个东西是一个够劲儿的空气净化器（从技术上说，应该叫作臭氧发生器）。它在日常生活中有一个独特的功能，就是把污浊的空气吸进去加以过滤，同时让自己变得黯淡无光。

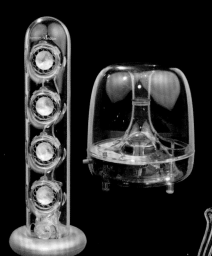

▲ 这是一个透明的苹果削皮机。我之所以把它收入本书，只是因为它包含一套可爱的、可见的齿轮。显然，有些人知道把产品制成透明的是很有创意的想法。

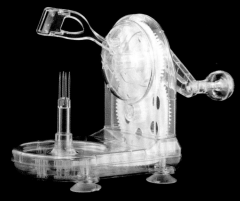

▲ 这些是 20 世纪 90 年代的电脑音箱，一直是我的最爱。它们的音色听起来很不错。你还可以清楚地看到低音炮（低频部分）是如何通过一系列空腔中的管道发声的。

▲ 有两类透明的小提琴：一种非常昂贵，那是给严肃、时尚而专业的音乐家们准备的；另一种就像图中的这个，是 eBay 上售卖的便宜货。和大多数实际情况一样，这个便宜版本的功能反而更丰富。当你弹奏它时，有一个酷炫的蓝色 LED 灯会随之闪烁起来。

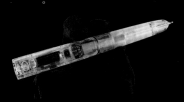

▶ 这个东西被它的发明者称为"笔头电脑"。它就像是一台笔记本电脑，除了并不是摆在你的桌面上，而是一个笔头。你可以用它在特殊的纸上书写，而它则会记录下你所写的一切内容，日后再转录到其他地方。你甚至可以用它做一些有趣的事情，比如画一个计算器，然后用笔尖点击按钮，用语音报出答案。这是一个有趣的想法，一项聪明的技术。我把它放在这里只是因为它也有一个透明的外壳。

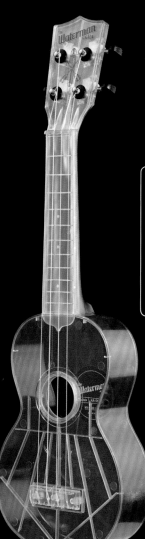

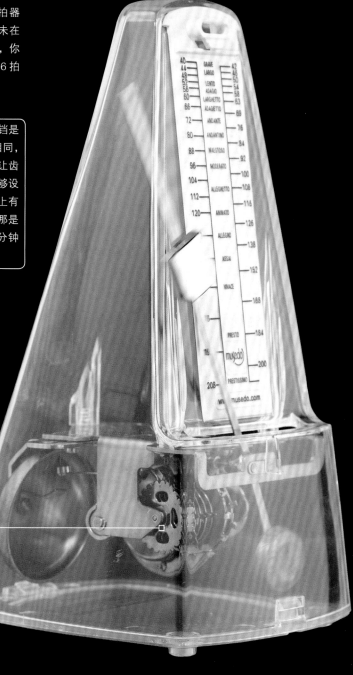

▶ 如果要和你的那些透明的乐器配套的话，还有什么比得上这个透明的节拍器呢？它甚至还有一个功能，那是我从未在其他节拍器上见过的。它有一个铃铛，你可以将它设置为每 2 拍、3 拍、4 拍或 6 拍"叮"地响一声。

这个透明的外壳让你能够看清这个铃铛是如何工作的。这些齿轮的齿数各不相同，正是它们决定了铃铛何时敲响。只要让齿条和一套特定的齿轮相啮合，你就能够设定铃铛响起的频率。（在本书第 96 页上有一个原理类似而又复杂得多的装置，那是一个落地式大摆钟，它可以每隔 15 分钟播放一段很复杂的音乐。）

▲ 这种透明的尤克里里甚至比透明的小提琴还要便宜一些。

▶ 和仔细抛光过的苹果木竖笛相比，这根廉价的塑料竖笛的确不是那么赏心悦目。不过，既然你都用塑料来制造它了，为什么不把它做成透明的呢？

有些透明物件是作为促销手段而制造的。比如，这个透明缝纫机就是用来在缝纫机商店里展示的。这样，顾客就能清楚地看到其内部精巧的齿轮结构。如今，这类样机已经不那么受欢迎了，因为机器里少有精巧的齿轮结构，而透明的外壳并不能让精密的计算机芯片具有同样的吸引力。芯片中的许多元器件的尺寸比可见光的波长还要小，哪怕你使用最强大的光学显微镜，也没法看到它们。

除了这些实用性的透明物件之外，还有一些透明模型。它们并不实用，但也并非玩具。比如，这把透明锁是供那些需要学习开锁技能的人（比如想当专业锁匠或偷车贼的人）使用的。这个透明发动机是一个教学模型，而那个牙齿模型则是牙医展示给前来看病的患者看的。当钻头嗡嗡作响时，等待着他们的是什么……

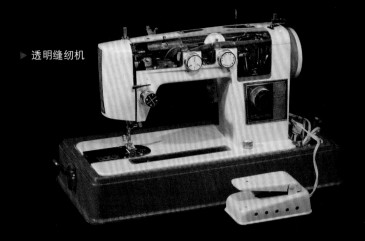

▶ 透明缝纫机

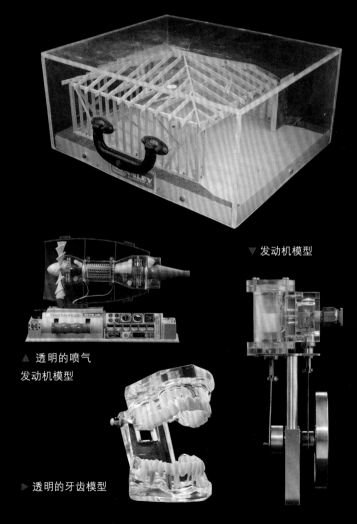

▶ 这个推销员使用的展示样品是一个车库模型。当然，这是一个缩小的框架模型。

◀ 当你在建筑工地上干活时，为什么要戴一顶透明的安全帽呢？那当然是为了展示你的一头秀发！这顶安全帽是用聚碳酸酯制作的，这种材料能够有效地抵抗冲击，起到保护头部的作用。这是一顶真正顶用的头盔。

▼ 发动机模型

▲ 透明的喷气发动机模型

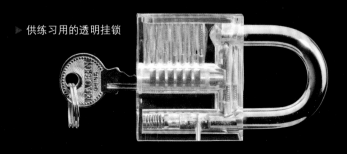

▶ 供练习用的透明挂锁

▶ 透明的牙齿模型

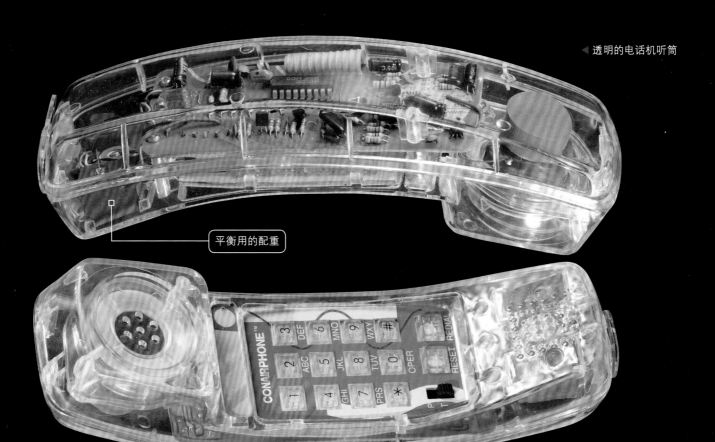

平衡用的配重

我们从一个透明的电话机开始介绍这一章，也将用同一个电话机结束这一章，因为它很好地展示了本书的写作意图——理解事物的内在逻辑。

和生物、地质构造不同，所有的人造物体都是人类意志的产物。有些人在思考如何才能让万物彼此融为一体？通过研究这些物体是如何构成的，我们就可以对制造它们的人了解得更多。他们工作的目标是什么？是追求物美价廉吗？他们更关心的是它们的外观还是使用者的感受？

注意到电话听筒里安装在底部的两个红色楔块了吗？它们是配重。实际上，它们是很小的铅块，两块加起来相当于今天的一部智能手机的重量。使用它们的目的只是为了让这个电话听筒的手感更好、更有分量，拿在手里时不像是塑料制品。人们关注的重点的变化多大啊！今天，手机的制造商们正努力为能播放音乐的高分辨率手机减轻重量，真正到了"锱铢必较"的地步；而在过去的时间里，他们特意给电话听筒增加了80克的重量，只是因为设计师希望这个听筒能给人们带来坚固耐用、质量优良的感觉。

在看完这一章之后，你也许认为世界上的东西几乎都可以拥有透明外壳。遗憾的是，带有透明外壳的东西实际上只占了所有物品中极小的一部分。不过请放心，不透明的东西和透明的东西同样有趣。你只需要把它们的外壳拆开，就能对里头的结构琢磨一番了。强烈推荐你把手边的各种东西都拆开，不过前提是你必须确保在拆开任何一个物件之前已经拔下了它的插头，并且其中没有任何可以储存电荷的电容器。此外，你还得知道如何才能把它们重新装回去，或者你有一个弟弟或一条狗可以帮你背锅。

在下面的各章里，我将给你看一些我最喜欢的东西，包括透明的和不透明的。我会试着告诉你它们是如何工作的，它们因何而存在，为何很重要。我希望你和我一样喜欢这些东西。

锁　具

————————————

　　锁具是用来阻止进入的物件，它们可以不让某些人或熊闯进你不希望他们进入的地方。当然，它们也必须以某种方式让特定的人或熊进入那些地方。这是两个简单而又相反的功能——准许和禁止，也是每一把锁具存在的意义。正是这些功能让它们变得如此复杂而又迷人。

　　要让锁具能够发挥作用，它就必须能够分辨让谁或什么东西进来，而把其他的人或东西挡在外面。有许多方法可以在"允许进来的人"和"被挡在外头吹风的人"之间划出界线来。

　　注意，本章介绍了一些开锁技巧，其目的只是为了让你学习锁具的工作原理，探索机器世界的奥秘。

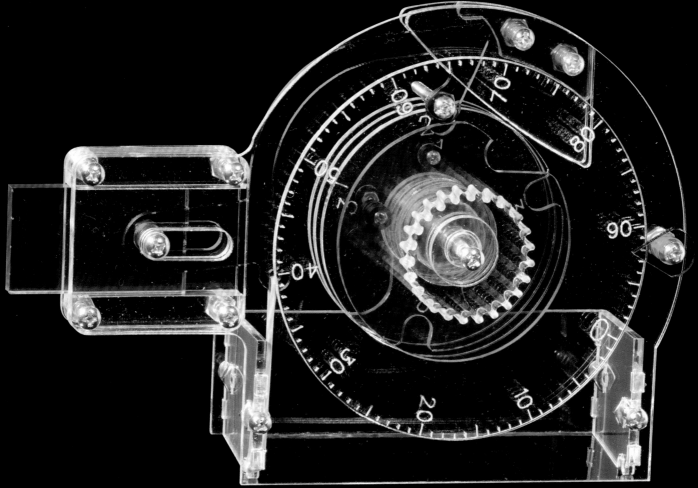

最简单的锁具就像这个儿童安全型药瓶盖。它试图通过知识（一边拧瓶盖一边往下压）和力量（你必须相当用力）的结合来区分成年人和儿童。从理论上说，只有成年人才拥有打开它所需的知识和力量。

然而，这种基于力量的大小来判断锁具是否打开的机制并不是很可靠。每个人都知道，对于一个成年人，比如你自己吧，当你没法打开一个儿童安全型药瓶盖时，最好的办法就是把它交给一个孩子，让他替你打开。孩子们对于做这种事情来说很聪明，手腕上通常也不会有关节炎。

与之类似，还有这个防婴儿打开的柜门锁。它有一个假按钮，用于哄骗婴儿以及那些已经明白如何破解常规的防婴儿锁的孩子。它的正面有一个按钮，看起来可以开锁，但实际上按下去时啥用也没有。真正的开锁按钮藏在锁的侧面，极不容易被发现。如果孩子们甚至成年人们不知道这个小把戏的话，他

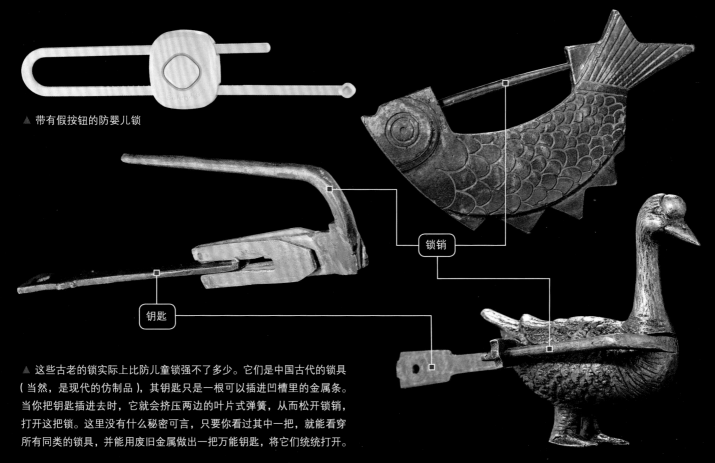

▲ 带有假按钮的防婴儿锁

锁销

钥匙

▲ 这些古老的锁实际上比防儿童锁强不了多少。它们是中国古代的锁具（当然，是现代的仿制品），其钥匙只是一根可以插进凹槽里的金属条。当你把钥匙插进去时，它就会挤压两边的叶片式弹簧，从而松开锁销，打开这把锁。这里没有什么秘密可言，只要你看过其中一把，就能看穿所有同类的锁具，并能用废旧金属做出一把万能钥匙，将它们统统打开。

们就很难打开这把锁。

对于一个锁具来说，如果仅仅知道它的基本工作原理就能把它打开，那么这将是非常危险的。一把真正的好锁需要开锁人知道一些与之有关的、独特而又隐秘的信息才能够被打开。

下面就是一类最简单的秘密信息：知道某个东西藏在什么地方。要打开这个插销，你需要有一把磁性钥匙。其实，用任何一块磁铁都可以，但你需要准确地知道这个插销装在门背后的什么位置。当你能看到这个插销时，这当然很简单；但当你被挡在门外时，这件事就没有那么容易了。虽然这并不是一种很安全的锁具，但它足以用来防御常见的"嫌疑人"了（熊的幼崽以及熊孩子）。

你是否可以沿着门的边缘缓慢移动磁性钥匙，直到把门打开呢？这是在你事先不知道秘密信息的情况下获取秘密信息的方法。换句话说，这是一种可以撬开这种锁的方法，而且并不费力。

美国的许多老房子里还有一类榫卯结构的锁具，用所谓的万能钥匙就能打开。这些锁对应的钥匙并不是完全相同的，所以，对于每一个锁具，你都需要掌握一些特定的秘密信息。不过，在某一栋房子内所有的门锁通常用的是同一把钥匙。在这类锁的内部有一些不太可靠的措施，阻止你用其他钥匙去开锁，

但实际上它们并不安全。正所谓"防君子不防小人"，它们的作用只是让你考虑是否真的应该打开那扇门，而不是在某人下定决心破门而入时，将其牢牢地挡在门外。

在下一页里，我们将看到第一种能够对普通人构成难题的锁具。

◀ 老房子（就是我家）
所用的榫卯结构的锁具

◀ 磁性钥匙锁

▲ 万能钥匙可以做得很精巧，但它们并不是真的很安全。无论钥匙的形状多么复杂，我们通常只需要一个发卡就能突破锁具里的限制机构。

配有特别钥匙的锁

这些粗陋的旧锁是我们首先看到的例子。这里的每一把锁都需要一些特定的秘密信息才能够打开。

图中的这把锁来自一间古老的俄罗斯牢房。把钥匙插入锁眼中后，转动钥匙，锁里的一套锁片中的一些就会被钥匙顶起来，而另一些则不会。只有当这些锁片同时处于适当的位置时，才能形成一道完整的空隙，让销钉得以在空隙中滑动，从而松开弹簧，打开门锁。如果钥匙上的某个部分太低，则该部分对应的那个锁片就不会被顶起来；反之，如果钥匙上的某个部分太高，则它对应的那个锁片就会被顶得过高。无论在哪种情况下，这些锁片都无法形成完整的空隙，销钉也就无法滑动，锁就没法打开了。所以，钥匙的精确形状就是开锁所需要的秘密信息。

但是，即便没有钥匙，这把锁依然很容易被撬开。所有的锁片都能从钥匙孔里轻易碰到，所以，你只需要把它们依次摁下并稍微加以摇动，直到锁发出"咔嗒"一声弹开为止。我们还可以继续改进。

◄ 俄罗斯旧时
牢房的门锁

移动销钉所
需的缝隙

好了，我们终于看到了第一把"真正的锁"。这是迄今为止最常见的一类锁具——弹子锁。如果你没有钥匙，要想打开这把锁，还真有点困难。嗯，我说的是"有点困难"，那是相对的。对于专业的锁匠而言，只需要几分钟甚至几秒钟就可以打开任何一把弹子锁。

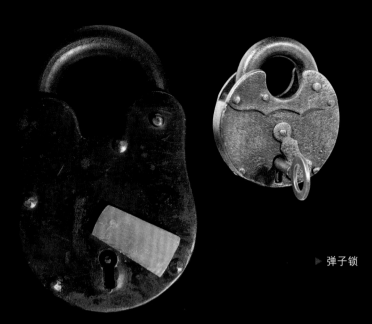

▶ 弹子锁

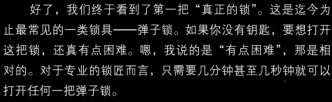

▲ 老式挂锁

▼ 这把弹子锁既可以防罪犯又可以防狗熊。说它可以防罪犯是因为它足够坚固，普通的罪犯不太可能尝试去撬锁（特别是因为这把锁所在的位置刚好就在警察局对面的街道上，从图中就可以看到），而说它能防狗熊是因为它挂在一扇厚重的铁门上，门上只有一个小窗口，窗口上还嵌着一块 2.5 厘米厚的防弹玻璃呢。

这扇门通向我的激光切割车间。它修得像一座碉堡，拥有一扇非常坚固的铁门和一个用防弹玻璃制成的窗口。不，这并不是因为我有被害妄想症，而是因为它是我能找到的最便宜的地方——在这里安置我的激光切割机，而它恰好曾是一个"汽车银行"的服务区。在它的地下室里还有一口水井。因此，如果发生丧尸围城，只要有足够的食物储备，我就绝对可以在此坚守下去。

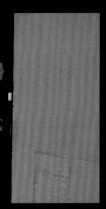

解剖一把锁

挂锁是最常见的运用弹子锁机制的器物。在一把弹子锁里，有一些弹子和一个圆筒（当你把钥匙插进去时，这个圆筒就能随之旋转）。或许你会认为这个转筒叫作锁扣，但实际上它称为锁芯。弹子锁里并没有叫作锁扣的部分，不为什么。或许是因为当你转动钥匙时，弹子会扣住锁芯，所以它才叫作这个名字吧。

不管它叫什么，这些弹子会卡住锁芯并阻止它旋转，除非弹子都已经按照完全正确的方式排列好了。即使在透明的挂锁中，也很不容易看清这种工作原理。所以，我们先来看看这个模型吧，然后用这些知识来理解一把真正的弹子锁。

世界上有各种各样的练习用锁具，比如下图中的这把用丙烯酸树脂做的透明锁以及底图中的这把真正的铁锁（它的上面开了好几个窗口，足以让你看清里面的弹子和锁芯结构）。这些锁具是锁匠用来练习撬锁技能的。当你真真切切地看到自己对弹子做了什么操作时，撬锁就容易多了。随着你的撬锁技能逐渐提高，你就能凭借手感去开锁，不需要再看着锁芯和弹子了。

▼ 下图是一个简化了的弹子锁结构示意图。它的内部有 5 组弹子，每组弹子又分为两部分，也就是一颗上弹子（以黄色表示）和一颗下弹子（以绿色表示）。每组弹子上面都有一根弹簧，弹簧把弹子推离锁体，嵌入锁芯上的孔洞之中。这些弹子就会卡在锁体与锁芯之间，从而阻止锁芯相对于锁体转动。请注意，尽管上弹子的长度相同，但每颗下弹子的长度不尽相同。当我们把钥匙插进锁芯中时，就知道为什么要这样设计了。

1. 当你把钥匙插进锁芯里时，钥匙就会顶着弹簧的推力，把弹子向上推开。这些弹子会顺着钥匙上的"山峰"和"山谷"的走势（统称为"牙花"——译者注）而被推上不同的高度。

2. 当钥匙被一推到底之后，下弹子的长度恰好能和钥匙上牙花的高度精确匹配。这时，所有下弹子的顶端就排列成了一条直线，并且恰好位于锁体与锁芯的界面上。这当然不是巧合。

3. 此刻所有的弹子都被恰到好处地顶了起来，因而锁芯就不会被弹子卡住了，可以相对于锁体旋转或滑动。对现实中的弹子锁而言，此时你就可以转动钥匙把锁打开了。而图中只是一个弹子锁的二维模型，所以我用"锁芯前后滑动"的方式来表示这个开锁过程，原理其实是一样的。只有当你用钥匙把所有的弹子都推到正确的位置时，锁芯才能够运动。

4. 如果你插进去的是一把错误的钥匙，那么这把钥匙的牙花就无法准确地匹配每颗弹子独特的长度，因此，这些弹子依然会继续阻碍锁芯的运动。

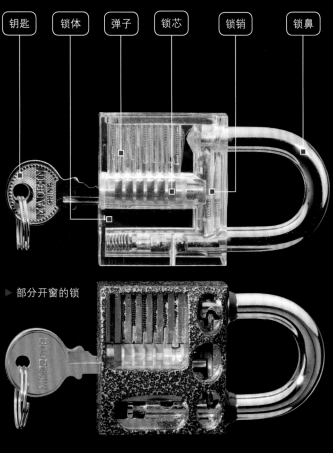

钥匙　锁体　弹子　锁芯　锁销　锁鼻

▶ 部分开窗的锁

① ② ③ ④

截线

▶ 除了那种开窗的金属锁，还有许多用丙烯酸树脂做的透明锁具，种
类繁多。几乎每一种真正的锁具都会有相应的、透明的练习用锁。

钥匙丢了，怎么办

　　如果你家大门的钥匙只有一把，而你又把它弄丢了，那么该如何打开自家的大门呢？找开锁公司？其实也可以自己动手试试。一个客观事实是：没有任何一个机械装置是完美无缺的。

　　比如，在打开下面这种类型的锁时，首先你要温柔地对锁芯施加一个侧向的力。嗯，锁芯不会转动，因为那些弹子（图中黄色的柱状物）挡住了锁芯。但是，并不是所有的弹子都真的阻挡了锁芯的转动，它们中的某一颗可能只是因为长了一点，或者其中的某个槽略微窄了一点，也可能是稍微偏离了中轴线，从而恰好卡住了锁芯。而这颗特殊的弹子被称为固定销，它能够将锁芯固定到位。而其他的弹子只是用于帮助它固定锁芯，此刻它们在对应的槽中都处于松动状态。不过，到底哪一颗弹子才是固定销呢？

　　1. 开始撬锁时，你需要一个工具，把锁芯里的第一颗弹子轻轻往上推。当你把它推上去时，接下来发生的事情无非就是下面两种情况中的一种：如果这颗弹子并未锁紧，就什么都不会发生；如果我们的运气足够好的话，就能听到很轻微的咔嗒声——这是由那个阻止锁芯转动的固定销发出的。

　　2. 你尝试撬动的第一颗弹子很可能并不是这个锁芯的固定销，因此，它在自己的槽里是松动的。当你把开锁工具放低时，这颗弹子会重新掉下来，回落到它原来的位置。然后，你需要继续抬起下一颗弹子。

　　3. 如果这一颗弹子也不是固定销，那么你就得继续尝试抬起其他弹子，直到找到固定销为止（在本例子中，图中的第三颗弹子是固定销）。此时，你会听到轻微的咔嗒声，并且锁芯也稍微转动了一点点。

　　4. 正是由于锁芯的这一点转动，当你放低开锁工具时，这个固定销就不会回落到原来的位置了。现在，另一颗弹子成为了新的固定销，在图中是第二颗弹子，实际上也可能是其他任意一颗。

　　5. 只需要几分钟，如果你的技术娴熟的话，甚至可能只要几秒，你就能找到所有的固定销，一个接一个地发现它们，直到某一刻，你搞定了最后一颗固定销的弹子。

　　6. 用开锁工具抬起最后这颗弹子，这把锁就被打开了。锁具制造商们总是想方设法让撬锁的过程变得困难，但世界上没有哪一把锁是绝对无法撬开的（不过，他们还是会这么宣传的）。

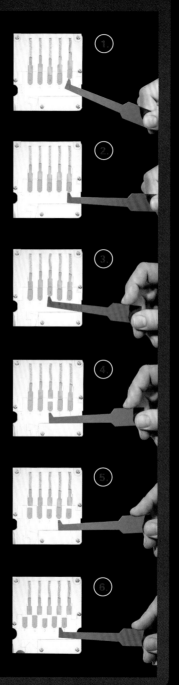

平头弹子　　　　带齿盘的弹子

带齿盘的弹子　　　线轴型弹子

线轴型弹子　　　　线轴型弹子

▲ 对于锁具制造商而言，在弹子的设置上，有很多小花招可以使用，从而增大锁具的安全系数。在一把"高安全性"锁具的锁芯中，可能同时使用了几种不同类型的弹子，而且它们的位置是随机排列的。一个经验丰富的锁匠能够分辨出每一种弹子被撬动时的手感，知道如何把它们各个击破。

这种自命不凡的锁在广告中被吹嘘为"撬锁者的克星"，看起来也的确很唬人。为了打开它，你必须使用一种特殊的双头钥匙，而其内部的齿轮装置决定了它的两个锁芯必须同时旋转才能把它打开。如果你尝试仅仅转动其中一个锁芯，那么它是不会被打开的，这就给撬锁增加了难度。在某视频网站上，有个著名的主播叫作"开锁王"（LockPickingLawyer），他只用了 2 分 40 秒就打开了一把这样的双头锁。你去看看那段视频，就知道他是怎么做到的了。

对于每一把号称"牢不可破"的锁具，在网上都能找到相应的开锁视频。这是好事还是坏事？

当然，任何一个曾经把自己锁在家门或汽车外的人都可以证明，这些视频其实非常有用，它可以让你在几分钟内打开几乎任何一把锁，而花费则远低于更换一扇破碎的窗户或修理一扇门的费用。

我是这么考虑的：你想要的是一把很难被撬开的锁。对于犯罪分子而言，这把锁要难以撬开，但并不需要比其他更具破坏性的闯入方式更难实现（以保护这把锁想要守护的房子或汽车）。

▼"防撬"摩托车锁

老话说，如果你的汽车有一个布制顶篷，那么你千万别锁上车门。如果你锁了车门，好嘛，那么被偷走的就不仅仅是车载音响，顶篷也会被撕烂。换一个顶篷的钱可比买一个车载音响多。在这种敞篷车上，你真正需要的是一把便宜的、能够被轻易撬开的锁（起码要比划开车子的布制顶篷容易），而这也就相当于干脆不锁车了。

关于锁具和犯罪，有一件事情需要强调：和你在影视作品中看到的恰好相反，绝大多数犯罪分子都是相当无能的。他们之所以去犯罪，正是因为他们没有诚实劳动所需的专业技能（坦荡的生活总比那种提心吊胆地夹着偷来的音响、惶惶不可终日的生活要有趣、有劲得多）。要把撬锁技术学好、学精是需要时间和聪明才智的。如果这两样东西你都不缺，那么你何必还要去作奸犯科呢？

专业的锁匠可以在几分钟内打开任何一把普通的锁。但作为有一技傍身的专业人员，他们可以通过合法开锁来过体面的生活，所以也就不必利用他们的技能去偷东西了。他们更愿意过一种襟怀坦荡、受人尊敬的生活，可以昂首挺胸地走在大街上。而意识不到这一点的人通常都不够聪明，自然也就无法学会撬锁技能了。

所以，这就是为什么说如果你家门上的锁容易被撬开，那么其实也并非坏事。除非你能做到几乎不出错，否则一把极难被撬开的门锁就意味着你把钥匙弄丢了以后就得花钱去换一扇门了。

锁，也是信息处理装置

除去那种最简单的儿童安全型瓶盖以及那种"能被一把钥匙打开的同类古董锁"，所有的锁具实际上也是信息处理装置，它们都需要一个密码才能打开。而对弹子锁而言，这个密码就是以机械的形式藏在钥匙之中的。

这里所说的密码是由钥匙上的各个点排列组成的，每个点的位置或高或低；而通过这种机械方式就实现了钥匙和锁之间的信息传递。对于每个特定牌子的锁，人们通常都会为钥匙规定一个标准的切口深度对照表，用数字 0~10 编号，表示钥匙上各个牙花的高度。这样，你就可以把这些代表牙花高度的数字写下来，形成一个字符串，从而就能描述任何一把钥匙的特征了。

比如，下图中的这把钥匙上各个牙花的高度可以依次表示

为 1-6-5-0-2-4。这一串数字就像是一个人的身份证号码，也类似于你的电话号码、银行卡号。只不过这串数字编码在一把金属钥匙上，而不是存在于你的脑海里。这样做既有好处也有坏处，但无论如何，我认为这是一个很有趣的例子：在人类进入电气时代之前，锁就已经信息化了。

从理论上说，一把钥匙的照片就包含了复制这把钥匙所需的全部信息。你是不是有些担心，总想把自己的钥匙藏好呢？想想我刚才说的，绝大多数犯罪分子都是相当无能的。别担心啦，不太可能有人想要对你耍这个小花招。

通过照片来复制一把钥匙这种做法不太可能用来犯罪，但常见的钥匙复制机的确就使用了这种方法。这台自动钥匙复制

▶ 各个凹槽的切割深度就是钥匙和锁之间的密码。

4
2
0
5
6
1

DO NOT DUPLICATE

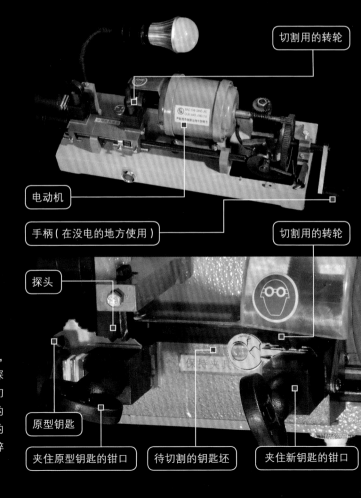

切割用的转轮

电动机

手柄（在没电的地方使用）

切割用的转轮

探头

原型钥匙

夹住原型钥匙的钳口　　待切割的钥匙坯　　夹住新钥匙的钳口

▶ 这台机器用于复制钥匙中所蕴藏的密码。我已经拆掉了它的外壳，所以你能看到其内部结构。一台典型的钥匙复制机器会配有一个"探头"，让它沿着这把原型钥匙走一遍，和探头连接在一起的则是一个切割用的转轮，它能够在新的钥匙上切割出一组凹槽来，而每个凹槽的深度都能和这把原型钥匙保持一致。长期以来，这是复制一把钥匙的唯一方法。现在我们已经进入了信息时代，人类也有了仅仅依靠纯粹的信息就能复制一把钥匙的方法。

▷ 这种数字化钥匙复制机制再多走一步就进入了"未必是好事"的地步，那就是网上提供的钥匙复制服务。只要你上传一把钥匙的照片，这些店家就能把复制好的钥匙寄到你指定的地址。现在，他们承诺这种服务不会违反道德，你上传的照片必须是在白色背景下拍摄的，而且你必须提供钥匙两侧的照片，还必须提供一个有效的信用卡号码。

但这些防范措施都不是太难绕过的：用 Photoshop 软件和一张有余额的银行卡就行了。下图显示了一把钥匙的两侧，但它们其实都是用上一页中的那把钥匙的照片转化而来的，而且钥匙上的"禁止复制"（DO NOT DUPLICATE）字样也被神奇地抹掉了。所以，或许你该担心一下，会不会有人用长焦距镜头拍摄你的钥匙，再利用这种网络配钥匙的服务闯入你家？嗯，也许。你可以在门前种一片灌木，以防你在开门时钥匙被人偷拍。

机是我在我们这里的沃尔玛超市门外看到的。它并不是通过机械探头以物理方式来跟踪那把原型钥匙的轮廓，而是用光学手段来扫描原型钥匙，也就是给它拍照并从中获取信息，再切割出一把新的钥匙来。

机械式钥匙复制机能够忠实地复制原型钥匙的信息，也就是各个牙花的高度。如果这把原型钥匙因长时间磨损，已经有一些牙花的高度出现了偏差，那么就可能有问题了。原型钥匙被拿来复制，复制出来的钥匙又当作原型钥匙而再次被复制，最终这些机械误差积累在一起，复制出来的钥匙就不管用了。

这台自动钥匙复制机知道每一种类型的钥匙所对应的标准切口深度表，因而能够将新钥匙制造得完全符合这个标准。只要原型钥匙的磨损程度不是很大（大到足以让机器误以为某个缺口是另一个标准缺口的深度），复制出来的新钥匙就是完美的。哪怕以你拿新的钥匙作为原型，再往下复制"几代"，这些复制出来的钥匙的精度也不会降低。

这个原理与录音的工作原理基本相同。如果你复制的是模拟录音信息（比如黑胶唱片、磁带或类似的古董录音技术产品），得到的副本就不可能是完美的。经过几次翻录，声音听起来就会变得很糟糕了。但如果你复制的是数字录音信息（音频文件），则每个复制品都是完美的。这种自动钥匙复制机把机械钥匙带入了数字时代，并将它们暂时性地转化成了数字信息。

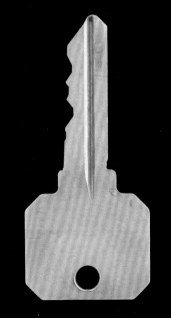

实例：主控钥匙很不牢靠

"凭照片就能复制钥匙"并不是机械锁具唯一的安全缺陷。很多大型商业建筑会有几百扇门，每扇门都装有一把锁，也有各自对应的钥匙，但通常有一把主控钥匙（Master Key），它能够打开这些门中的任意一扇。这样，看门人、维修人员或这栋建筑的业主就可以进入楼内的任何一个房间，而不需要携带几百把不同的钥匙了。

一旦这把主控钥匙被弄丢了，麻烦就大了。任何捡到它的人都可以打开楼内的每一扇门。哪怕你找回了钥匙，你也没法确定它是否被人复制过，因此，最终你可能需要将整栋楼里的每一把锁统统换掉。

而真正的麻烦是：其中的每一把锁都包含了制作一把主控钥匙所需的秘密信息。这栋楼里的每一个住户都能通过他们自己门上的锁获取所需的信息，从而打开楼里的任何一扇门。

要理解为何会这样，就要先来看看主控钥匙的工作机制是怎样的。

这就是一个安全隐患。如果你有这三把锁中的任意一把以及打开它的那把钥匙（比如，你就住在这栋楼里），那么你就可以找出锁里的每颗弹子"备用的那个开锁位置"。将每颗弹子的备用位置叠加在一起，就等于弄清了主控钥匙的形状。（具

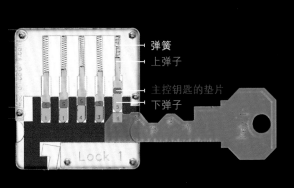

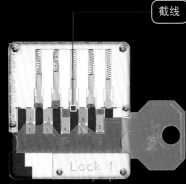

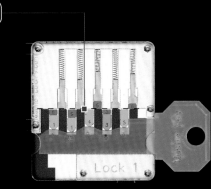

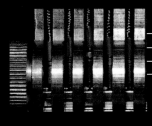

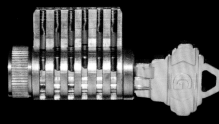

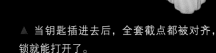

▲ 在带有主控钥匙的锁中，锁芯里的弹子分成三部分（图中分别用黄色、蓝色和绿色表示），而不是普通弹子锁的上下两颗弹子。这样一来，每颗弹子有两个不同的位置，允许锁芯滑动或旋转。也就是说，对于每一颗弹子而言，两把不同的钥匙都可以把它推到适当的高度，从而打开这把锁。

▲ 当钥匙插进去后，全套截点都被对齐，锁就能打开了。

▲ 如果让这些弹子在其他位置对齐，那么这两把不同的钥匙就可以开同一把锁。现在，我们就有了两把能打开同一把锁的不同钥匙。如果两把钥匙能打开同一把锁，那么其中的一把钥匙也就能打开这两把锁，甚至是数百把不同的锁，只要这些锁都能接受"一把钥匙和另一把特别的钥匙都能打开"的模式。

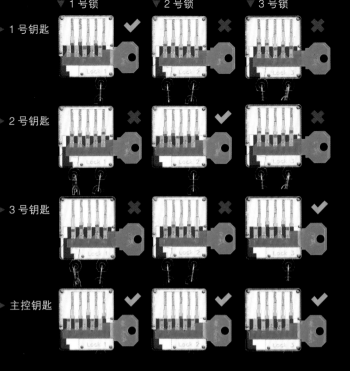

	▼ 1号锁	▼ 2号锁	▼ 3号锁
▶ 1号钥匙	✔	✘	✘
▶ 2号钥匙	✘	✔	✘
▶ 3号钥匙	✘	✘	✔
▶ 主控钥匙	✔	✔	✔

▲ 这里有三把不同的锁，每一把锁都可以用自己的那把钥匙打开，并且这把钥匙应该不能打开另外两把锁。然而，正如我们在上一页中看到的，每一把锁也可以用另一把不同的钥匙打开。通过仔细调整每把锁中两颗弹子的高度（我已经设置好了），使三把锁的第二把钥匙都是一样的。第二把钥匙就成了主控钥匙，能开所有的锁。

体而言，可以用几种方法来实现这一点：你可以拆开锁芯，直接查看弹子的排列；也可以通过不断试错，每次弄清一颗弹子的位置，逐步完善这把钥匙的形状。此外，你还可以通过网上的有关视频学习这种方法。）

　　既然你的任何一个邻居都可以通过看网站视频学会如何撬开你家的锁，人们又怎能在这种公寓楼里住上几十年呢？我想，这主要是因为在这几十年里还不存在视频网站这种东西吧。过去，锁匠是一个相当低调的群体，相关的撬锁工具也很难买到（甚至被列为违禁品）。此外，关于主控钥匙的秘密也仅仅掌握在那些被锁匠这个职业群体所接纳的专业人士手里，只有他们才清楚其背后的工作原理。而在那个时代钥匙上写着"严禁复制"是有实际作用的，因为复制钥匙所用的机器还掌握在那些尊重这四个字的专业锁匠手里。

◀ 今天，只需要花几百块钱就可以买到一台钥匙复制机，卖家还不会问东问西。这台机器并不会因为钥匙上刻有"禁止复制"字样就神奇地拒绝工作。再加上买撬锁工具、电动撬锁枪、钥匙坯、撬锁教学视频等时，卖家都不会多啰唆，所以讨论锁具的安全性真的没有多大意思（当然，也要考虑前面说过的那个重要前提：犯罪分子几乎是很愚蠢的）。

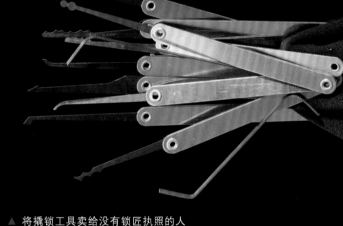

▲ 将撬锁工具卖给没有锁匠执照的人曾经被认为是违法行为。今天，在各大购物网站上找一找，你就明白了。我只能说祝你好运。

▶ 在过去几个世纪里，标准弹子锁也有很多种变形。其中一些里面的弹子分别朝向不同的方向排列，还有一些则是把多颗弹子排列成环形。其中的一些还真的不太好撬开，但目前所有的弹子锁都曾经被人成功地撬开过了，所用的工具包括花里胡哨的电动撬锁枪和一次性圆珠笔（就是用来撬开这种环形弹子锁的，这种锁又被称为管状锁。）

VinCard 锁的秘密

这种锁有点不同寻常，它是我在这类锁具中见过的唯一实例。我之所以知道这种锁是因为我最近去了一家客房内带有游泳池的连锁酒店。它看起来很像一张门卡，就像你在任何一家现代旅店里都能见到的那种，但实际上它完全是另一回事。

现代的卡类锁具都是由计算机控制的电子设备。它们的秘密信息要么被写在磁条里（就像第一代磁条式银行卡那样），要么被写在近场感应式芯片卡里。这种 VinCard 锁的秘密信息却是以一种独特方式进行存储的：卡片上网格里的有些位置打了小孔，有些位置则没有打孔。当你把卡片插入锁里时，卡片上的这些小孔就要和锁芯里的一组弹子对应起来。只有当所有该有孔的位置都开了孔，而不该有孔的位置都没开孔时，这把锁才能打开。

我很想看看这把锁的内部构造，但我不敢把它拆开。我花了几个月时间跟该酒店的经理说好话，看他们能不能帮我找一把不用的旧锁。终于，他们设法找到了图中的这把。我不知道这把锁剩下的部分发生了什么事情。

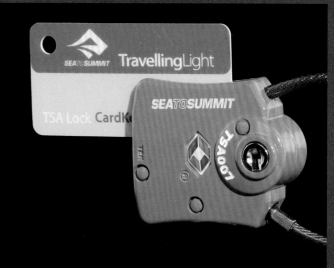

这是我能找到的最接近 VinCard 锁的东西。这是一把小巧的旅行挂锁，也就是说它是用在随航班托运的行李箱上的。它所用的钥匙卡非常简单，总共只有几个可能开孔的位置。（此外，它还带有一个 TSA 锁，允许联邦交通运输署的检查员把它打开，以检查箱子里是否藏有爆炸物。这就意味着任何人只要花 20 块钱买一把 TSA 锁通用的钥匙，就能打开它了。因此，它依然只是一把防君子不防小人的锁。）

这种锁能被撬开吗？当然能，所有的锁都能被撬开。这种锁很小众，因此它获得了一个先天优势。哪怕犯罪分子设法学会了撬开普通的锁，他也不太可能知道有这种锁存在。它到底有多小众呢？让我很惊讶的是，在网络视频中竟然找不到一个教你如何撬开这种 VinCard 机械门锁。

这种现象被称为"低调的安全感"，也被普遍认为是一种很脆弱的安全感。它只适用于没有什么人在意的事情。只要想卷进来的人很少，这种锁就不会有多大的麻烦。对于那个舒适的连锁酒店而言，这的确不是问题。但同样的想法已经导致互联网上无数的安全漏洞，让地球上每个人的个人信息都被偷窃了好几遍，而没人知道这是怎么回事，以及为什么会弄成这样。

▶ 令人难以捉摸的 VinCard 锁

有些类型的锁的确比别的锁更难撬开。图中这把非常结实的挂锁很难撬开，也很难砸开（因为它使用了如此厚重的金属锁体）。而它之所以难以撬开是因为它采用了和弹子锁完全不同的构造，被称为碟片式锁芯。即便如此，对于经验丰富的锁匠而言，用一个特殊的工具，同样可以在几分钟内撬开它。

为了让锁更加安全，我们需要让锁变得更加抽象。我们需要把那些开锁所需的秘密信息和任何一个实际的物体（比如钥匙或卡片）隔离开来。换句话说，我们希望把钥匙变成一条纯

粹的信息。这并不是什么新奇的想法，纯粹由信息构成的钥匙已经存在了数千年之久，第一个例子出现在古罗马和古希腊。公元 1206 年，伊斯梅尔·阿尔 – 贾扎里（Ismail al-Jazari，1136—1206，生于美索不达米亚平原的发明家、艺术家、数学家和机械工程师）在他的名著中描述过一类密码锁。

但直到一百多年以后，这种锁才得以完善，其中最好的那些锁具几乎是不可能撬开的。

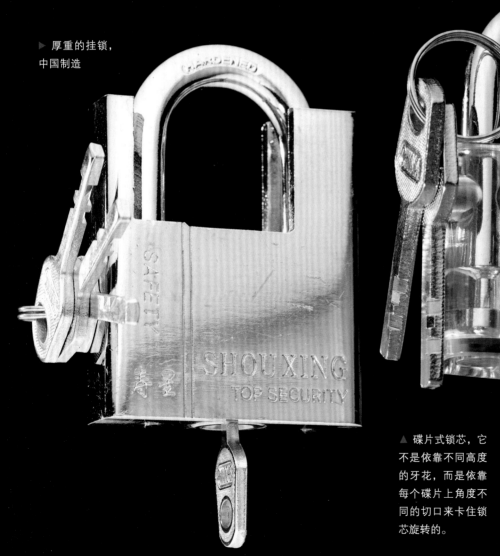

◀ 左侧挂锁的
练习用锁

▶ 厚重的挂锁，
中国制造

▲ 碟片式锁芯，它
不是依靠不同高度
的牙花，而是依靠
每个碟片上角度不
同的切口来卡住锁
芯旋转的。

▲ 锁芯也是圆柱
形的，和普通的锁
相同，但要让锁芯
旋转，你就需要把
每个碟片旋转到正
确的位置，而不是
把弹子顶到适当的
高度。

组合锁

经典的信息密码锁的"钥匙"是一串数字。如果你知道这串数字，就能把锁打开；而如果你不知道，就不能开锁（呃，至少是不太容易打开）。因为并不需要一把实体的钥匙，你只要不把这串数字写下来，就能保证不会泄密。别人从哪里也无法偷到这把钥匙，除了从你的大脑里。

而现代的组合锁与它的工作原理完全一样。要撬开现代的组合锁，难度就要更大一些。首先，锁具的加工更加精密，这就让撬锁者更难分辨一个转轮和另一个转轮之间的微小差异；

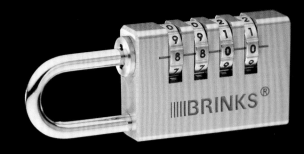

▼ 最古老的组合锁使用一组彼此紧贴在一起的转轮，转轮的边缘刻有数字或字母。（图中的这把上面刻有汉字，因为这是中国的一把古董锁的复制品。）

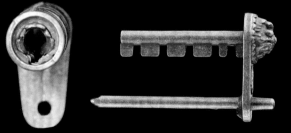

要把金属探针插进转轮之间的缝隙里，也就更加困难。

其次，真正能够延缓撬锁速度的是"假门"的设置。当你尝试撬开这样一把锁时，你经常会感觉到你已经找到了一个转轮的正确位置，但实际上你不过是找到了一个"假门"（它允许这个被束缚的转轮稍微动一点点，但不会真正把它松开）。"假门"和"真门"的差别非常难以分辨。

在每个转轮的符号下设有一个缺口，这从外部是看不见的。这就是所谓的"门"。当你把几个环上的"门"排成一排时，锁也就被打开了。当然，只有当转轮表面的数字组成了一串正确的密码时，这些"门"才会排成一排。这就是"组合锁"的名字的由来。

这类锁中最简单的那些是比较容易撬开的。你总能以某种方式感受转轮的转动，比如将一块很薄的金属片插在两个转轮之间，或者采用一种真正简单的方法，就是用手给锁扣施加压力，再去感受每一个转轮是否能够转动。这就跟我们以前抬起弹子锁里的弹子是一个道理。当你撬锁时，总是只有一个转轮正在阻碍锁芯转动，而这个转轮看起来更难移动，除非它的缺口突然转到位了。

"真门"　　　"假门"

◀ 很自然，在千禧一代的年轻人中，有人发明了这种以表情符号作为密码的组合锁。图中的这把用任何青年都能看懂的现代语言讲述了一个爱情故事。比如，"浪漫"就是你吻了她，你们微笑，你们坠入爱河，然后一起吃了比萨。

◀ 这把锁具有一种非常出色的功能，它允许你把开锁密码重置为任意一个你喜欢的四位数。锁芯里的每个转轮实际上是两个彼此分离的转盘，即内盘（图中银色的环）和外盘（图中带有数字的金黄色的环）。每个内盘有一个单独的"门"（缺口），必须把这些"门"全都对齐了才能开锁。此外，内盘还有一根伸出来的销钉，用于把内盘和外盘连接起来。如果你让内盘相对于外盘旋转（当然，这只有在锁被打开的状态下才能实现），你就能更改内盘上的那个缺口对应的外盘上的数字，从而改变开锁密码。

◀ 不知何故，这一类型的锁通常没有在其转轮上打上数字，而这把自行车锁的每个可以拨动的转轮上都印有 10 个字母。我不是很确定，它的制造商是如何决定该给每个转轮上印上哪 10 个字母的。但考虑到这把锁的基本原理是产生成千上万个可能的四字母单词，我们可以大胆猜测其中会包含一个以"F"开头的四字母单词。（我在两个中学里进行了调查，确定这个难听的单词实际上真的会被用作开锁密码。呃，这个单词不太好听，我就不用它来举例了。）

组合锁中的数字

这把锁有 4 个转轮，每个转轮上又印有 10 个字母，因此就有 1 万个由 4 个字母组成的单词（10 × 10× 10 ×10 =10000）。当然，其中的许多都是没有实际意义的字母组合。使用一个简单的小程序，我们就能将这个列表中的单词减少到 952 个，它们都是英语字典中收录的单词。（而这本身就是一个安全上的隐患，我们可以合理猜测，人们会选择有实际意义的单词作为开锁密码，这就意味着当你撬锁时所需要尝试的四字母单词的个数会比 1 万个少得多。）

这也许能提示我们厂家是如何快速设置这些四字母密码的范围的。如果你写一个小程序来看看转轮上应该印上哪些字母才能在同一时间产生数量最多的单词，那么你就会发现有一个组合可以轻易地拼出下面 7 个常见的单词：DUAL（双）、LOOK（看）、FAST（快）、BIKE（自行车）、SLED（雪橇）、PENS（钢笔）

和 HYMN（赞美诗）。（这个组合还能拼成另外三个缩写，那就是 MHLM、TNRP 和 WRTY）

于是，制造商选择了这些字母并将其印在转轮上。这样，当他们把这种锁摆在商店里展示的时候，就可以方便地设置转轮，让锁显示出上述这些单词中的某一个了。他们还可以让实习生把锁带回学校去，看看他们能否用锁来拼出一些糟糕的单词。当这个懒惰的实习生回来时，他带回来的最糟糕的词也不过是 DANK（"潮湿"）而已。于是，他们就决定在转轮上印上这些字母吧！这个例子证明，在产品设计中，计算机是一种非常有用的辅助工具。如果我是锁具制造商，我估计就造不出这样的锁来。（不，我不能明说哪些词对我来说是不太好的，因为那样的话，对看这本书的小朋友来说就不合适了。不过，如果你愿意找的话，在右边的那个单词列表中能找到它们。）

SLED SLAM SLAP SLAY SLAT SLOP SLOT SLOE SEED SEES SEEN SEEM SEEP SEEK SEND SENS SENT SELL SERE SETS SETT SEAS SEAN SEAM SEAL SEAT SHED SHES SHAD SHAM SHAY SHAT SHOD SHOP SHOT SHOE SNAP SNOT SUED SUES SUET SUNS SUNK SUMS SUMP SULK SURD SURE SUSS SUSE SONS SONY SOME SOLD SOLS SOLE SORT SORE SOTS SOAP SOAK SOON SOOT SAND SANS SANK SANE SAME SALK SALT SALE SARS SATE SASS SASK SASE SAKS SAKE SINS SINK SINE SIMS SILL SILK SILT SIRS SIRE SITS SITE SIAN SIAM PLAN PLAY PLAT PLOD PLOP PLOY PLOT PEED PEES PEEN PEEP PEEL PEEK PEND PENS PENN PENT PELT PELE PERM PERL PERK PERT PETS PETE PEAS PEAL PEAK PEAT PEON PEST PEKE PYLE PYRE PHAT PEAS PREP PREY PRAM PRAY PRAT PROD PROS PRON PROM PROP PUNS PUNY PUNK PUNT PUMP PULP PULL PULE PURL PURE PUTS PUTT PUSS PUKE POEM POET POND PONY POEM POMS POMP POLS POLY POLL POLK POLE PORN PORK PORT PORE POTS POOS POOP POOL POSS POSY POST POSE POKY POKE PANS PANT PANE PALS PALM PALL PALE PARS PARK PANT PARE PATS PATE PASS PAST PIED PIES PINS PINY PINK PINT PINE PIMP PILL PILE PITS PITY PITT PISS PIKE HEED HEEP HEEL HENS HEMS HEMP HEME HELD HELP HELL HERD HERS HERE HEAD HEAP HEAL HEAT HESS HYMN HUED HUES HUEY HUNS HUNK HUNT HUMS HUMP HUME HULL HULK HURL HURT HUTS HUSK HOED HOES HONS HONK HONE HOMY HOME HOLD HOLS HOLY HOLT HOLE HORN HOTS HOOD HOOP HOOK HOOT HOSP HOST HOSE HOKE HAND HANS HANK HAMS HALS HALL HALT HALE HARD HARM HARP HARK HART HARE HATS HATE HAAS HASP HAST HAKE HIED HIES HIND HINT HIMS HILL HILT HIRE HITS HISS HIST HIKE MLLE MEED MEEK MEET MEND MEME MELD MELT MERE METE MEAD MEAS MEAN MEAL MEAT MESS MYST MUMS MULL MULE MURK MUTT MUTE MUSS MUSK MUST MUSE MOET MONS MONK MONT MOMS MOLD MOLL MOLT MOLE MORN MORT MORE MOTS MOTT MOTE MOAN MOAT MOOD MOOS MOON MOOT MOSS MOST MANS MANN MANY MANE MAMS MALL MALT MALE MARS MARY MARL MARK MART MARE MATS MATT MATE MASS MASK MAST MAKE MIEN MIND MINN MINK MINT MINE MIME MILD MILS MILL MILK MILT MILE MIRY MIRE MITT MITE MISS MIST MIKE TEED TEES TEEN TEEM TEND TENS TENN TENT TEMP TELL TERN TERM TEAS TEAM TEAL TEAK TEAT TESS TESL TEST TYRE TYKE THEN THEM THEY THEE THAD THAN THAT TREY TREK TREE TRAD TRAN TRAM TRAP TRAY TROD TRON TROY TROT TUES TUNS TUNE TUMS TULL TURD TURN TURK TUTS TUSK TOED TOES TONS TONY TONE TOMS TOME TOLD TOLL TOLE TORS TORN TORY TORT TOTE TOTS TOTE TOAD TOOL TOOK TOOT TOSS TOKE TANS TANK TAMS TAMP TAME TALL TALK TALE TARS TARN TARP TART TARE TATS TATE TASS TASK TAKE TIED TIES TINS TINY TINT TINE TIME TILL TILT TILE TIRE TITS TIKE WEED WEES WEEN WEEP WEEK WEND WENS WENT WELD WELL WELT WERE WETS WEAN WEAL WEAK WEST WYNN WHEN WHEY WHET WHEE WHAM WHAT WHOM WHOP WREN WRAP WUSS WOES WOKK WONT WOLD WORD WORN WORM WORK WORT WORE WOAD WOOD WOOS WOOL WOOT WOKS WOKE WAND WANK WANT WANE WALD WALL WALK WALT WALE WARD WARS WARN WARM WARP WARY WART WARE WATS WATT WASP WAST WAKE WIND WINS WINY WINK WINE WIMP WILD WILY WILL WILT WILE WIRY WIRE WITS WITT WISP WIST WISE WEED DEEM DEEP DEEN DENY DENT DELL DEAD DEAN DEAL DEON DESK DYED DYES DYNE DYAD DYKE DRAM DRAY DRAT DROP DUES DUEL DUET DUNS DUNN DUNK DUNE DUMP DULY DULL DUTY DUAL DUOS DUSK DUST DUSE DUNE DONS DONN DONE DONE DOLL DOLT DOLE DORM DORY DORK DOTS DOTE DOOM DOSS DOST DOSE DANK DANE DAMS DAMN DAMP DAME DALE DARN DARK DART DARE DATE DIED DIES DIEM DIET DINS DINK DINT DINE DIMS DIME DILL DIRK DIRT DIRE DIAS DIAM DIAL DION DISS DISK DIST DIKE LEES LEEK LEND LENS LENT LETS LEAD LEAS LEAN LEAP LEAK LEOS LEON LESS LEST LYNN LYME LYLY LYLE LYRE LYON LUNE LUMP LULL LURK LURE LUTE LUST LUKE LONE LOME LOLL LORD LORN LORE LOTS LOTT LOAD LOAN LOAM LOOS LOON LOOM LOOP LOOK LOOT LOSS LOST LOSE LAND LANK LANE LAMS LAMP LAME LARD LARS LARK LATS LATE LAOS LASS LAST LASE LAKE LIED LIES LIEN LIND LINK LINT LINE LIMN LIMP LIMY LIME LILY LILT LIRE LITE LION LISP LITE LIED FLED FLEE FLAN FLAM FLAP FLAY FLAK FLAT FLOP FLOE FEED FEES FEEL FEET FEND FENS FELL FELT FERN FETE FEAT FESS FEST FRED FREY FRET FREE FRAN FRAY FRAT FROM FUEL FUND FUNK FUMS FUMY FUME FULL FURS FURN FURY FURL FUSS FUSE FOND FONT FOLD FOLL FOLK FOP FORD FORM FORK FORT FORE FOAM FOAL FOOD FOOL FOOT FANS FAME FALL FARM FART FARE FATS FATE FAST FAKE FIND FINS FINN FINK FINE FILM FILL FILE FIRS FIRM FIRE FITS FIAT FISK FIST BLED BLTS BLAT BLOT BEES BEEN BEEP BEET BEND BENT BELL BELT BERN BERM BERK BERT BETS BEAD BEAN BEAM BEAK BEAT BESS BEST BYES BYRD BYRE BYTE BRED BRET BRAD BRAS BRAN BRAY BRAT BRAE BROS BUNS BUNK BONE HOMY HAND HOLS HOLY HOLT HOLE HORN BURN BURP BURY BURL BURK BURT BUTS BUTT BUOY BUSS BUSY BUSK BUST BOND BONN BONY BONE BONE BOLD BOLL BOLT BOLE BORN BORK BORE BOTS BOAS BOAT BOOS BOON BOOM BOOK BOOT BOSS BOSE BAND BANS BANK BANE BALD BALM BALL BALK BALE BARD BARS BARN BARK BART BARE BATS BATE BAAS BAAL BASS BASK BASE BAKE BIND BINS BILL BILK BILE BIRD BITS BIT BIAS BIOS BIOL BIKE

带有拨号盘的密码锁

带有转轮的组合锁，尤其是那些设计得比较笨的组合锁的安全性是非常低的。而那些精工细作的、带有拨号盘的密码锁是非常难以撬开的，一代又一代中学生都被这些密码锁搞得头疼。"先往左边转三圈到37的位置，再往右边转两圈到82的位置，哦，完蛋……从头来。老师！您能帮我打开这个柜子吗？"这就是美国各地中学开学第一周的常见情景。（这里指的是学生们对休息室中储物柜上的密码锁还不熟悉时的

情形——译者注。）

我的工作室位于一栋大楼内，而这里过去曾经是一家银行。随之而来的一个福利就是在房门外有一个银行金库。这个金库有一扇非常庄严的门：数百千克重的钢筋混凝土、一个巨大的拨号盘以及一根杠杆。当有访客到来时，你就得动作夸张地抬起杠杆才能把门打开。而当这扇门关闭时，钢制的销钉就会向各个方向伸出，将这扇门锁住并牢牢地固定在那里。

这些高级别的安保措施的核心是什么呢？那就是一个机械式组合锁，与左边展示的那个模型完全相同。为什么把这么小的一把锁用在一扇如此巨大的门上？因为门的强度并不是来自组合锁的强度，而是来自门本身的坚固性以及把锁与门的坚固部分隔离开来的方式。

在这扇门的背后，我们可以看到一套钢柱，它们分别连接着一根销钉；当门被锁上时，这些销钉就会滑出，移动到周围的门框里。而门的前面有一个手柄，它通过一系列连接机构连接到这些钢柱和销钉上。同时，组合锁连接着一个插销，它会滑动到位，卡住手柄与钢柱之间的连接机构，让销钉无法再缩回到门里。

因此，这些连接机构本身并不需要很坚固；而如果你试图用暴力拽开这扇门，门的后面有一套设计好的机制，能阻止力量传递到那些固定门的销钉上面去。

▲ 图中这些模型都是相当高端的锁具。它们最初都源自萨金特和绿叶公司的设计，但今天许多公司也按照基本相同的模式制了产品（相关专利在几十年前就到期了）。这些推销用的模型里用的就是真实的锁具，它们和用在保险柜上的是一样的。当然，保险柜的柜体和锁体的一部分都已经被去掉了，以方便展示其内部的工作机构。虽然它们比学校的储物柜上用的那种便宜货制造得更精密、更坚固，但二者里头的基本构件大致是相同的。

▼ 作者工作室的门

▼ 门背后的盖板已经被去掉了。

▲ 内部机构显露出来的组合锁

如果你尝试做一个无用的动作，猛烈地拉拽门上的把手，那么这个螺母就会滑脱、掉下来。它的结实程度要比那些锁住门扇的销钉低得多。

如果你切掉或砸碎门外边的转轮，然后用一根长杆从其后面的孔洞里捅进来，那么就很容易敲击门背面的整个机构。而这么做对你毫无益处，它只会释放这个"再锁"机制，从而猛烈地敲击锁定门扇的销钉，让它们牢牢地锁死，这扇门就再也没有可能被打开了。

这个"易熔连接扣"是为了挫败用便携式火炬切开门扇而闯入的企图。当门扇的背面受热时，两个低熔点的焊点就会一起熔化，从而让两块搭扣分离开来，进而启动"再锁"机制，把销钉锁死。

这样一来，想要进门的唯一方法就只有靠切割焊枪和凿岩石所用的电锤把那些防火混凝土的内衬层统统砸碎才行。

▼ 我爱我的小金库，但在这栋楼上有一个"金库之母"级的保险库大门。那真是一堵巨大的钢墙啊！它有 61 厘米厚，18 吨重，用于锁紧门的销钉和你的小腿一般粗细。不过，这扇门后面的组合锁和我们在前一页中看到的那种锁没多大区别。

▼ 这里有两套完全一样的组合锁（图中显示的这一个的后盖已经被去掉了），两套锁都连接到同样的销钉机构上。也就是说，只要其中一把锁打开了，整个金库的大门就能打开。为什么要设置一个备份锁呢？这是因为当其中一把锁出了故障时，你依然可以打开保险库的大门。锁里有 4 个拨号盘，这意味着这把锁的开锁密码是一个四位数。

◀ 这里看到的机制比上一页中介绍的要复杂得多，这主要是因为这个保险库的门锁包括了冗余机制和时间锁，而时间锁的功能是确保任何人都无法在夜间时段打开保险库。这些锁具的基本设计思路依然相同：锁具本身较小，较脆弱，而任何从外部施加的暴力都无法直接作用到锁具和相应的连接机构上。（时间锁用于防止坏人入侵金库。即使有人绑架银行经理，威逼他们说出金库的门锁密码，他们也没法打开这把时间锁。）

▲ 时间锁的冗余程度更高，它有一组时钟来发挥作用，通常最少是 4 个。设定时间锁时，你需要用一把方孔钥匙拨动这 4 个时钟，设定你在多长时间之内不希望保险库被打开（最长可以设定为 120 小时，也就是 5 天之内无法打开）。你必须把 4 个时钟都设置好，因为只要其中一个时钟的时间回零，保险库的门就可以打开了。换句话说，哪怕 4 个时钟里的 3 个都失灵了，你依然可以打开保险库。组合锁和时间锁之所以都有冗余设计，原因也很简单：如果到时候你无法打开保险库的门，那就真的坏菜了。组合锁失灵时，你也许能撬开它，但很可能撬不开，因为这些锁具的设计都是高度可靠的。如果时间锁也失灵了，那么你就彻底没辙了。最好的选择就是用电锤砸开金库厚厚的混凝土墙壁，因为切开金库大门带来的损失更大。

▲ 上图展示了一个滑稽的事实：在上一页里有一个巨大的金库大门，它坚不可摧、令人叹服，但它背后的金库的面积实际上很小。这扇雄伟的大门或许更大的意义只是在银行的大厅里起到展示作用，让顾客觉得既然它有一扇如此花哨的金库大门，那么它肯定是一家实力雄厚的银行。不过，看起来并非如此，因为这家银行已经倒闭了。真正的金库既不是图中展示的这个金库，也不是我的工作室里的那个简陋的小仓库（那只是汽车银行的窗口，用于临时存放多余的现金）。

▶ 这里才是真正的金库。它位于地下室内，远离银行的公共区域。金库的门很坚固，但并不花哨。门后是一个巨大的房间，用加强型防火混凝土筑成。这里才是银行存放大量细软的地方。

剖析一把组合锁

我们在前面已经看过了一些运用组合锁的特殊场合，现在让我们用一个透明模型来看看这类锁具的内部构造是什么样子。有没有一个合理的理由，让你在打开储物柜的组合锁时，需要先把拨号盘向某个方向转三次，然后向另一个方向转两次，再向前一个方向转一次？嗯，这些令人困惑的操作方式正是由这些锁具的基本工作原理决定的。

每把组合锁的核心都是一组转轮或转盘。每个转轮或转盘都有一个重要特征：每个转轮或转盘的边缘都有一个缺口，而销钉则会贯穿转轮或转盘的两边。锁里的转盘的数量决定了开锁的组合数（即决定了开锁密码的长度——译者注）。如果一把典型的组合锁的开锁密码包括 3 个数字，那么它就拥有 3 个转盘（也可能只有两个号码盘，而第 3 个数字由拨号盘上的那个缺口的位置决定。）销钉相对于转盘上的缺口的位置决定了开锁密码到底是由哪几个数字组成的。

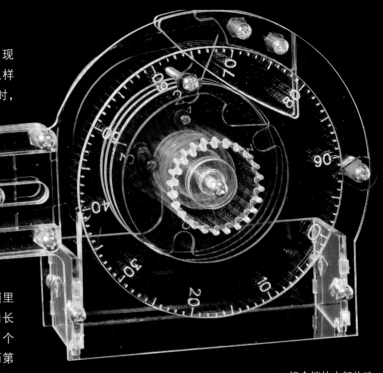

▼ 组合锁的内部构造

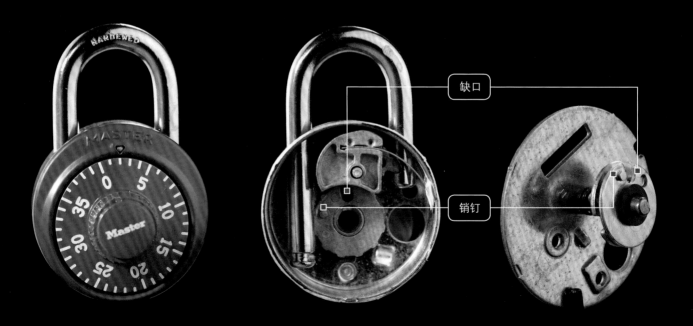

缺口

销钉

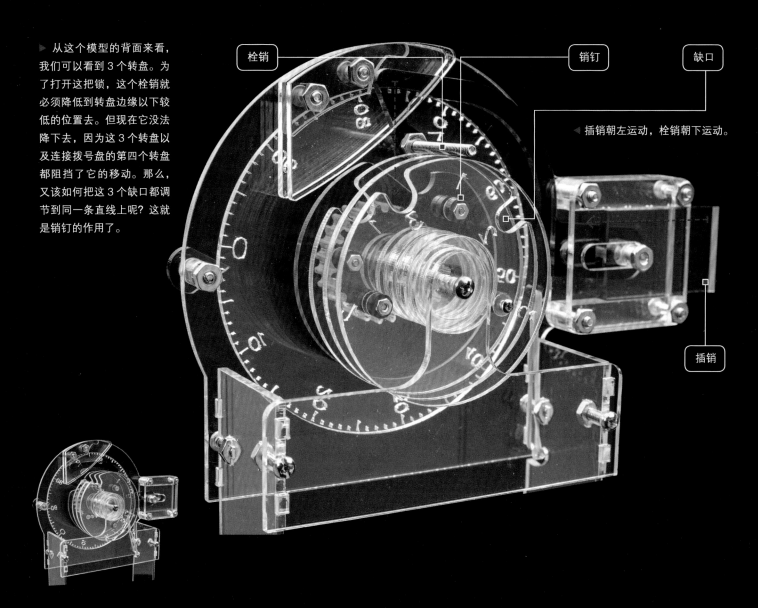

▶ 从这个模型的背面来看，我们可以看到 3 个转盘。为了打开这把锁，这个栓销就必须降低到转盘边缘以下较低的位置去。但现在它没法降下去，因为这 3 个转盘以及连接拨号盘的第四个转盘都阻挡了它的移动。那么，又该如何把这 3 个缺口都调节到同一条直线上呢？这就是销钉的作用了。

栓销

销钉

缺口

◀ 插销朝左运动，栓销朝下运动。

插销

▲ 如果这几个转盘上的缺口都朝向顶端，整齐地排成一条直线，那么这个栓销就可以放入缺口之中，锁也就能够打开了。在这类组合锁中，当缺口对齐时，你把拨号盘拨回 "0" 的位置，再稍微转一下，锁就开了——背后的联动机制会把门上的插销自动拉进去。但是，如何把所有的缺口调整到一条直线上呢？这就是销钉的作用了。

▶ 所有这些转盘（转轮）都可以自由旋转，但当你停止拨动时，它们就会停止旋转。这是因为设计有一个摩擦装置，防止它们随意打转。而每两个拨号转盘之间都有固定的间隙，以防你在拨动一个转盘时另一个也跟着转动起来。每个转盘上都有销钉伸出来，其长度足以碰到相邻转盘上的销钉。这样，当你转动其中一个转盘时，它不会影响到相邻的那个转盘；但当你转动的角度足够大时，它上面的销钉就会推动相邻转盘上的销钉了。这时，如果你继续转动这个转盘，则相邻的那个转盘在销钉的作用下也会随之转动。

▼ 1. 通过旋转拨号盘（图中是从锁的背面去看锁的内部构造的），向组合锁输入开锁密码。它有一根销钉，会撞到第一个转盘上的销钉，而第一个转盘上的销钉又会推动第二个转盘上的销钉，第二个转盘上的销钉则会推动第三个转盘上的销钉。

▼ 2. 为了让第三个转盘边缘的缺口旋转到那个栓销下降所需的位置上，你就必须向左旋转3次，然后在开锁密码中的第一个数字那里停下来（图中是在"50"这个数字的位置，你可以在图中最左边的拨号盘所停留的位置看到它）。

▲ 3. 接下来，我们转向另一个方向，也就是向右转动拨号盘。对于第一个已经转动到位的转盘而言，什么都不会发生。拨号转盘上的销钉从第一个转盘上的销钉旁边挪开，向相反方向旋转，不会碰到任何东西。在转了近360°之后，它又回来了，但这次拨号盘上的那根销钉停在了第一个转盘上的销钉的另一侧。如果你继续转动拨号盘，则第一个转盘又会被推动，进而把第二个转盘也推着旋转起来。

▲ 4. 当拨号盘转了两整圈之后，第二个转盘也开始旋转起来。当你在开锁密码的第二个数字那里停下来时（图中是"90"这个数字），第二个转盘上的缺口就和第一个转盘上的缺口对齐了。此刻，如果你旋转过头了一点（比如转到了"95"这个数字），也不能只是简单地把拨号盘转回去，因为这么做只会让两根销钉彼此分开，第二个转盘也就不会跟着拨号盘旋转了。你只有让拨号盘再旋转两整圈，才能让第二个转盘退到它应该在的精确位置上。然而，既然你无法看到组合锁内部机构的运动（在一个真实的保险柜里，你当然看不到锁的背面），就只能从头再来，从第一个转盘开始拨动。

撬开组合锁

▼ 5. 当你把第二个转盘旋转到位之后，就需要再次向相反的方向旋转拨号盘了。这次你只需要转动一整圈，就能把第一个转盘带动起来。然后，你把拨号盘停在了开锁密码的第三个数字里（图中是"40"这个数字）那里。此刻所有的3个转盘上的缺口都已经彼此对齐，形成了一个"门"，恰好就位于栓销的下方。（栓销就是顶部的那根螺栓，它可以降落到"门"里）。如果这是一个简单的组合锁模型，那么你现在就可以完成开锁任务了。你只要压下开门的手柄或抬起金库门上的杠杆，就能让这个栓销向下运动，从而把锁打开。不过，图中这个模型代表的是一个增强型保险柜上的组合锁，它还有一个额外的小花招。看到那个特殊的转盘了吗？就是那个橙色转盘。它直接连在拨号盘上，缺口的形状也和其他三个转盘不同。

在那种简单的组合锁中，你可以通过拉动手柄来给锁具内部的机械装置施加压力。这就像我们前面在撬弹子锁时用工具去挑弹子一样。这种压力将会使栓销紧紧地压在那3个转盘的边缘。因此，一旦转盘上的缺口从栓销下滑过，我们的手指就能感受到碰撞所产生的微小震动。我们就知道拨号盘已经到了正确的位置。

而在这个增强型组合锁模型中，那个橙色转盘顶住了栓销，并把它和那些缺口隔离开来。这样，你在转动拨号盘时完全没法感知那种微小的震动，因为栓销和转盘上的缺口并没有任何接触（每一圈上仅有一个点才能使缺口和栓销接触，那就是橙色转盘的缺口对准其他转盘上的缺口时）。这种组合锁非常难以撬开。少数能人能够在几分钟内撬开这种组合锁，但大多数锁匠最终都会选择干脆在拨号盘旁边钻一个小孔，把针孔摄像头插进去，从背面观察转盘上的缺口位置，从而撬开保险柜。

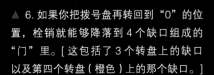

▲ 6. 如果你把拨号盘再转回到"0"的位置，栓销就能够降落到4个缺口组成的"门"里。[这包括了3个转盘上的缺口以及第四个转盘（橙色）上的那个缺口。]

▲ 7. 把拨号盘再转动一点点，就能看出这个橙色转盘上的奥妙所在。它上面的那个形状特殊的缺口能够卡住那个栓销，从而将插销拉回来，把锁打开。这种做法既是用拨号盘打开组合锁的巧妙设计，也是一个重要的安全功能。

最糟糕也是最好的保险柜

在我住的地方有一家叫作饼干筒的餐厅，我很喜欢。它有点像个时间胶囊。也就是说，它实际上并不是把一个过去的餐厅保存了下来，而是一个全新的"旧式餐厅"（实际上，这是一个连锁餐厅，有数百家分店）。每一个饼干筒餐厅的主要特点都是它包含一个礼品店，其面积几乎占到了餐厅的一半，里头摆着各种早期的物品（当然，它们都是近年制造的仿制品）。棒棒糖看起来就像20世纪50年代的那种，经典木制玩具也来自"更单纯的时代"，还有乡村风格的服装以及"老旧"谷仓壁板上写着的那些非常可爱的谚语（看来这些肯定是汉字）。

这些东西都是假的，但是，天啊，每隔一段时间，当我在其中发现一些漂亮的东西时，它们总是会击中我心头柔软的地方。当我还是个孩子时，我就有一个和下图中的这个保险柜一模一样的保险柜。而这个是全新的，但它的每个细节都和我记忆中的完全一致。（对于那些上了年纪的人，多把这种场景重现几次，你就能拥有一个真正有意思的生意了。）

它的锁具用的是一种非常糟糕的、带有两个转盘的组合锁（仅凭手感就能轻易将它撬开）。但当你打开它的门时，它会发出一阵非常大的铃声作为警告，就像一辆自行车上的铃铛突然发疯了。我往往感觉响声持续了1小时。当然，这意味着你不可能在不惊动屋里的其他人的情况下把这个保险柜打开，包括你的兄弟姐妹。他们或许并不希望你去打开他们的保险柜。

电子锁

组合锁是锁具朝着信息化迈出的重要一步。此时，钥匙不再是一个有实体的东西，而是一组需要你牢记于心的数字。然而，它依然是一个机械装置，所以还是会有诸多限制。为了跳出这些限制，我们需要向着信息化锁具的方向再前进一步，那就是电子锁，最终甚至是软件锁。

这一页和下一页里展示的两把锁都带有数字键盘，开锁时你需要通过键盘输入密码，但它们的内部构造截然不同，并且有各自的优点和缺点。

如果你知道我的工作室的门用的是机械锁，你可能就会感到有点惊讶。实际上，我的工作室和家里的另外5扇门用的也是机械锁。我并没有使用电子锁。

我为什么要选择机械锁呢？因为它们能够胜任工作。使用电池供电的电子锁在技术上是不可靠的，当它们失灵时就会把你锁在自己家的门外，令人烦恼。而这些机械锁坚固、可靠，看起来还能再工作几十年。我并不需要每隔几年就把出现故障的电子锁更换一次，我也不需要它们那些花里胡哨的功能。

▲ 这是一个电子锁。通过编程，可以把它的开锁密码设置为任意长度。我们甚至可以设定多个开锁密码，这就意味着我们可以把多把电子锁设定为同一个开锁密码，类似于前文说过的那种主控钥匙。我们还可以设置临时性开锁密码，这样你就可以允许某人只在规定的时间内开门，或者一天只能在规定的次数内开锁。同时，你还可以通过远程遥控更改开锁密码。每次开锁时所用的密码也会被记录下来，这样你就能知道这把锁曾在何时被何人打开过了。这样的一把锁还有什么让人不喜欢的理由呢？

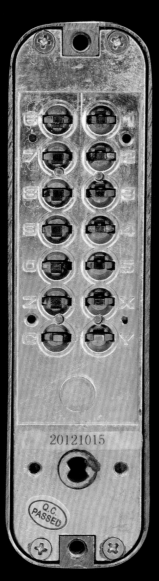

▲ 这是一把纯粹的机械锁。它的内部构造相当巧妙，但和电子锁相比，它还是有很大的局限性的。开锁密码实际上只是一个列表，规定了你必须按下哪几个数字才能够开门。也就是说，无论你按什么顺序按下这些按钮，也不管你是否把一个按钮按过一次以上（换言之，当你扭动锁上的把手时，每一个按钮要么处于被按下的状态，要么处于没有被按下的状态），只要密码所对应的各个按钮此刻都已经被按下了，那么就可以开锁。这意味着密码可能的组合数少得多，让锁更容易被撬开。而如果你想修改密码，就需要把锁拆下来，改变这些带有缺口的小插头的位置。当然，你也不可能设置一个以上的开锁密码或者其他花哨的电子锁的功能。

我倾向于为自家的门配上一把机械锁，但在其他一些场合，电子锁的优势也是不容忽视的。比如，如果你经营着一家旅馆，房门上用的都是老式机械锁，那就是不折不扣的麻烦事了。而对于中控式门锁，前台就可以设置让某把钥匙仅能在付过房费的那几天内开门，同时还允许店主查看记录，知道是谁在什么时候进入了某个房间。

在电子锁出现之前，酒店里的标准做法是为每个客房准备一把弹子锁，并为之配备一把独特的钥匙。此外，还有一把主控钥匙，可以打开所有客房的门锁。许多酒店都要求客人在每次离开酒店时把钥匙交还给前台。为了确保这一点，钥匙还会被拴在沉重而丑陋的钥匙扣上。这样，客人就不会把它忘在口袋里了。

如今，这种做法只有在那些古朴的"精品"酒店中才能看到了。这种做法的确够怀旧，但的确也非常烦人。它迫使你每次进出酒店时都必须和人打交道，哪怕是在凌晨两点，而酒店前台的工作人员（同时也是酒店老板）已经进入梦乡了。令人惊讶的是，我最后一次经历这样的体验实际上并不是在很久之前。那是在 2018 年，我在意大利的某个小城里做一个演讲。由于某些原因，主办方把我安排在了一个只有 8 间客房的袖珍酒店里，而这个酒店还是由修道院的嬷嬷们管理的。实际上，这间酒店位于一座有 800 多年历史的修道院之中，而该修道院中至今仍有嬷嬷居住。她们明确表示，任何人都不允许在晚上10 点钟之后才回到房间里（也不允许有任何不纯洁的想法）。

生物特征识别锁

长期以来，以"生物识别"的方式开锁的做法还仅限于科幻电影之中。不过，如今它们已经很常见了。使用图中的这把锁时，你把手指按在传感器上，传感器就会捕捉到你的指纹的图像，并把它和锁里预存的经过授权可以开锁的指纹列表比对。这把锁允许使用 5 种不同的方式来打开，远远超过了生物识别锁本身的功能。（当然，这也意味着你可以用 5 种不同的方法来撬开这把锁。另外还有其他几种方法，直接弄开门闯入而不需要动锁。）

组合锁比弹子锁更安全，部分原因是用来开锁的秘密信息并没有一个实体作为载体。而这把锁在这方面就有些倒退了：打开它的射频识别（RFID）卡就是一个含有秘密信息的实体（换句话说，它有一把物理意义上的钥匙，就像弹子锁对应的金属钥匙一样）。但是，只要系统设计得当，这种精妙的加密技术就决定了这种卡里的秘密信息无法被读出，也无法被复制，哪怕你可以无限制地访问它。在下一节中，我们将讨论如何设计这种"可以使用而不可复制"的密钥。

对于要说的这把锁，我还是有一些怀疑的，主要是和它那令人难以置信的功能有关。在过度依赖技术方面，它甚至不是走得最远的。还有一些类型的锁可以通过人脸识别来开锁。但总体而言，我不得不说它给我留下了深刻的印象。这个半安全的设备非常坚固，它的手感也不错，而这一点很重要，因为你每天都要触摸和使用它几次。此外，它也是你足以托付身家的东西，相信它能把坏人和熊挡在家门外。

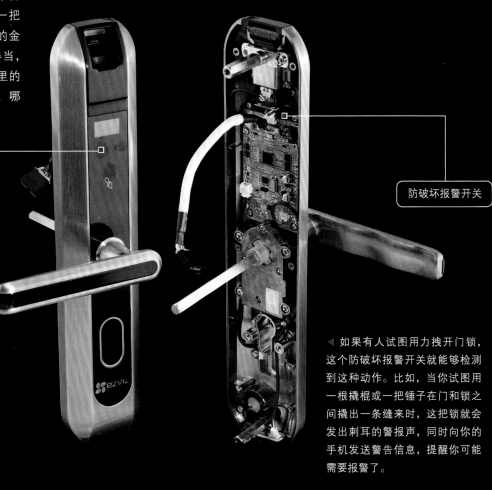

指印

防破坏报警开关

▷ 用于输入密码的键盘。请注意面板上的那些指印，这就是数字键盘的一个弱点。有时，你只需要看看面板上的指印或数字按键的磨损情况，就能分辨出密码中有哪几个数字了。目前，有一种办法能够有效地解决这个问题：在每次显示输入密码的键盘时都把 10 个数字的顺序打乱，让它们随机分布在键盘的各个位置。但这样一来，输入密码的过程就很麻烦，因为你还得在不同的位置一个一个地找数字按键。

◁ 如果有人试图用力拽开门锁，这个防破坏报警开关就能够检测到这种动作。比如，当你试图用一根撬棍或一把锤子在门和锁之间撬出一条缝来时，这把锁就会发出刺耳的警报声，同时向你的手机发送警告信息，提醒你可能需要报警了。

这把锁不会和物理上的安全防护措施搅在一起。当锁芯被锁住时，这个支架以及锁底部的另一个类似的支架会从锁体里伸出。它们连接着一根连杆，而这根连杆延伸到门扇的顶部和底部，从上下两端推动螺栓垂直伸出，从而锁死门框。这样，想要踢开这扇门就很困难了。

这是一个很特别的旋钮，它连接着一根独立的螺栓，可以锁死门扇。只有这个旋钮才能挪动螺栓，也只有从内部才能使用这个旋钮。倘若这种反锁螺栓在电子、机械构造上都和锁的其他部分彻底隔离，那么它就能提供一个很有用的功能：当你在屋里时，它是绝对安全的，可以防止任何人从外部开锁。但是，因为你只能从内部将这个旋钮锁上，当锁从外部打开时，这根螺栓也会随之自动缩回，所以它就完全没有用处了。

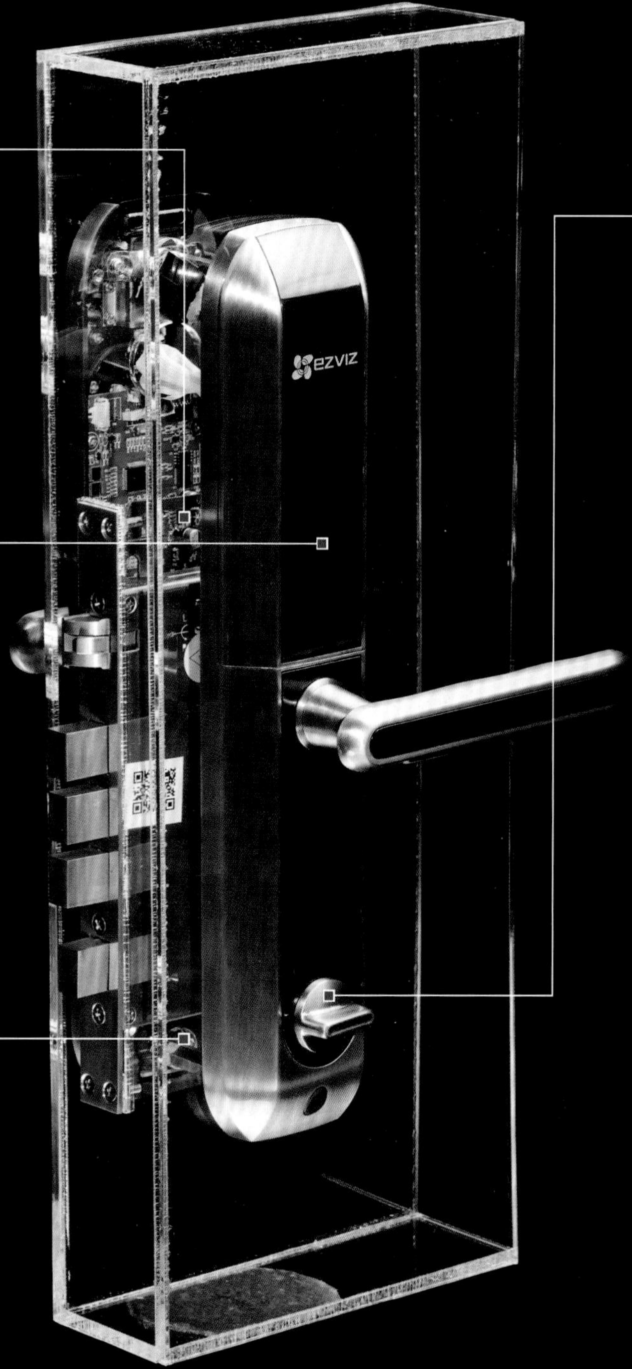

这把锁使用 8 节五号电池提供电力。当电池的电量用完时，就只有依靠 USB 口提供的应急电源了。此刻，作用于机械装置的实体钥匙依然是有效的。

当电池的电量已经耗尽而你没有实体钥匙时，你依然可以开锁，只要把一个充电宝通过电线接在锁底部的 USB 口上即可。设计师的思维被束缚了，认为这把锁足以赴汤蹈火，也难以被撬开。也许开水除外，因为它在设计时就没有采用防水电路。

▲ 指纹传感器，和智能手机上用的那个一样。

最抽象的一类锁具

我们在前文中讨论过，尽管组合锁比弹子锁更抽象，但它们依然是用现实中的锁体去守护一扇字面意义上的门的。而在现代社会电子技术快速发展的背景下，"锁"的概念被延伸到了一个完全抽象的高度：根本就没有实体的"锁"，也没有实体的"门"。在虚拟空间里，依然存在各种形式的"锁"。

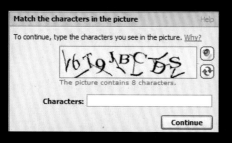

比如，这是在虚拟世界里和儿童安全型瓶盖的效力类似的东西，即验证码。它的全称是"全自动区分人类和计算机的图灵测试"（CAPTCHA）。"图灵测试"来自数学家、计算机科学的奠基人阿兰·图灵（Alan Turing）。在绝大多数人完全没有意识到这个问题之前，他就提出随着计算机越来越强大，要想分辨出跟你说话的到底是真正的人类还是计算机程序就会越来越困难。他建议说，如果某一天，无论你聊了多久都无法分辨跟你说话的是不是真正的人类，那么这台计算机就是人类了，在任何意义上都是。

在他的想法中，图灵测试是指在一个假想的空间里，用一场人类和人工智能（AI）设备之间的开放式对话来判断这个人工智能设备是否当得起"人类"的名号。然而，在现代社会里使用的验证码反而是一台计算机在测试我们，看看我们是不是真正的人类。这是蛮丢脸的事吧？

对于黑客窃取用户密码的事情，或许你已经读过不少了。嗯，每一个网站几乎都会为每个用户储存一个密码。除非该网站的运营商是昏聩无能之辈（很遗憾，他们中的许多人确实就是如此），黑客想要从网站的服务器文件中窃取可用的用户密码的意义委实不大。这是因为储存在服务器上的文件中并不包含任何用户的密码信息。实际上，它也不包含任何足以让别人推测出用户密码的信息。

等等，那么它是怎么工作的呢？如果无法从服务器上储存的文件中读取密码，网站又怎么知道你输入的密码是不是正确呢？或者说，它是不是必须把你输入的密码和它以前储存的那个密码拿来比对，才知道你的输入是否正确？不，事实上并不需要。我们有一种更聪明的办法。

实际上，文件里并没有储存你的密码，而是储存了这个密

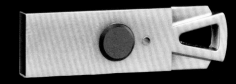

▲ 这把双因素验证的密钥与弹子锁配套的金属钥匙大致相当。许多系统都允许设置多个账户，但你必须持有某个和账户关联的 U 盾，才能登录这个账户。每个 U 盾都包含一个独一无二的密码，就像金属钥匙上那些高低不等的牙花一样。

▶ 智能手机上的锁屏密码就是一个虚拟空间中的组合锁的例子。你的锁屏密码和打开组合锁时拨动号码盘上的密码也是一个意思。只不过手机上的锁屏密码不会打开任何实体东西，只会打开虚拟世界的大门，通向各种浪费时间的手机游戏和社交媒体。一个典型的手机锁屏密码通常是六位数，它的安全性和密码为三组数字（每组数字是一个两位数）的组合锁大致相当。在这两种情况下，可能的解锁密码都达到了 100 万种之多。不过，在锁屏密码上有一个小技巧是没法用在一把愚蠢的机械组合锁上的。

▲ 你有没有连续多次输错锁屏密码，从而让手机自动锁定一段时间？或者是你那讨嫌的弟弟故意捣乱，让你的手机被锁定？自动锁定的时间有多长取决于你曾经输错了多少次密码。它的设计原理就是让你几乎不可能通过很多次试错来猜测密码，从而侵入别人的手机。除非你的运气实在太好了，或者手机的主人设置了一个非常傻的密码。

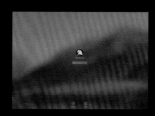

▲ 登录密码则是打开虚拟世界大门的另一种钥匙。无论是你的笔记本电脑、微博账号还是诸如此类的东西都需要密码才能登录，而这些密码不再是仅有几个数字那么简单。一个典型的密码可能含有 10 多个字符甚至更长，而且每个字符都可能是 70 多个很容易打出来的字符之一，其选择范围包括大小写字母、数字和特殊符号。这样一来，要想猜中密码或者通过穷举法来列举出所有可能的密码，就会比猜纯数字的解锁密码困难多了。

▲ 而这个小挂锁的图标则是一个标识，它表示你的浏览器正在使用 20 世纪下半叶以来数学上最令人惊叹也是最强大的一个发明，那就是不对称加密技术。

码的"哈希值"(hash)。一个哈希值就是一个看似杂乱无章的随机分布的字符串，而它是通过一系列不可逆的数学运算从你的密码中提取出来的。这一系列运算叫作哈希函数。简单地说，就是把你的密码彻底打乱了，没有任何可以将其识别或恢复的希望。在可以预见的计算机运算能力的范围内，不可能用哈希值反推出原来的密码。不过，很关键的是，这个打乱操作是完全确定性的。也就是说，倘若你使用了相同的密码，则用它们提取出来的哈希值总是相同的。

Bob 0822ddcd7bfb0d56afd3a57b00ae52d8
Alice f7c91bfa7e547dbe685c364b8b0e2cb0
Eve fd15f772f164ab08e9a4c4014ac12559
Carol 125e4f72c2c1272ed6ca2959fea20644

当你尝试登录账户时，系统就会把你输入的密码放到哈希函数中进行运算，然后将获得的运算结果与服务器上存储的那一串看似随机分布的字符串进行比较。如果它们是一致的，那么系统就会知道你一定输入了正确的密码，虽然它并没有存储可以把这个密码恢复出来的信息。

因此，当黑客偷到了一个包含密码的文件时，他实际上仅仅得到了一大堆哈希值，没法拿来登录任何东西。如果想要把这些哈希值转化为可以使用的密码，他就必须尝试使用数以百万计的密码，用哈希函数计算哈希值，再把获得的运算结果与文件中的内容进行比较，以验证它们是否正确。

如果你使用的是一个简单的密码，比如说字典里的某一个单词，那么运算出来的结果很快就能匹配上。但如果你使用的是一些复杂的东西，包括很多奇怪的字符，那么黑客就不得不更加拼命地工作，尝试更多可能的密码，才能碰巧遇到一个匹配的密码。这就是为什么网站总是要求你使用一个复杂的、复杂到你自己都会把它们搞忘了的密码……

在这个黑客遍地、个人信息被肆意窃取的时代，很多人都选择用开机密码来保护计算机上的各种数据。有人比喻说这就象把你的硬盘锁在了保险柜里。这听起来似乎很有道理，但这其实是个很有误导性的想法。如果你把硬盘锁在了保险柜里，那别人需要做的就是在保险柜的侧面挖一个洞，把硬盘取出来，

他们并不需要知道打开保险柜的密码。

但如果你所做的事情是"加密"了整个硬盘中的内容，也就是你为数据文件加了密码，那么计算机就不仅是从外部为数据加上了一把锁，更是把这些数据从内部完全打乱了，把数据文件的内容和你输入的密码彻底糅合在一起。这样一来，在不知道密码的前提下，这些文件根本无法读取；哪怕黑客把你的硬盘中的所有数据都偷走了，他依然无法读懂数据中的内容，除非他们能猜到你的密码，或者偷数据时把密码也一并偷走了。

现代密码学（一种干扰数据的技术）是如此优秀，以至于每个人都很清楚，只要你的密码足够长、足够复杂，那么就没有任何人可以破解加密过的文件。不仅是黑客，甚至是警方乃至任何一个国家的情报机构都没法做到这一点。

所以呢，虽然这些密码可能并没有一个实体的东西，但它们比任何一种实体锁具都要安全。

公开的秘密

几千年来，密码一直用来给邮件加密。有趣的是，加密过的文件（也就是把文件和你的密码糅合、打乱后得到的信息）可以通过公开渠道传送。如果你愿意，甚至可以通过无线电广播将它发出去，敌人却没法拿它做任何事情。

通信的双方都必须知道这个密码。这样，接收信息的一方可以通过解密来读取发送方传递过来的信息。倘若这个密码曾经泄漏给了敌人，那么一切就完蛋了，被敌人截获的任何一条信息都可以被敌人解读出来。你必须再设置一个新的、与之不同的密码。

在战争时期，想要设置一个新的密码是相当困难的，而且往往是很危险的，必须有一个值得信赖的通讯员亲手把一个密码本从发送方带给接收方。他必须提防被敌人抓住，而他的目光一刻也不能离开密码本，以防它被敌人偷看到了。如果接收方是在敌后活动的特工或者在前线侦察的哨兵，那么这就可能很成问题了。

但你还能怎么做呢？显然，双方都需要知道这个新的密码才能继续通信。显然，他们也不能通过电台把这个新的密码广播出去，以让对方听到。

上述这一切都是显而易见的，直到 1969 年才不再是这样了。在那一年，有人发明了一种新的方法，几年后才将其公开，那就是通信双方都可以在电台上广播他们各自的密码，但仍然没有人能破解他们之间的通信内容。

用公钥加密的数学原理

有这样一个秘密通信系统，能够让你向全世界公开你的密码，但依然能保持你的通信内容不被破解？绕晕了吧！来，让我们看看这是怎么做到的。（警告：这会涉及巨大的数字，大到足以把你裹起来的地步。）

（如果你在读这本书时距离它出版的年份已经有一段时间了，那么就可能需要把这个 600 位的数字再增大一点。但是，无论计算机的运算速度有多快，总能找到位数足够大的数字，让计算机不能在有现实意义的时间内把它分解开来。）

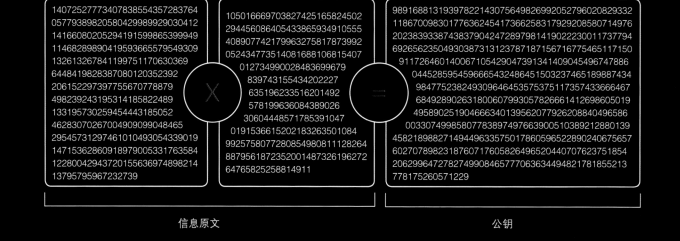

信息原文

公钥

质数（又叫作素数）就是不能被除 1 和它本身外的其他任何数字整除的数字。比如，10 就不是质数，因为它可以被 2 和 5 整除。但 11 是一个质数，因为它不能被 1 和 11 之外的任何一个数字所整除（1 可以被任何数字整除，而 11 就是这个

A p... ...ography alg... ...hich uses p... ...torization a... ...rapdoor one-way ...
Define

$$n \equiv p\,q$$

for p and q primes. Also define a private key d and a public key e such that

$$d\,e \equiv 1 \,(\mathrm{mod}\,\phi(n))$$
$$(e, \phi(n)) = 1,$$

where $\phi(n)$ is the totient function, (a, b) denotes the greatest common divisor (so $(a, b) = 1$ means that a and b are relatively prime), and $a \equiv b \,(\mathrm{mod}\,m)$ is a congruence. Let the message be converted to a number M. The sender then makes n and e public and sends

$$E = M^e \,(\mathrm{mod}\,n).$$

To decode, the receiver (who knows d) computes

$$E^d \equiv (M^e)^d \equiv M^{e\,d} \equiv M^{N\phi(n)+1} \equiv M \,(\mathrm{mod}\,n),$$

since N is an integer. In order to crack the code, d must be found. But this requires factorization of n since

$$\phi(n) = (p-1)(q-1).$$

Both p and q should be picked so that $p \pm 1$ and $q \pm 1$ are divisible by large primes, since otherwise the Pollard p − 1 factorization method or Williams p + 1 factorization method potentially factor n easily. It is also desirable to have $\phi(\phi(p\,q))$ large and divisible by large primes.

It is possible to break the cryptosystem by repeated encryption if a unit of $\mathbb{Z}/\phi(n)\mathbb{Z}$ has small field order (Simmons and Norris 1977, Meijer 1996), where $\mathbb{Z}/s\mathbb{Z}$ is the ring of integers between 0 and $s - 1$ under addition and multiplication (mod s). Meijer (1996) shows that "almost" every encryption ...nent e is saf... ...rs of the f...

这两个数字（也就是双方各自的私钥——译者注）并不需要告诉其他任何人，你只需要把它们好好地保存在自己家里就行了。

他们把自己的私钥乘上另一个 300 位的数字，就得到了一个大约为 600 位的数字。他们可以在自家屋顶上大声喊叫，公布这个数字，这就是他们各自的公共钥匙（简称公钥）。每个人都可以知道这个数字（公钥）并用它来加密信息。然而，只有当你知道那个 300 位的数字时，才能将这些信息解密。因此，只有公钥的发布者（同时也是知道这个私钥的人）才能够读取原本的信息（简称原文）。

这样，通信双方就可以在公开场合交换公钥了，而敌人能否看到公钥就完全不重要了，因为双方的私钥都还好好地保存在各自的家里。现在，双方可以互相发送信息了，只有另一方才能解密。他们永远不必通过秘密渠道交换任何东西，也不再需要一个勇敢的通讯员穿过敌人的防线，把一个锁在手提箱里的密码本送到收信方。这种谍战剧里的标准桥段已经完全过时了。

当然，数学上的运算比我描述的过程要复杂得多，但让这个通信系统变得"坚固"的关键就是我在上面提到过的那些巨大的质数的乘积。此外，这个方案还有其他一些巧妙的用途。比如，我们可以通过一个给定的公钥来判断一条信息是不是来自你所认为的那个发件人，或者说能够证明这个文件的确是由此人所创建的（这被称为数字签名）。

这种使用公钥的加密方式构成了整个现代社会通信的基础，从 Web 浏览器到银行之间的安全通信，再到其终极应用（区块链和分布式记账的虚拟货币，比如比特币等）。

现在，我们已经到了"锁具"这一章的结尾，这几乎是一种最抽象的"锁"，一个基于数学的一个分支而运行的加密系统。这个分支称为数论。这个分支学科被数学家们普遍认为是数学里最让人头疼的部分。

钟　表

　　在人类创造出来的机械装置里，钟表是第一种真正意义上的好东西。它们比其他任何一类机械装置都出现得更早，更加复杂，也更受人类重视。在"谁是机械装置的带头人"这个问题上，在几个世纪以来，时钟和蒸汽机一直在你追我赶，直到那些大马力的汽车和智能手机被发明出来。

早期的计时装置

最初的钟表并不像它们最终会变成的那样智能，但它们的确能够工作。在地上插一根棍子，在阳光明媚的日子里，它就能告诉你时辰，以及哪个方向是北方。当太阳穿过天穹时，木棍的影子就会显示出此刻的"真太阳时"。过去，它只是被简单地称为"时间"，直到后来有了一些新的时间概念（比如时区、夏令时、协调通用时等），才将其细分出来。

根据不同的时间在这根棍子上标记出阳光的入射角度，你就得到了一个称为日晷的东西。大体上说，它依然是一根插在地上的棍子，但现在用的是一根花哨的、经过校准的铜棒。日晷真的能发挥作用。一旦把它安放好，只要太阳依然还在闪耀，地球也没有去流浪，它就能告诉你准确的时间（实际上并非如此，请参见第 132 页的内容。）

当乌云飘过时，这根"插在地上的棍子"就没法工作了。在夜里用它来看时间，也真的成了一个大问题。

▲ 一根插在地上的棍子，它的影子能够告诉你现在的时间。

◀ 一个日晷，也就是一根经过校准的棍子。

▼ 遗憾的是，在多云的天气或夜里，日晷都没有办法工作。

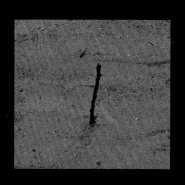

沙　漏

让沙子以可以预测的速度流过一个小孔，这就得到了机械时代之前的另一种时钟——沙漏。尽管沙漏的英文名称的字面意义是"1小时的玻璃装置"（hourglass），但大多数沙漏并不需要1小时才能让沙子流光，就像"3分钟煮蛋定时器"也不会精确地运行3分钟一样。

▼ 随便选来拍照的一些沙漏

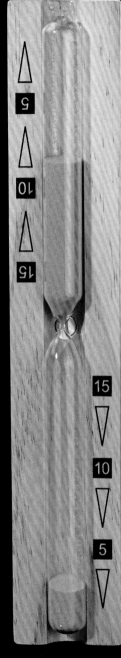

▶ 图中的这个沙漏是在帆船上使用的。它被挂在帆船的钩子上，即便船身来回倾斜，它也能保持平衡（这样，沙粒流下的速度就可以保持恒定）。这个滑杆装置可以让你在沙子流完之后轻松地把沙

▶ 改进一下沙漏的形状并添加上校准过的时间标记，你就能从沙粒的流淌中大致估计时间的长短。

▼ 这个沙漏很有趣：其中的"沙子"是铁粉，而底座上的磁铁则使这些铁粉以复杂的形式堆积起来，就像晶体一样慢慢长大。当你把沙漏从底座上拿起来时，磁铁的吸力就不存在了，铁粉又能轻快地流淌下来了。

长期以来，我都很想知道，对于沙漏中间的那个小孔，工匠们如何把它的尺寸做到恰到好处，从而保证沙子流光所用的时间是准确的？答案是：他们并没有这样做。玻璃中间的那个小洞做成什么样子就是什么样子了，尺寸完全是随机的。接着，他们把足够多的沙子装进沙漏的一端，再把沙漏竖起来，沙子就开始朝下面的那个空腔里流淌了。每个沙漏的流淌速度都有细微的差别，但这并没有关系。在精确地等待 3 分钟后，他们就把这个沙漏翻过来，把上面空腔里剩余的沙子倒干净，并把整个沙漏密封起来。这样，每个沙漏里的沙子就恰好能在 3 分钟时流完了，无论中间的那个小洞的尺寸如何。你可以看到，下图中这些沙漏里填充的沙子的量不太一样，但沙子每次流完所用的时间都很接近 3 分钟。

◀ 尽管这 3 个沙漏中装的沙子有多有少，但沙子流光所需的时间大致相同。

▶ 滴漏的工作原理和沙漏类似，但它们通过水在小孔中的流动来计算时间的长度，而不是用沙子。图中的这个滴漏安放在北京的紫禁城里。它有 3 个水箱，水在其中依次往下流动，最后流到一个大盆里，并在盆里慢慢汇集起来，水位逐渐升高。水涨船高，盆里有一个浮标，它也会随之上升并带动一个指针在刻度尺上移动。这样，你就可以从刻度尺上看出时间了。遗憾的是，滴漏并不比沙漏精确多少。

蜡烛钟，没错，就是蜡烛

　　蜡烛的燃烧速度是另一种测量时间的方式，当然也是大致的测量。只要你的蜡烛都是用相同的蜡和相同的芯以相同的工艺制造出来的，那么它们的燃烧速度就应该是相当一致的。因此，用一个带有刻度的烛台就能告诉你现在大致是什么时候。

▲ 伊斯梅尔·阿尔－贾扎里描述的一种蜡烛钟，其中包括一系列小球。随着蜡烛的燃烧，每小时释放一个小球，当嘟一声，小球掉落到钟下面的盘子里。这就提供了一个"报时钟"的功能，就像大摆钟那样。在我看来，如果只有一个小球，并且它能在选定的时刻掉落，就像现在的闹钟一样，那么这个钟的功能就更加实用了。不过，设计者似乎并没有考虑到这一点。

影子的位置显示出自蜡烛点燃之后已经过去了几小时。

这是一个我们熟悉的刺刀式底座，它同样是由伊斯梅尔·阿尔－贾扎里发明的，他用一个L形槽和一根销钉把两根管子组合在一起。它的使用记录也是人类历史上这类设备的首次亮相。800年后，同样的设计依然在世界各地广泛使用，而且基本上没有什么变化，包括它最初的这种用途。

▶ 这个机械式蜡烛钟是一个仿制品，其原型是13世纪的某个机械装置，被收录在阿尔－贾扎里的那本名著中。铜管中包裹的蜡烛被悬吊着的配重轻轻地向上提拉。随着蜡烛的燃烧，其顶端的蜡液不断被消耗，蜡烛越来越短，重量也越来越轻，配重就会把蜡烛向上拽起来，使它的顶部始终保持在管口。而侧面的那个指针能相应地指示蜡烛燃烧的时间。目前，我们还不清楚这能否让蜡烛成为更精确的计时器，但看起来这的确是一个很奇妙的想法。

▼ 阿尔－贾扎里的那个蜡烛钟在当时已经是天才般的设计，可惜它没有闹钟的功能。考虑到这一点，我决定自己发明一个带闹钟功能的蜡烛钟。在这根蜡烛上钻出一排小孔，孔的大小正好够插入一个鞭炮，而相邻两个小孔之间的距离就是蜡烛大致在1小时内燃烧的长短。你先选择你希望在几小时后被叫醒，再将一个鞭炮塞进相应的那个小孔里。鞭炮的引线要靠近烛芯。如果你睡得太沉，那么就可以把这个蜡烛钟放在你的头部旁边。这样，当鞭炮炸响的时候，就可以把灼热的蜡液溅到你的脸上了。等等，千万别真的这么做。实际上，根本不需要这么做，这完全是一个馊主意。

馊主意钟表有限公司
从2018年开始，专业提供各种愚蠢的钟表

NOTE: Don't fall in your sleep or you'll blow out candle.

1:00 A.M.
2:00 A.M.
3:00 A.M.
4:00 A.M.
5:00 A.M.
6:00 A.M.
7:00 A.M.
8:00 A.M.
9:00 A.M.
10:00 A.M.
11:00 A.M.

▲ 或许，你认为我已经垄断了各种制造蜡烛钟的馊主意，但你错了。真正具有商业用途的馊主意实际上已经有人提出来了（为了保护读者敏感的心灵，我没有把相关的使用说明放上来）。这个蜡烛钟的说明书要求你把这根蜡烛插入你身体里的某个部分，然后按照你所希望被叫醒的时间，把相应的那部分蜡烛拔出来，再点燃蜡烛，就可以去睡觉了。毫不夸张地说，我觉得这是一个非常可怕的馊主意。同时，我认为卖这些蜡烛的人未必真的希望有人会用到它们。

格林尼治天文台

日晷，看起来可能很粗糙（蜡烛钟当然也很粗糙），但直到 1955 年，世界上最精确的时间依然由一系列光荣的日晷提供。1675 年，在著名的格林尼治天文台的这个房间里安装了首个用于提供官方时间的装置。不过，它并不是用木棍的影子来指示时间，而是用"象限"来测量太阳经过校准的刻度时投下的影子的角度，这就有点像量角器。

每天，天文台的工作人员都会把他们最好的机械时钟调整、校准到观测到的"正午"这个时间点上。（出于实际考虑，他们实际测量的是太阳分别位于天空的两边且处于相同高程时的两个时间点，而这两者之间的中点就恰好是观测到的"正午"时间。）

在那个时代，最好的机械时钟只能精确到每天的累积误差不超过 5 秒。而通过每天对太阳的观测来校准这些时钟，就能

保持一个通用的时间标准，其误差永不超过 5 秒。

在天文台的外墙上有一个钟面，它至今依然在运行，向全世界传递格林尼治标准时间。它的屋顶上有一个巨大的红球，在伦敦的核心区域都能看到它。每天中午，到精确的"12 点"时，它就会降下来，让城市里的每个人都能以它为标准校准自己的钟表。这个传统有些怀旧意味，我想或许是为了发展旅游业吧？不过，在本书的第 124 页中，我们将看到一个手表，它运用了一个非常相似的系统，但使用了现代的科学技术，让它的走时非常精确，大致每 1 亿年才有 1 秒的误差。

利用太阳的位置来测量时间，这种方式的主要问题在于太阳非常大，其边缘也很模糊，因此，你很难精确地说出它到底处于天空中的什么位置。因此，直到 1955 年，人们改为直接测量某些恒星从天文台的上空经过时的确切时刻，以此来确定

示准时间。由于恒星距离地球很远，它们看起来几乎就是无限小的光点，其位置可以非常精确地测量出来。而这台特劳顿 3 米中星仪（又称子午仪）基本上就是一个用于观测星光的日晷。它观测的不是阳光造成的影子，而是恒星的光芒。

日晷、蜡烛和中星仪都可以精确地测量时间，但它们并不是本章所定义的"钟表"。我的意思是它们都没有移动部件——那还算什么钟表。不过，即使在早期也存在高度复杂的机械时钟，它们与现代的机械钟并没有多大差别。（请参阅右侧的"安是基瑟拉的重建"一栏。）

所以，我们已经在外边兜了个大圈子，讲了那些没有发条的钟，以及有发条而又不是钟的装置。现在，让我们来看看第一个非常好的钟吧。

安提基瑟拉的重建

这也许是迄今为止最引人注目的古代艺术品：人类曾建造过几百个巨大的金字塔和数千个令人惊叹的美丽雕塑，但图中的这个东西是独一无二的。在古代世界中，再也没有发现过与之类似的东西。显然，它是一个或多个机械设计师的作品，他们已经远远领先于所处的时代。在周围的人看来，他们的工作就像魔法一般。在加工精度方面，此后的 1500 年时间里再也没有人能与之媲美。

这就是安提基瑟拉装置（又称安提基特拉机械）。1901 年，人们在一艘沉船里发现了它，而它在那儿已经沉睡了至少两千年的时间。（这张图中显示的是计算机模拟的安提基瑟拉装置。它当时沉在海底，早已乱作一团，严重锈蚀，还被沉积物重重包裹着，似乎已经无可救药。不过，通过精密的 X 光分析，计算机还是得以重现了它的结构。）

从技术上讲，它并不是一个时钟，因为它并不能报时。它或许更像一个机械日历和一个天文学的预测机器。它使用了几十个彼此啮合的齿轮，其外壳上的表盘和指针能够显示太阳和月亮的运动，能够预测月食，并测定出古代奥运会举行的时间，虽然古代奥运会要在这个装置被造出来几十年后方才举办。（古代奥运会通常定在闰年的夏至之后举行，故精确地制定历法对古代奥运会来说相当重要——译者注。）

安提基瑟拉装置也许并不是一个时钟，但它是一个发条装置。这个词常常用来描述具有齿轮、弹簧、摆轮、杠杆和表盘等一系列机械构件的钟表所具有的特征。

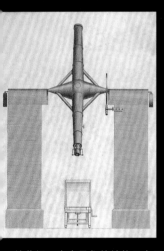

▼ 每天正午时分，格林尼治天文台屋顶上的这个球都会准时落下来。

▲ 特劳顿三米中星仪的结构示意图。

◀ 格林尼治天文台长期以来一直闻名海外，这在很大程度上是因为它定义了经线的起点（也就是地球表面划分东半球和西半球的那条线）。我很确定，1675 年这里还没有礼品商店，但今天就有了一个。你可以买一顶这样的帽子，作为你曾站在本初子午线上的纪念。

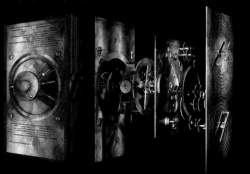

摆 钟

第一个真正的、好的机械钟是一个嘀嗒作响的摆钟（钟摆式时钟）。钟摆的发明在计时工具的发展史上确实是一个巨大的进步。一夜之间，时钟每天的误差从 15 分钟以上陡然减小到了 10 秒以内。

这个中国制造的复制品是法国的古老设计，它定义了钟表的本质：齿轮摆着齿轮，彼此叠在一起，又会以不同的方式同时转动，足以让人眼花缭乱。为了让事情变得一目了然，我特意制作了一个拆分开来的模型。

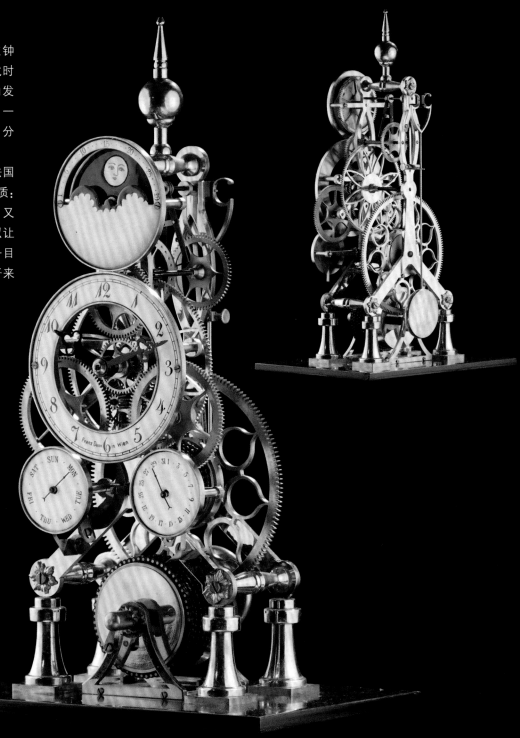

为了便于千禧一代的读者理解，我用一个挂在校门口的老式时钟来举例。钟面，普遍被视为时间的象征。它上面有3根指针，它们都围绕着同一个圆心旋转。外圈有两组标记，一组有60个小格子，每一个小格子对应1分钟或1秒；内圈则有12个大的刻度标记，对应12小时。此刻，钟面上的时间可以读作十点十四分三十五秒（10∶14∶35）。

钟面上的3根指针围绕同一个圆心转动，但转动的速度各不相同。最长的那根指针（称为秒针）转一圈所需的时间是较长的那根指针（称为分针）转一圈所用时间的1/60，而最短的那根指针（称为时针）的转速又是分针的1/12。当时针转过一圈时，秒针已经转过720圈了。这种巨大的速度差异是通过钟面背后的一大堆齿轮协作完成的。

带有数字的大刻度标记（本例中用罗马数字表示）标记了小时的间隔。

带有小格标记的环带通常没有配上数字，用于表示分和秒。你应该知道，用于标记小时的刻度如果对应到分、秒上，就表示5分钟（对于分针而言）或5秒钟（对于秒针而言）。1/4个圆环就相应地表示15分钟或15秒钟。

每隔1小时，时针会朝前移动1个刻度。需要12小时，它才能绕钟面转动一圈。此刻，钟面上的时针停留在"10"和"11"这两个刻度之间约1/4的地方，这是因为它显示的时间是10点之后过了14分35秒。

每一分钟，分针都会朝前移动一个小格，它需要1小时（60分钟）才能绕着钟面转一圈。图中的这根分针指向"14"和"15"之间一半多一点点的位置，这是因为现在的时间是35秒，大约是1分钟的一半。

秒针每秒（也就是"嘀嗒"一声的时间）向前移动1个小格。它绕钟面运动一圈需要1分钟（60秒）。此刻，秒针指着表面上的刻度"35"。

▲ 在今天的智能手机上，"拨打电话"这个应用程序的图标就像一个20年来没有人用过的电话机的听筒，而"时钟"这个图标则是一个很少有人再看到的钟面，这很有意思。（有趣的是，移动电话上还需要设置一个应用程序，专门用来打电话。但实际上，"打电话"已经是智能手机最不常用的几个功能之一了。）

这是一个摆钟模型，其中的 3 个齿轮排列在一条直线上，因而可以单独观察和欣赏它们。这个模型并不是 3 根指针共用一个钟面，而是有 3 个单独的钟面，其中一个用于表示秒，一个用于表示分，另一个用于表示小时。在接下来的几页中，我们将分别查看时钟的每个部分。

这种彼此啮合的齿轮系统能让钟面上 3 根指针的转动速度

保持高度精确。只要擒纵系统能正常工作，以正确的速度指示"1 秒"的时间间隔，钟表的其他部分就能完美地运行。齿轮的美妙之处在于它不会打滑。在秒针转动了 100 万圈之后，时针依然能够准确地指向正确的位置，除非是钟里什么地方出故障了。（100 万圈听起来就像永恒，但实际上它是不到两年的时间。100 万分钟只是 694 天而已。）

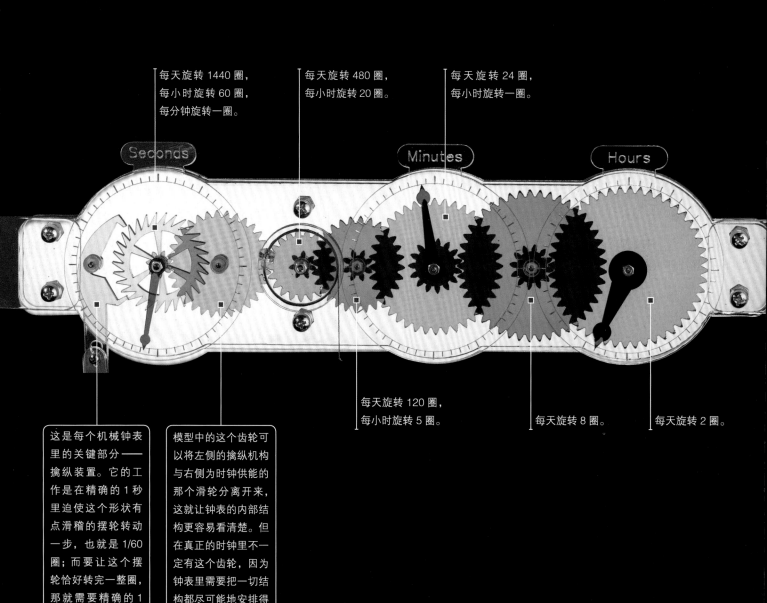

每天旋转 1440 圈，每小时旋转 60 圈，每分钟旋转一圈。

每天旋转 480 圈，每小时旋转 20 圈。

每天旋转 24 圈，每小时旋转一圈。

Seconds

Minutes

Hours

每天旋转 120 圈，每小时旋转 5 圈。

每天旋转 8 圈。

每天旋转 2 圈。

这是每个机械钟表里的关键部分——擒纵装置。它的工作是在精确的 1 秒里迫使这个形状有点滑稽的摆轮转动一步，也就是 1/60 圈；而要让这个摆轮恰好转完一整圈，那就需要精确的 1 分钟。

模型中的这个齿轮可以将左侧的擒纵机构与右侧为时钟供能的那个滑轮分离开来，这就让钟表的内部结构更容易看清楚。但在真正的时钟里不一定有这个齿轮，因为钟表里需要把一切结构都尽可能地安排得紧凑。

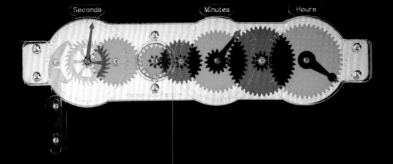

▷ 这个小齿轮上有 10 个齿，而这个大齿轮则有 30 个齿。当小齿轮转动一圈时，就会有 10 个齿经过两个齿轮之间的接触点。因此，大齿轮会被带动转动 10 个齿。因为它更大，它的齿数为小齿轮的 3 倍，所以它只旋转了一圈的 1/3。只有在小齿轮完整地转过三圈之后，大齿轮才会转动一圈。我们说这两个齿轮之间的传动比是 3∶1。

这个可滑动的结头能让你调整钟摆的长度，从而对时钟进行微调。在一个真正的时钟里，每调整 1 毫米的长度，就能让时钟每周慢几分钟。

这种悬挂起来的配重用于为时钟提供能量。当秒针每次向前移动一格时，滑轮就会旋转一个很小的角度，让它拖拽着的配重的高度降低一点点，其重力势能也相应地减少一点点。当这个配重降到底板上时（在一个真实的时钟里，大致需要几天的时间），我们就需要把配重重新提升到顶部，从而给这个时钟蓄能。在真正的时钟里，这些配重通常是一根空心的黄铜柱，里面装满了小铅粒、铅块或铸铁块。而图中用的是 6 号 16 角螺母，因为我有很多这种螺母。

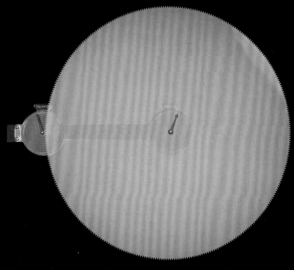

▲ 在一个时钟里，驱动秒针的齿轮和驱动分针的齿轮所需要的传动比是 60∶1。如果你给秒针装的齿轮上有 6 个齿（在你能找到的齿轮里，通常最少有 6 个齿），那么对应于分针的齿轮就必须有 360 个齿。这有点疯狂，要给一个齿轮设计出 360 个齿，那么它必然需要很大的尺寸。这种安排还存在另一个问题：当两个齿轮啮合时，它们会朝着彼此相反的方向转动。这样，当模型中的秒针朝前移动时（顺时针方向），分针却会朝后移动（逆时针方向）。有一个很好的办法可以同时解决这两个问题，即用复合齿轮组。

在钟摆的底部有一个重物，称为摆锤。它会让钟摆以每秒一次的速度来回摆动（也就是说钟摆摆动一个来回需要两秒钟）。钟摆摆动的时间长短取决于钟摆长度的平方根：摆长增加到 4 倍，则摆动速度减为原来的一半。

复合齿轮组

　　复合齿轮组的关键之处在于一对齿轮（其中一个较大，另一个较小）以一根共同的轴来固定。因为它们连接在同一根轴上，每次旋转时，它们旋转的角度总是相同。但由于它们的齿数不同，每次旋转时和它们分别啮合的齿轮所转动的齿数也不相同。

　　在时钟中，使用一个两级的齿轮组来把秒针的运动传递给分针（见前文的解释）。这是一种很常用的设计，但它并不是物理上能实现传动比而又最省空间的方案。再往前一步，就用到了三级齿轮组，让你能够实现一个更加紧凑的设计方案。在前一页的那个时钟模型中，我选择的正是这种三级齿轮组；而在下一页里则是一个简化后的示意图，仅仅显示连接秒针和分针的齿轮。第一个齿轮（连接秒针）有 7 个齿，它与另一个有 7 个齿的齿轮啮合。这么做的唯一目的是改变旋转方向（否则，分针就会朝着错误的方向转动）。第二个小齿轮与有 21 个齿的齿轮啮合。这两个齿轮配合，就能让速度降低到原来的 1/3。而这个有 21 个齿的齿轮又和另一个有 7 个齿的齿轮连接在同一根轴上，这个有 7 个齿的齿轮则和一个有 28 个齿的齿轮啮合。这两个齿轮让速度变为原来的 1/4。接着，这个有 28 个齿的齿轮又和另一个有 8 个齿的齿轮连接在同一根轴上，这个有 8 个齿的齿轮则和一个有 40 个齿的齿轮啮合，从而让速度降低为原来的 1/5。把它们加在一起，原来的转速与最终的转速之比达到了 60∶1。

这个齿轮有 30 个齿。要让它转动一圈，你就需要让它的接触点经过 30 个齿。

这个齿轮有 10 个齿。当它转动一圈时，和它啮合的齿轮就会向前转动 10 个齿。因此，为了让连接这个齿轮的齿轮获得 10 个齿的转动，你就不得不让同一根轴上的那个大齿轮转动 30 个齿（旋转一圈）。这个复合齿轮组就让转速减为原来的 1/3。

每小时旋转 60 圈（每分钟旋转一圈），沿顺时针方向旋转。

每小时旋转 6 圈，沿逆时针方向旋转。

每小时旋转一圈，沿顺时针方向旋转。

Seconds

Minutes

10∶1 的减速齿轮组（6 个齿的齿轮啮合 60 个齿的齿轮）。

6∶1 的减速齿轮组（10 个齿的齿轮啮合 60 个齿的齿轮）。

◀ 这是一个更实用的齿轮组排列模式，在更小的空间里实现了 60∶1 的传动比，并且实现了两根指针朝着同一个方向转动的额外收益。秒针连接的齿轮有 6 个齿，而与之啮合的大齿轮有 60 个齿。大齿轮的旋转速度就降低为小齿轮的 1/10。在大齿轮的这一根轴上还连接着一个小一点的齿轮，它有 10 个齿，并和第二个有 60 个齿的大齿轮啮合。第二级传动把转速变为原来的 1/6，两级相乘，就实现了 60 倍的降速。还有一种常见的排列模式可以避免使用比较尴尬的有 6 个齿的齿轮，即先用一个有 8 个齿的齿轮连接一个有 60 个齿的齿轮（7.5 倍减速），再用一个有 8 个齿的齿轮连接一个有 64 个齿的齿轮（8 倍减速）。因为 7.5×8=60，所以可以达到同样的效果。

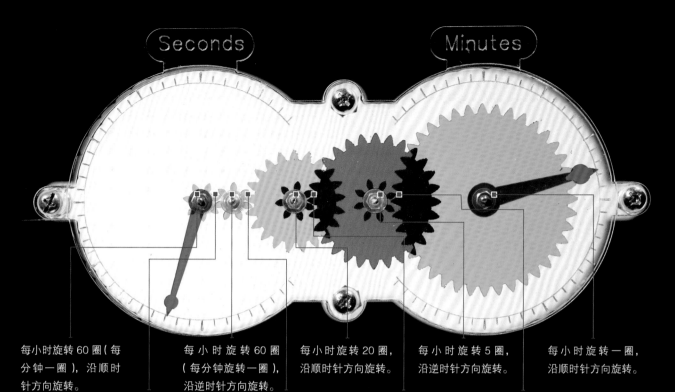

每小时旋转60圈（每分钟一圈），沿顺时针方向旋转。

每小时旋转60圈（每分钟旋转一圈），沿逆时针方向旋转。

每小时旋转20圈，沿顺时针方向旋转。

每小时旋转5圈，沿逆时针方向旋转。

每小时旋转一圈，沿顺时针方向旋转。

1：1的传动比，不改变速度（7个齿对7个齿）。

3：1的传动比，速度降低为原来的1/3（7个齿对21个齿）。

4：1的传动比，速度降低为原来的1/4（7个齿对28个齿）。

5：1的传动比，速度降低为原来的1/5（8个齿对40个齿）。

◀ 相互叠合的齿轮

在一个真正的时钟里，这个传动比为60：1的齿轮组中的各个齿轮必须相互叠合，才可以将秒针和分针放在同一个地方。秒针连接在一根实心轴上，这根轴外再套一根空心轴，空心轴连接分针。这样就允许秒针和分针都围绕着钟面的圆心独立转动了。（图中的这个模型里没有时针。在真正的时钟里，则是将第二根空心轴套在连接分针的那根空心轴的外面）。上面这个模型精确地包括了这一系列齿轮，但很难看懂，因为这些齿轮彼此叠合。如果你要把时针也加进去，就只会让情况变得更加错综复杂。

把齿轮叠合起来，不仅容易让人弄混，而且让你需要为这些齿轮组添加更多的分层。每当一个齿轮的转轴恰好位于另一个齿轮的区域内时，则该转轴必须位于机械装置中单独的一层里。为了制作前一页介绍的时钟模型，我花了大量时间去找一组合适的齿轮。它们不仅能够以正确的传动比转动，而且每个齿轮都比前一个恰好大了一点。因此，整个齿轮组可以安装在一层中。在我的这个模型里，这么做是可以的，因为所有的齿轮是分散开来的。但在一个真正的时钟里没法做到这一点，因为3根指针集中在表盘的中心。

擒纵机构

时钟里的擒纵机构主要有两个作用：当钟摆每次左右摆动时，擒纵机构的齿轮精确地转动一个缺口（计时功能）；而每次摆动时，擒纵机构都给钟摆一个微小的推力，让它保持摆动（如果没有这个推力，钟摆最终就会停止运动。）

最初，擒纵机构将这两个功能组合起来，设置在托盘上的一个单独的区域之中（"锚"的边缘有两个"尖角"——擒纵叉，它们分别与擒纵机构的擒纵轮接触）。把这两个功能结合在一起，意味着托盘的形状必须采用一个折中的设计方案，在最优的计时功能和最优的钟摆作用之间找到平衡点。图中展示的这个设计诞生于 1675 年，它被称为直进式擒纵机构。40 年后，这种擒纵机构开始流行起来。而在 300 多年后的今天，大多数摆钟都会用到这种结构。

设计精密的擒纵机构是一件非常重要的事，因为钟表本身意味着对精准程度的追求。而想要获得一个精准的钟表，就必须在钟表机构的每一个零件里严格消除每一个可能的误差来源。如果你希望你的时钟很精确，比如说每个月的走时误差不超过 1 秒，那等于接近两百六十万分之一的精度（1/2592000，即一个月所包含的秒数）。对于机械装置而言，这已经是一个非常高的精度了。

如此精确的机械式时钟还真的存在，其中最好的一个是约翰·哈里森（John Harrison，1693—1776，自学成才的英国木匠、钟表匠）所制作的"时钟 B"的现代复制品，安置在伦敦的格林尼治天文台里。这个时钟在 6 个月里的误差不超过 1 秒，也就是接近一千五百五十万分之一的精度（1/15552000）。而要达到如此高的精度，必须将擒纵机构提高到新的阶段，我们将在下一页中展示。

摩擦力是耐久性和精度共同的敌人。请注意，在本页的图示中，当擒纵叉滑向擒纵轮时就会有一个接触点，而擒纵轮必须保持一定的扭矩，才能够把运动中的钟摆推向中间。于是，必然需要有一个力的作用，把齿轮的齿和擒纵叉压在一起，它

▶ 随着钟摆向另一端摆动，擒纵装置的齿轮上有一个齿会接触擒纵装置右边的那个擒纵叉的外侧部位。而这个平面是一个圆形的一部分，其圆心位于钟摆的枢轴点。当钟摆摆动时，这个平面与枢轴点之间的距离不会改变，因而擒纵装置的齿轮也就保持静止不动的状态。

◀ 在钟摆摆动这个短暂的间隙中，擒纵轮会推动这个较短的擒纵叉。此刻，钟摆就会被擒纵轮所提供的扭矩推动。

▶ 而在钟摆向另一端摆动时，另一侧的擒纵叉会和擒纵轮的另一个齿相啮合，再次在这个平面上滑动，但不会让擒纵轮朝着任意一个方向转动。

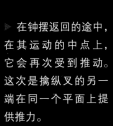

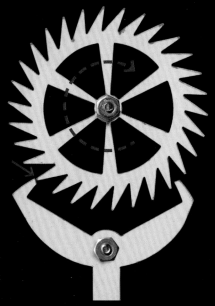

▶ 在钟摆返回的途中，在其运动的中点上，它会再次受到推动。这次是擒纵叉的另一端在同一个平面上提供推力。

们才能同时滑动。而这真不是个好消息。

尽管听起来似乎不太可能，但真的可以制造出一个擒纵装置，让其中的任何一个部分都不会在有负载时相对于另一个部分滑动。也就是说，我们能够制造出一种没有摩擦力的运动机构。

约翰·哈里森发明了这个优雅而著名的蚱蜢式擒纵机构，并将其用在他的航海钟上（详见右栏的介绍）。这种擒纵机构的运动没有摩擦，它在运动时没有任何部分会相对于另一部分发生滑动，甚至也没有发生滚动。没有作用力把这两部分紧压在一起。

◀ 蚱蜢式擒纵
机构模型

两边的擒纵叉交替工作，从而把对方释放开来。一边的擒纵叉会被擒纵轮上的一个齿轻轻地压住不动，直到另一边的擒纵叉摆动到位，并让擒纵轮朝前稍微转动一点，把这个擒纵叉释放开来。在此过程中，两边的擒纵叉都没有相对于擒纵轮上的齿发生滑动。随后，循环继续，两边的擒纵叉交换位置。值得一提的是，连接两边擒纵叉的这根轴承在有压力作用时是不会旋转的。只有当这些轴承上没有压力时，擒纵叉才能运动。

简单的直进式擒纵机构是很聪明的发明，但并非难以想象。蚱蜢式擒纵机构则到达了更高的层次。你需要做不少研究才能说服你自己真的可以制造出一个没有摩擦力的运动机构。这只能从零开始构思，也证明了哈里森是一个多么优秀的设计师。

哈里森的 H1 型航海钟

远洋航行时，要想对航线进行规划，就需要准确测量你的航船此刻在地球上的位置，误差不能超过几千米。英国的舰队因为缺乏可靠的测量方法，损失了太多船只。为此，1714 年英国政府宣布，任何人只要解决此问题就能拿到规定的奖金。

众所周知，如果你有一个精确的时钟，你就能在地球上的任何一个地方确定自己的位置。每当你的时钟产生 1 分钟的误差时，你测出来的距离就会相差 25 千米。如果你生活在 18 世纪，在两三个月的远洋航行中，你能让时钟精确到 1 分钟之内。这个问题就解决了，你就能赢得足够的奖金，体面地退休了。

那个时代，普通的摆钟是足够精确的，但有一个小小的问题，即它们绝对不能放在船上工作。哪怕船体发生微小的晃动，都足以让钟摆的运动脱离正常轨道。

通过数十年如一日的艰苦努力，加上他出色的机械工程背景，约翰·哈里森终于解决了这个问题。他的努力为他赢得了众人的尊敬，并让他在生命的最后时间里公平地赢得了这笔奖金。

哈里森的第一个设想是使用一对哑铃形的短柱（它们朝着相反的方向摆动），并用非常细的螺旋状弹簧来推动它们（而不是依靠它们自身的重力推动）。因为球体能够在球心处精确地保持平衡，时钟的任何晃动都不会向短柱传递扭矩。这样一来，从理论上说，钟摆的运动速度就不会被干扰了。

这个时钟就是哈里森制造的 H1 型航海钟，它被安放在格林尼治天文台的博物馆里。它很漂亮，但要赢得大奖，还有一定的差距。为此，哈里森不得不放弃沉重的钟摆，改为创造出一种全新的时钟，其衍生物就是如今的机械手表。

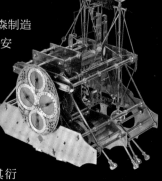

▲ 约翰·哈里森的大航海钟

钟表，是把许多复杂的细节堆砌在一起而构成的。为了制造第 88 页介绍的那个透明时钟模型，我不得不为每个零件专门绘制了在激光切割机上使用的图纸，其中大部分零件的设计并不麻烦。比如，很多网站都提供自动绘制齿轮图纸的服务，你把图纸下载下来，就可以拿到激光切割机上直接使用了。我只需要设定每个齿轮需要多少个齿就行了。而其他零部件呢，大多数也是简单的形状。我用自己最喜欢的 CAD 程序（计算机辅助设计软件）就能轻松画好。

设计这个擒纵装置还真是一场噩梦啊！

一开始，我是照着擒纵装置的照片来制作这个模型的，但做出来的东西工作起来不太顺畅。然后，我试着把它们调整得更好，结果却事与愿违。我不明白为什么会有这种反直觉现象。我的每次调整要么让擒纵轮在擒纵叉之间打转（效果不好），要么让它完全被锁死（更糟糕）。

当你尝试解决一个工程问题时，大致有两种方法。你可以在没有真正弄清问题的情况下，先漫无目的地敲敲打打，直到你找到了能解决问题的方法。你也可以用数学方法分析问题，找出正确的解决之道。通常来说，如果你能做到这一点，那么

得到的当然是更可靠的技术和产品。

我似乎是在说通过数学方法找出解决方案总是一种更好的做法。但实际上，尝试着敲敲打打，同样也是有价值的做法。当你尝试调整一个不能正常工作的机器时，你就能知道它在各种情况下的参数。这些失败的尝试有助于你弄清该机器在工作时能够达到的边界条件，并帮助你搞清楚哪些问题是必须准确理解的。（有些时候，对各种解决方案一一进行试错，反而是你最需要的方式。）

对我而言，擒纵装置显然不属于"简单问题"的范畴。捣鼓了半天，依然一无所得之后，我最终决定从头开始，学习直进式擒纵机构的理论和相关的几何学知识。有了这些知识的帮助，再加上多次尝试补偿激光切割机的尺寸误差（这次，我知道了这些部件的尺寸必须彼此协调），我得到了一个能正常工作的擒纵机构，它比我以前的作品都好得多。又调整了六七次之后，它的工作状况就更好了。同时，我也知道每次调整部件的外形将如何影响它的运动。

我感觉有点郁闷，因为我不能自己设计一个良好的擒纵机构。但有一个事实让我感到宽慰：从第一个机械式擒纵机构出

▶ 一堆制作失败的、令人遗憾的擒纵机构的试验品

现（1275 年机轴式擒纵机构诞生）到能精确计时的时钟最终成型（1657 年锚式擒纵机构被发明），人们花费了近 400 年的时间。然后又过了 18 年，才有我试着去改进的这种直进式擒纵机构出现。事实上，我不可能在一个下午就完成这些工作，哪怕我手头有一台激光切割机。这也是情理之中的事情。

现在，我们已经研究了时钟的工作机制。让我们再回过头来看看前几页上的那个美丽的时钟，看看这次又有什么新的发现。

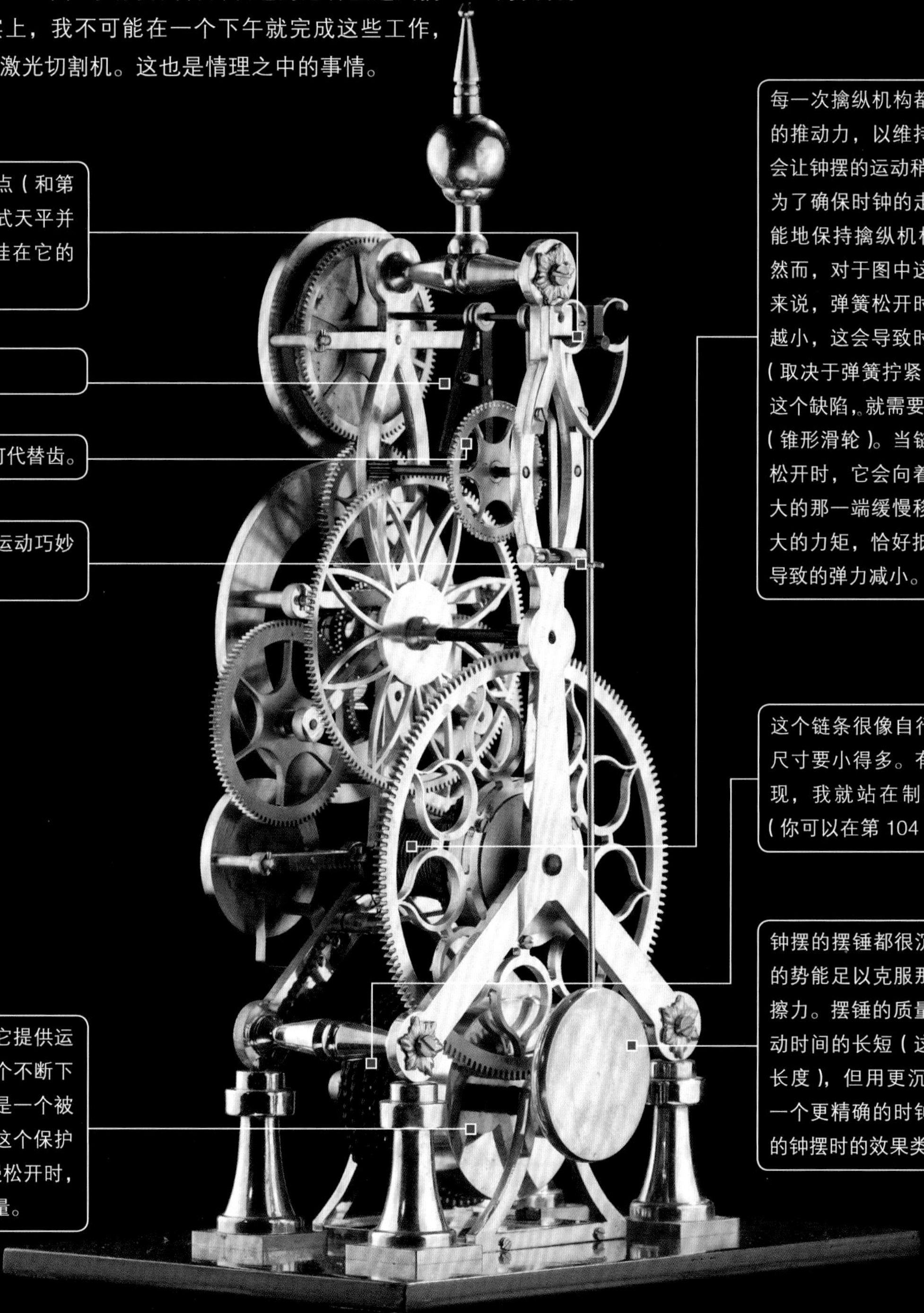

一个刀砧式的枢轴点（和第 168 页上的那台老式天平并不一样），钟摆悬挂在它的上面。

擒纵叉

擒纵轮，边缘用销钉代替齿。

这个销钉将钟摆的运动巧妙地传递给擒纵叉。

在这个时钟里，为它提供运行能量的并不是一个不断下降的配重。它用的是一个被拧紧的弹簧（藏在这个保护罩里）。当弹簧慢慢松开时，就为时钟提供了能量。

每一次擒纵机构都会给钟摆一个微小的推动力，以维持它继续摆动，而这会让钟摆的运动稍微变快一点。因此，为了确保时钟的走时精准，必须尽可能地保持擒纵机构的推力恒定不变。然而，对于图中这个弹簧驱动的时钟来说，弹簧松开时，弹力会变得越来越小，这会导致时钟走得更快或更慢（取决于弹簧拧紧的程度）。为了弥补这个缺陷，就需要用到一个"宝塔轮"（锥形滑轮）。当链条从"宝塔轮"中松开时，它会向着"宝塔轮"直径较大的那一端缓慢移动，从而拥有了更大的力矩，恰好抵消了因弹簧松弛而导致的弹力减小。

这个链条很像自行车上用的那种，但尺寸要小得多。有一天，我惊讶地发现，我就站在制造这种链条的地方（你可以在第 104 页看到）。

钟摆的摆锤都很沉重，因此，它摆动的势能足以克服那些不规则的微小摩擦力。摆锤的质量并不会改变钟摆摆动时间的长短（这仅仅取决于钟摆的长度），但用更沉重的摆锤就会得到一个更精确的时钟，这跟你使用更长的钟摆时的效果类似。

落地式大摆钟

一个像样的落地式大摆钟就是一件美丽的东西，哪怕它是一个现代制品（图中的这个摆钟是在 1996 年制造的）。可爱的木工活，华丽的表盘，抛光过的黄铜钟摆，每隔 15 分钟奏响一次的报时音乐声，这些都是这个时钟的一部分。同时，它还有一个 1 米长的钟摆。

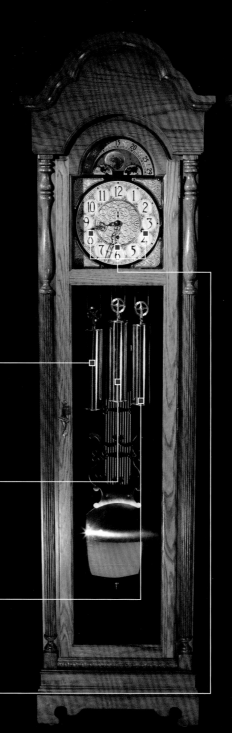
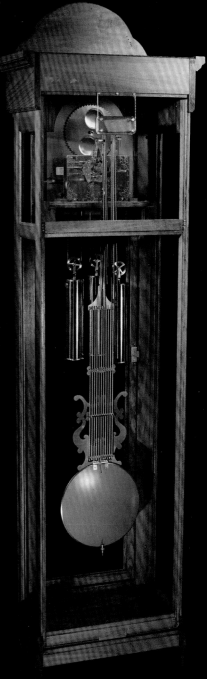

这个配重是为每隔 15 分钟奏响一次的报时装置提供动力的。

这个配重用于为时钟的计时机制提供动力。和弹簧不同，当摆锤下降时，它的重量不会改变，因此，它提供给时钟的驱动力也是恒定不变的，不需要"宝塔轮"这样的装置来调整（参见前一页）。

这个配重是为每小时奏响一次的报时装置提供动力的。

每周只需一次用一个可以拿下来的手柄旋转这 3 个用于绕紧配重系绳的销钉，就能把配重重新提升起来。

▼ 这个时钟里的报时装置通过发条装置带动几个小锤子去敲击几根用弹簧钢制成的长钢棒，从而发出乐声。这个机制相当复杂。关于这套装置，我已经研究了很久，但依然没能彻底弄明白它们如何每隔 15 分钟奏出一系列复杂的 4 分音符和 16 分音符，以及在整点的时候奏出相应的报时声（比如，时钟走到 3 点，就"当当当"敲 3 下来报时，以此类推）。

▼ 在这一章里，正如我们看到的那样，时钟的部件总是伴随着漂亮而不实用的装饰品。不幸的是这个漂亮的大摆钟也没能例外，比如它的钟摆纯粹就是一个花里胡哨的装饰。

◀ 在这一组看似混乱的齿轮里藏着报时的声音是如何发出的秘密。

花哨的钟摆

我们已经知道，钟摆每次摆动的时间长短取决于它的长度。金属（以及其他大多数材料）受热时都会稍微膨胀。所以，如果你有一个用金属制造的钟摆，那么当天气炎热时，这个时钟就会走得慢一些。在中央空调和集中供暖尚未出现的年代，这一点尤为突出，时钟将会面对很大的温度波动。因此，如果一个时钟里的钟摆仅仅是用简单的金属杆制成的，它就绝对不可能在全年都保持走时精准。

对于这个问题，一个巧妙的解决方案是用黄铜棒和钢棒交替排列来制作钟摆，以抵消这两者的膨胀。这个格栅式的钟摆来自我的那个大摆钟，它看起来是用黄铜和钢棒一起制成的——确实如此。不过，这些金属棒并没有以足够聪明的形式连接在一起。它们仅仅是彼此排列在一起，不会产生实际效果。拥有这种时钟的人和制造这种时钟的人恐怕都不知道，尽管这种"铜钢交错"的模式在此类时钟里很常见，但它们并不是随意设置的，而是在一定程度上致敬了这种曾经发挥作用而如今已被遗忘的结构。

真正具有温度补偿功能的格栅式钟摆如今几乎已经没法找到了。实际上，我也没能找到，只好自己用黄铜棒和不锈钢棒做了这个样品。当温度升高时，所有的金属棒都会膨胀变长，但黄铜棒所增加的长度几乎是不锈钢棒的两倍（这是因为黄铜的膨胀系数大致是不锈钢的两倍）。而这些金属棒连接起来之后的整体效果就是在受热时，不锈钢棒会使摆锤的高度降低，而黄铜棒又会把摆锤的高度提升回来。这些金属棒的长度并不是随意确定的，而是经过了仔细计算，因此，它们能够完全抵消彼此的热膨胀。

▷ 为了便于展示它的结构，我在这一页里展示的那个钟摆的框架仅仅比它所容纳的金属棒长一点。而在实际的格栅式钟摆里，框架会覆盖整个钟摆的长度，并为那些没有连接起来的金属棒预留了穿过框架的孔洞。这样，可以防止摆杆向前或向后弯曲。

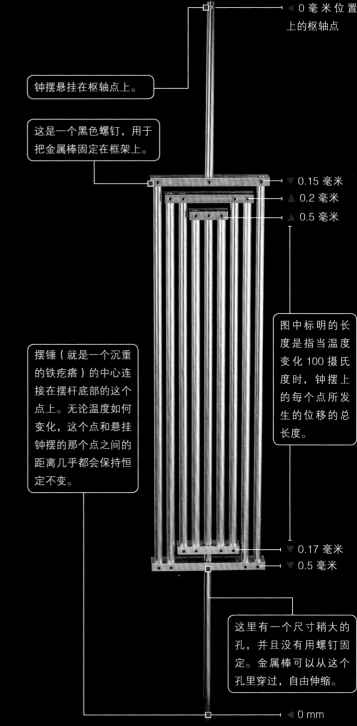

钟摆悬挂在枢轴点上。

这是一个黑色螺钉，用于把金属棒固定在框架上。

摆锤（就是一个沉重的铁疙瘩）的中心连接在摆杆底部的这个点上。无论温度如何变化，这个点和悬挂钟摆的那个点之间的距离几乎都会保持恒定不变。

◁ 0 毫米位置上的枢轴点

▽ 0.15 毫米
▲ 0.2 毫米
▲ 0.5 毫米

图中标明的长度是指当温度变化 100 摄氏度时，钟摆上的每个点所发生的位移的总长度。

▽ 0.17 毫米
▽ 0.5 毫米

这里有一个尺寸稍大的孔，并且没有用螺钉固定。金属棒可以从这个孔里穿过，自由伸缩。

◁ 0 mm

▶ 这种格栅式钟摆非常少见，主要是因为它们是解决温度变化问题的方案里最复杂的一种。另一种解决方案是将一些液态的水银（汞）封在钟摆的底部。当温度升高时，水银会膨胀，而且要比黄铜和不锈钢膨胀得更厉害。因此，当钟摆受热膨胀而变长时，摆锤的位置相对下降。这时，水银会在它的容器里向上膨胀，提升了整个摆锤的质心的高度，从而抵消了摆锤位置下降的影响。如果你精确地选择钟摆的材质并让它和水银的量完全匹配，则两者受热膨胀的影响就能相互抵消。这类装有水银的钟摆广泛用在当时那些最精准的时钟里，直到这类大摆钟完全过时。

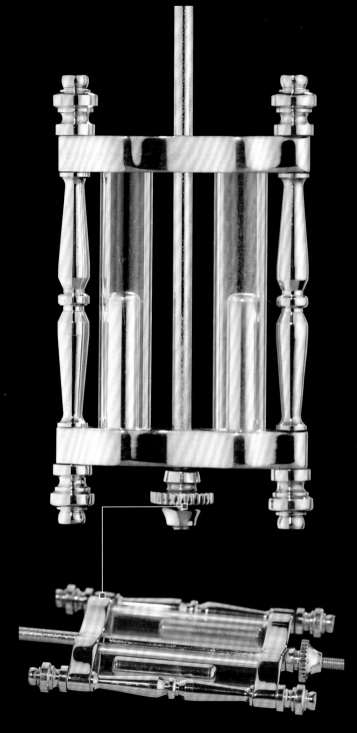

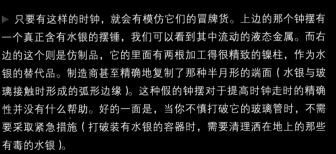

▶ 只要有这样的时钟，就会有模仿它们的冒牌货。上边的那个钟摆有一个真正含有水银的摆锤，我们可以看到其中流动的液态金属。而右边的这个则是仿制品，它的里面有两根加工得很精致的镍柱，作为水银的替代品。制造商甚至精确地复制了那种半月形的端面（水银与玻璃接触时形成的弧形边缘）。这种假的钟摆对于提高时钟走时的精确性并没有什么帮助。好的一面是，当你不慎打破它的玻璃管时，不需要采取紧急措施（打破装有水银的容器时，需要清理洒在地上的那些有毒的水银）。

中国有许多迷人的时间机器，仿佛能够让你在一两百年的时光中穿梭，它们叫作高铁。

中国的古都北京以及作为商业中心的上海、香港特别行政区都跻身于地球上最发达的都市之列。广东省的广州和深圳属于新技术产业集中的大都市，同样很有活力。和中国其他地区以及世界上其他地区的居民相比，上述这些都市里的居民更像生活在未来世界之中。

只要坐上一两个钟头的高铁，它就可以把你带到一些保留着古老风貌的地方去。那些地方并不是博物馆，而是真正的城市和乡村。这些地方还保留着过去几百年里人们所熟悉的生活方式，不是记忆，而是带着烟火气的日常生活，一个个真实的场景。比如，河北昱昌古典钟表有限公司就是这样的一个地方。

尽管我在这一章里写到

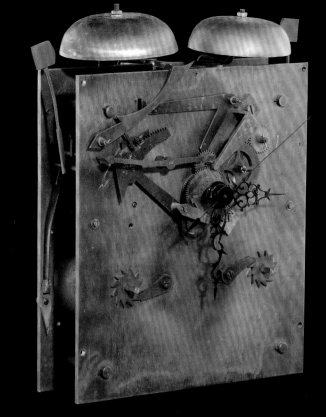

▲ 在昱昌古典钟表有限公司里摆放着许许多多时钟。厂家自豪地表示，根据他们的估算，中国市场上的"假"古典钟表里有 90% 都是由他们制造的。这个所谓的"假"又是什么意思呢？这些钟是古董时钟的精致的仿制品，虽然它们应该有几百年的历史，但实际上是全新的（在这家工厂里从零件开始制作出来的）。那么，它们就是"假"的吗？

的很多时钟都是拙劣的仿制品，但这家公司生产的钟表不在其中。这个时钟的机件是用 5.4 千克的黄铜手工制作的，相当考究。它两侧的面板则是用 3 毫米厚的机制实心黄铜板制作的，就连齿轮也是用黄铜切削加工出来的，而不是用钢材冲压出来的。它的擒纵装置用的是机轴式擒纵装置，这种古老的设计自从 14 世纪以来就没有改变

过，直到 19 世纪中叶方才不再使用。时钟里的每一个部件都是它原本"应该是"的那个样子。这是一个诚实的缺憾（也就是说，以现代的标准看，它并不算是一个非常精准的时钟）。那么，它是上周才制造出来的这个事实是否意味着它是个假货呢？我觉得不是。

虽然我不认为这些时钟是假货，但它们的确很容易

◀ 这个机轴式擒纵装置是人类设计的第一种机械式擒纵装置，风靡了近 600 年的时间。

▲ 北京秀水街市场里的钟表店铺。

▼ 走进这个地方就像走进了一条时间隧道，人们仿佛重建了英国、法国在 19 世纪的工坊，用当时的工艺来重现那个时代的钟表。除了一些现代工具之外，这里所用的工具和技术大体都与当时一样。

变成冒牌货，被伪装成真正的古董钟出售。该公司的产品在遍及北京的各个商店里出售，其中包括著名的秀水街市场。我在不同的商店里听说过不同版本的故事。在其中一个商店里，店主非常坦诚地说："这是一个古董钟的仿制品，中国制造，看看，它做得多精美啊！金光灿灿的黄铜，沉稳厚重的大理石底座！"（没错，这些描述都完全正确。）然而，在另一个商店里，故事就掺假了。店主说："这个钟是仿制品，是在意大利制造的。"（我知道，它绝对是昱昌古典钟表有限公司的产品。）还有些时候，店主会给你留下深刻的印象，这些钟是"老货"，但实际上这种说法通常都是假的。

◢ 仔细看看，你就会明白为啥说不要因为车间里的杂乱就轻易判断这些钟的品质。看看这些精美的装置、精心设计的金属装饰以及锃亮的黄铜柱。只要你把它们擦拭干净，包装妥当，就得到了一流水平的尖货。

▷ 每一个时钟都是诸多零件的集合，而每个零件又都需要以自己的方式去制作。比如，制作下一页图里的这种零件时，就需要把彩色釉料填充到凸起的金属丝之间，铺成厚厚的一层，然后进行烧制，将釉料熔化为玻璃一般的珐琅质，再对这部分进行打磨、抛光。

如果你凑近仔细看，就会发现下图中的这个零件更加精妙。它镶嵌的金属丝要比左边的那个清晰、细腻得多，而它用的技术更精细，耗时也更多。需要先小心翼翼地把纤细的黄铜丝弯曲成预想的形状，然后把它们粘在金属杯子或盖子的表面。这就是一个真正的景泰蓝工艺品，而左边的那个则是比较便宜的仿制品，它是用金属铸造出来的。这两者都是昱昌古典钟表有限公司制造的产品。

▲ 当然，对于任何一个钟表而言，其中最重要的部分就是它的齿轮。这些齿轮是大规模生产的产品，用到了冲压和切削相结合的工艺。

当看着这些链条如何组装起来时，我很奇怪。工人如何用锤子把这些链条上的链节连接在一起，而又不会把它们敲得飞起来呢？果然，我发现了一种聪明的解决方法：在一块金属板上开一条狭窄的槽，把所有松散的链节嵌在其中，然后工人用锤子逐个把链节上的销钉敲下去（这些销钉位于链节两端的小孔中，把它们彼此连接起来）。

▲ 在前文中，我介绍过时钟里的那种纤细的链条，它们的作用是在弹簧逐渐松开时保持弹力恒定不变。然而，我从来没有想过自己能亲眼看到这种链条从何而来：就从这个盛满了细小链节的心形金属盒子里来。

▲ 这个黄铜模板用来排列这种三层的蝴蝶结形状的链节。链节中间的那一层会偏出一个槽孔的位置来。

▲ 接下来，细小的销钉会被插进"蝴蝶结"上的槽孔之中。

▲ 再小心地敲击几下，把销钉敲平，这部分就算完成了。随后，这一个个短短的链节就会被连接在一起，组成近 1 米长的链条，用在时钟里面。

▲ 这种精致的雕塑就是通过失蜡浇铸法制作的。

◀ 在手工雕刻的蜡模原型完成之后，就在它的表面涂抹上很多层的乳胶。等到乳胶把它的细节都捕捉下来之后，再把布或其他强化材料贴在乳胶表面上。乳胶是一种很有趣的材料，它有着令人难以置信的韧性，几乎可以留住蜡模原型表面的任何一个细微之处。当乳胶变硬之后，再小心翼翼地把它切成两半或几块，从蜡模原型上取下来。

▲ 一个乳胶模具可以用来制作几百个形状一样的蜡模。工匠们把蜡熔化后灌进空心乳胶模具里，把模具来回翻转几下，再把多余的蜡倒出来。反复几次之后，一个空心的蜡模就制作完毕，可以从乳胶模具里取出来了。

顺便说一下，对我而言，这个房间里的气味相当迷人。它让我回忆起了在瑞士念小学时自己制作蜡烛的时光。气味很好闻，并不是那种香甜的空气，却是温暖而丰富的。我没有想到铸造车间里竟然是这种气味。说实话，铸造车间里的烟尘往往以容易让人生病而著称，通常不会让人怀念起童年时制作圣诞蜡烛的快乐时光。

▲ 蜡模原型的制作过程从这里开始。能工巧匠们极尽精巧，把一整块蜡雕刻成一个三维的蜡模原型。最终，它将变成一座金属塑像。

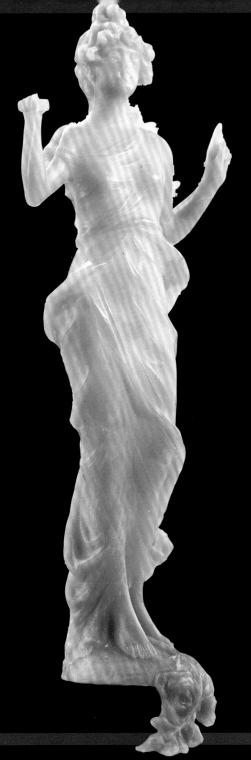

◀ 这是其中的一个蜡模，它是用乳胶模具复制出来的。它并不完美，在模具合拢的地方总会留下一些细小的边线、一些小的气泡和其他缺陷。但它具备了基本的形状，也保留了所有重要的细节。与金属塑像相比，这些蜡模上的缺陷修补起来要容易得多，因此，需要花点时间来完善这些蜡模。

▼ 蜡是非常容易加工的。这位工匠正在用一个电烙铁轻轻地熔化掉蜡模表面的微小凸起，以消除这个蜡模表面的那些小瑕疵。他还要为这个蜡模加上"浇口"，也就是将熔化的金属灌进模具中时所需的开口和通道，确保液态金属填满模具的所有空隙。（参见第108页，看看这种浇口在铸造完成时会变成什么样子。）

▼ 等把这些蜡模打磨完美之后，工匠们就会给它们涂上"腻子"，也就是一种糊状的石膏，让它紧紧地裹在蜡模的外面，而浇口并没有被堵塞。这样，人们就可以从这里灌入熔化的液态金属了。在涂抹了几层"腻子"之后，蜡模的外面还会再涂上一些较粗糙的聚合物，以增强这个模具的外壁。

▲ 看起来这是一口很大的汤锅，实际上也差不多。它是一个用蒸汽加热的容器，用来熔化石膏模具内部的那些蜡模。把这些石膏模具放在锅里，开口朝下，然后盖上盖子，持续通入高温蒸汽，直到所有的蜡都融化并从底部的开口里流出来。（蜂蜡昂贵，所以要尽可能地回收、重复使用。）

▲ 这里就是整个铸造车间的核心：浇铸工序。图中左边的这个东西就是灼烧石膏模具所用的烘炉：当绝大部分蜡已经熔化、流出来之后，这些模具就被放进这个炉子里，用高温烘烤，以确保模具中残留的蜡和水汽都被灼烧干净。而下图中地上那个发着红光的圆形洞口实际上是一个下沉式熔炉，其中装着好几百千克液态黄铜。黄铜就是铜和锌的合金（即这两种金属的混合物）。这些炉子中间的地面是用砾石铺成的。人们总喜欢用砾石铺铸造车间的地面，因为在浇铸过程中难免会有一些金属溢出来溅在地上。如果地面是用混凝土做的，那么它就可能因此而碎裂，或者金属粘在地上难以抠下来。而在砾石地面上，一切就都没问题了。液态金属溅到砾石上凝固后，我们就把它们捡起来，拍打干净，再放回熔炉中重新熔化就是了。

▼ 熔化的液态金属散发着明亮的光芒，被倒进这些刚做好的石膏模具中。几秒之后，这些金属就会变硬了。

▲ 哈哈，我能感受到他们的郁闷。我小时候用铅、锌和铝铸造东西时，也发生过好多次类似的情况。嗯，看到专业人士也会出现这样的错误，我还是蛮高兴的。然而，他们有一个更好的解决方案：用一把长长的铲子托着一块泥巴，在模具上泄漏的地方来回涂抹，这足以让那里的金属冷却，阻止进一步泄漏了。我认为这个铸模并没有失效（如果真的失败了，金属也可以回收，重新用于铸造，损失的只是准备蜡模和铸模的时间而已。）

◄ 一个规模更大的铸造车间能够生产几百千克重的铸件。那就需要一个行车式起重机，它吊运的那个钢包可以发生一定角度的倾斜，从而把熔化的金属从顶部灌进模具里了。图中的这个铸造车间专门生产较小的铸件，所以工人们只需要把一个大汤勺伸进熔炉里，舀出足够一次或两次使用的液态金属就行了。

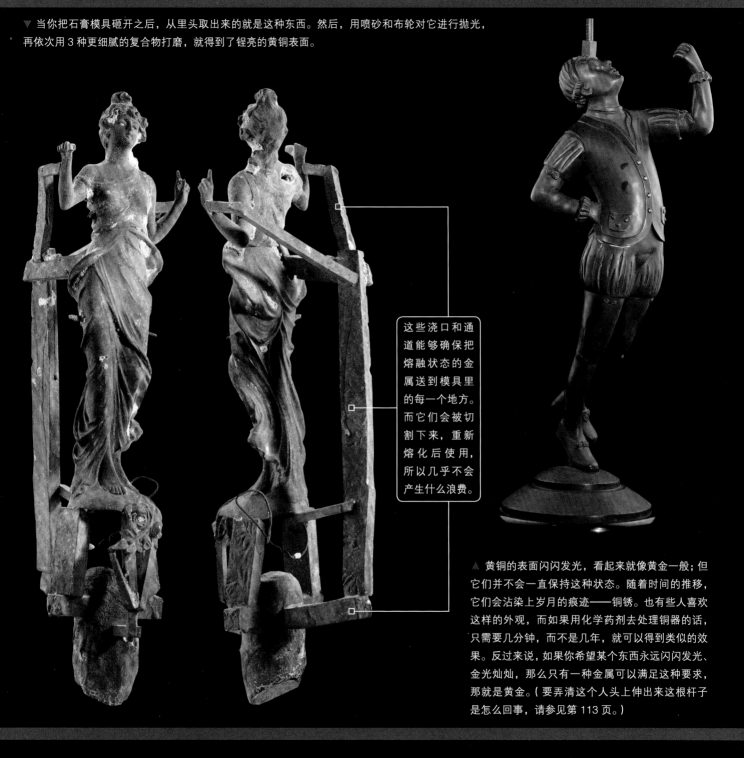

▼ 当你把石膏模具砸开之后，从里头取出来的就是这种东西。然后，用喷砂和布轮对它进行抛光，再依次用 3 种更细腻的复合物打磨，就得到了锃亮的黄铜表面。

这些浇口和通道能够确保把熔融状态的金属送到模具里的每一个地方。而它们会被切割下来，重新熔化后使用，所以几乎不会产生什么浪费。

▲ 黄铜的表面闪闪发光，看起来就像黄金一般；但它们并不会一直保持这种状态。随着时间的推移，它们会沾染上岁月的痕迹——铜锈。也有些人喜欢这样的外观，而如果用化学药剂去处理铜器的话，只需要几分钟，而不是几年，就可以得到类似的效果。反过来说，如果你希望某个东西永远闪闪发光、金光灿灿，那么只有一种金属可以满足这种要求，那就是黄金。（要弄清这个人头上伸出来这根杆子是怎么回事，请参见第 113 页。）

在第一个电镀池里，先在雕塑表面沉积一层相对镀金来说比较厚（实际上依然非常薄）的镍。如果镀金层被划伤，镍镀层就可以提供一定的保护，让雕塑免于被空气腐蚀。同时，镍镀层还可以为即将制造的金镀层提供一个坚硬光滑、类似于镜面的"黏性"表面。

黄金就是黄金，它也只有这样一种状态。没有任何其他金属可以像它一样永远保持着这种闪亮的颜色（就像宇宙那样永恒，只要你不让它接触王水或者其他一些讨厌的东西。当然，在普通的家庭里，你是见不到这些东西的）。

哪怕是真正的古董钟也不太可能用纯金制造。除了历史上几个喜欢奢靡享乐的帝王留下了几个很过分的例子之外（这些纯金时钟每个都价值几百万美元），无论这些古董钟多么古老，它们上面的黄金都只是覆盖在铸件上的一层非常纤薄的金箔而已。幸运的是金箔可以在通常条件下防止锈蚀，所以很薄的一层金箔就足够了。

在过去的时代，这一层金箔通常会以"贴金"的方式加上去，也就是说把一层薄得让人难以置信的金箔（大概只有500个原子那么厚）用胶黏在金属的表面（实际上，昱昌古典钟表有限公司直到几年前依然是这么做的）。而今天，这种工作可以用电镀来完成。把雕像浸泡在一个池子里，然后通入电流，就能把同样薄薄的一层黄金沉积在雕像的表面上。

黄金实际上非常难以溶解。被称为王水的强酸混合物之所以得到了这个名字，就是因为它是唯一能够腐蚀黄金的酸。因此，对于许多工厂而言，与其自己费力溶解黄金，还不如直接购买相应的盐类，这些物质可以溶解于水。看到这里，你可能很惊讶：这种白色的粉末每瓶只有100克，却要卖到3000美元，而且看起来一点也不像黄金。（判断这种粉末是否掺假确实很容易：虽然它没有黄金那种金灿灿的颜色，但它依然拥有黄金那惊人的密度。真正的金盐粉末的密度远远超过你能想到的不太昂贵的各种白色粉末。）

电镀的原理是让电流通过一种溶液，而溶液中含有已经溶解了的金属盐类（在这个工厂里是金和镍的盐类）。电流能够在被电镀的物体表面把这些溶解在水里的金属离子转化为固态金属。（这个被电镀的物体也需要通过电线连接电源，以构成电镀池里的电流回路。）

在第二个电镀池里，会给雕塑增添一个非常薄的黄金镀层。在冲洗掉残留的电镀液之后，这部分就准备就绪了。

电镀这种工作伴有一定的毒害性。这些房间里包含一系列洗涤池、超声波清洗池、酸蚀池，以及两个储存金属盐类的电镀池。其中大部分液体都是有毒的或具有强腐蚀性。

每天看到这些精美的物件从这些有毒的电镀池里诞生，应该还是有一定的满足感吧。和大多数工艺不同，镀金物体被从电镀池里捞出来时，就已经达到了完美的程度，无须再打磨、抛光。

时钟的三大基本功能

我在昱昌古典钟表有限公司一共买了 11 个时钟（鉴于我没有收集过钟表，这个数字在我看来已经很多了）。在前文中，我们已经看到了漂亮的"法式"框架钟以及令人印象深刻的沉重的黄铜部件。于是，我选择了下列这些时钟，因为它们中的每一个都展现出了机械式时钟的三大基本设计要求：按照稳定的节奏走时，能够提供走时所需的能量，以及能让人从钟面上看到当前的时间。

保持节奏

让我们从各种主题的钟摆开始吧。钟摆，能够提供时钟稳定走时所需的节奏。

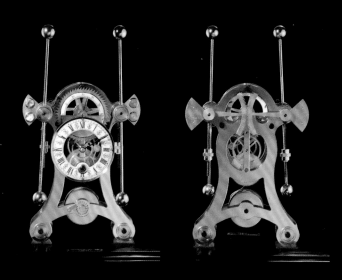

▲ 我很想拥有一个真正的哈里森航海钟（参见第 93 页），但如今唯一存世的那个还放在格林尼治天文台里展出呢。上图中的这个则是一个妥协方案，它是一个现代的复制品。它有一个真正的蚱蜢式擒纵装置，但那个双联球摆杆只是对哈里森航海钟的模仿而已，并不是真的。它们没法保持平衡，因为其底部的重量略大于顶部。同时，它的里面也没有原型中用于控制平衡的弹簧。换句话说，它们是假货，依然是依靠重力驱动的钟摆（原型由弹簧驱动），所以根本没法用在航船上。但好的一面是这个时钟很便宜，反正我也没有船，用它们也是一样的。

▲ 许多年来，人们设计了许多不同的钟摆，尝试着让时钟的走时更加精确，而这是朝着相反方向迈出的一大步。所谓"钟摆"是挂在细线上的一个小金属球。这个球摆动到一边时就会缠绕在铜杆上，直到摆线全部绕紧；然后摆线会朝着相反的方向解开，小球接着绕在同一侧的另一根铜杆上；然后又解开，绕在另一侧的铜杆上，再来一次缠绕—解开—缠绕动作。整个过程耗时 10 秒。机械钟表的制造者通常会竭尽全力去消除计时机制中的可变因素（参见第 98 页），而这个时钟里带线的钟摆不过是一堆潜在的误差源头，包括湿度的差异、细线的拉伸、线轴的磨损等。简单地说，这个时钟只是好玩。从历史上看，这种设计绝非精良，但给生活增添了一点乐趣，又有什么不对呢？

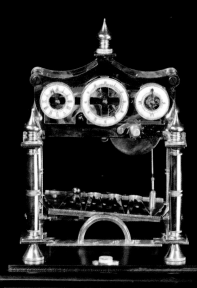

◀ 继续来看看钟摆的替代品。这一个的成本更高，走时更不准确。它有一个带凹槽的跷跷板，可以向左或向右倾斜。小球从板的一端滚到另一端需要 12 秒，随后就会触发机关，让这块板翻转，小球重新滚回来。这个设计看起来很有趣，但走时的准确性很糟糕。

▶ 这是一个聪明而又毫无意义的减重方案。被弹簧缠绕的钟摆底部有两个沉重的东西：运动部件（把钟里所有的齿轮和齿盘都囊括其中）和摆锤（钟摆底部的配重）。在这个设计中，运动部件本身的重量也被加入摆锤之中，从而让这个时钟减轻了一半的重量。然而，这并没有什么用，因为这个时钟还不是便携式的。

　　图中的这个时钟的钟摆看起来很像一个格栅式钟摆，但其实不是（参见第 98 页）。我很高兴能够证实我对此事的怀疑，这个钟的主人以及制造它的昱昌古典钟表有限公司的工匠师傅都不知道为什么要使用这种特殊模式的棒状钟摆。他们只是复制了一个古董钟而已，而这个时钟或许本身就有错误。于是，我给他们看了第 98 页中的图片，帮助他们理解制造这种模式的时钟时要考虑什么。

▲ 这个年钟（又称"400 天钟"，即上紧一次发条，它就可以走时 400 天——译者注）并不是来自同一家公司，但它也展示了钟摆的另一个有趣的变化。它的走时机制实际上更接近哈里森后来的航海钟，或者说接近现代的手表，而不像一个有悬挂式钟摆的大钟。一组沉重的小球围绕着一根竖直的轴缓慢地来回旋转，而导致它们改变方向的回复力则由一根非常精细的盘状弹簧来提供（这根弹簧称为平衡弹簧）。既然这些小球的运动并不依赖重力，并且完全平衡地绕着轴心旋转，那么这个时钟的走时节奏应该相当稳定，哪怕是放在颠簸起伏的船舱里使用。

给时钟提供能量

现在，让我们来看看一些不同的供能方式，不用电池而给时钟提供能量。要做到这一点，有两种基本的模式：使用发条或者重锤。我们从这个年钟的背面开始探索，我们可以在那里看到一个"发条怪兽"。

这个时钟里的发条（就是一根长长的、扁扁的钢带）现在完全松弛，所以它堆在时钟的下半部分。你可以用一个特制的曲柄拧紧这根发条，让它朝着释放时相反的方向旋转，缠绕在线轴上。像这样完全拧紧的发条里蕴藏着很大的能量。当发条已经绕紧时，千万不要拆开它！

图中的这个时钟被称为年钟，因为你只需要每年给它一次发条。比如，在你的结婚纪念日，如果你得到了这样一个时钟作为结婚礼物（或者在你的结婚纪念日的次日，因为你忘了给新娘买礼物，不得不买一个贵重的礼物来摆平此事）。这里头的发条和我们先前看到的那个发条收音机里的发条基本上是一样的，但它持续的时间要长得多。这是因为让时钟保持运行的能量只是收音机所需能量的一小部分。

在由弹簧驱动的时钟里，绝大多数都选择了盘状螺旋发条。因为这种发条可以在很小的空间里储存大量的能量，而在发条逐渐松弛时，它的两端的位置也不会随之发生改变。（一端保持不动，而另一端旋转，这非常适于驱动齿轮转动。）然而并没有哪条法律规定你不能用一根线性发条代替螺旋发条。我想，可能只是需要一个很好的理由才会有人这么做，毕竟并没有其他时钟采用过这样的设计。

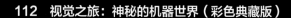

正如我们在第 95 页中已经讨论过的那样，发条有一个固有的缺点，那就是它们松开时向时钟提供的能量不稳定，从而可能导致走时不准。而温度的变化也会影响发条的松紧程度。通过配重缓慢下降提供能量的时钟就不会有这些问题，因为重力总是恒定不变的。随着配重的下降，其蕴藏的重力势能逐渐转化为齿轮运转所需的动能。

为什么这个滑轮用两根线悬挂配重，而不是将配重挂在同一根线上呢？这是为了让时钟里机轴的强度能够支撑起两倍重量的配重，从而让时钟每次运行的时间也加倍（对这个时钟而言，那就是 7 天）。在我们以前提到的大摆钟里，你也能看到同样的滑轮系统。

▲ 那些把时钟做成"无用良品"的发明者的脑洞可以突破天际。图中的这个时钟也是把运动部件本身作为配重来驱动时钟走时的，但它不是沿着一根杆子下滑，而是缓慢地从一个斜面上滚过。

▲ 这个时钟也通过缓慢下降的配重来提供能量，但其中并没有任何悬挂起来的东西。它的顶部有一个装满了钢球的漏斗，这些钢球会逐个落入一个类似于水轮的装置中，让"水轮"缓慢地旋转起来，从而为时钟提供能量。每隔 4 小时，一个钢球就会从"水轮"的底部掉出来。同时，另一个钢球则会从漏斗里掉进"水轮"之中。因此，你并不需要拧紧时钟的发条，而是每隔几天把盘子里的钢球倒回顶部的漏斗里。（你把钢球拿起来放进漏斗里所花费的能量实际上就是时钟所需能量的来源。）这个设计里有一个有趣的地方：如果你希望这个时钟运行的时间更久一些，那么就需要换一个更大的漏斗，并在里头装入更多的钢球。

▲ 从正面看，这个时钟应该立即朝下滚动，但在它的里面，我们能看到外轮的运动和里头的部件是分开的。同时，它底部的配重要比顶部重得多。这就阻止了这个时钟自由滚动，当外轮滚下斜坡时也能让它保持钟面朝向前面。这个时钟走时所需的能量来源于内外两部分的相对旋转所产生的动能。（参见第 117 页中的透明时钟，其原理与此类似。）

▶ 在第 111 页中，我们看到过一个时钟，它使用自己作为钟摆的摆锤。而图中的这个时钟则利用自己的重量来驱动自己走时。在为期 3 天的一个周期里，这个时钟会沿着一根柱子向下移动，将它自己的重力势能转化为走时所需的动能。倘若你把它套在一根 3 米长的柱子上，它就完全可能连续走时一周。这个时钟的钟摆在什么地方？哦，它没有使用钟摆，而是用了一个平衡轮。那么，能不能制造出一个时钟，让它既充当自己的钟摆又充当自己的配重呢？我想还是不要了吧，这也许会在时间和空间的连续体中制造出某种内爆的效果（在第 108 页中，你可以看到是什么支撑着这根柱子。）

▼ 为了让这个时钟能工作更长的时间，你需要一个更长的斜面，实际上真的可以这么做。比如，你可以把它放在富士山的一侧，让它慢慢滚下来，明年再来看它。

显示时间

接下来，让我们来看看如何显示时间。实际上，常用的显示方式有两类，即数字式和模拟式（钟面），每一类中又有许多变化。

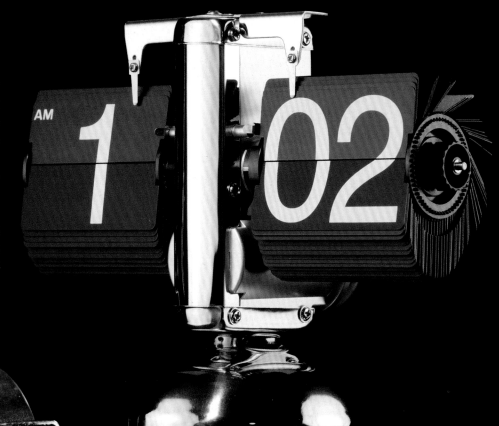

我们已经见过很多模拟式的时间显示装置，而图中的这个是唯一采用"其他机械显示方式"的：翻动一张张数字叶片。这些用塑料或金属制造的叶片安装在一个缓慢旋转的转轮上。每一分钟（如图中右侧的这个）或每一小时（如图中左侧的这个），顶部的那一张叶片朝下移动足够的距离，然后折叠起来，并显示紧挨着它的那一张叶片上的数字。（这类叶片翻转式显示器曾经普遍用在火车站和机场的出发口，以显示出发时间和站台或登机口的编号。那个时候，看着告示板上的几百个类似装置同时更新，所有列车停靠站台的编号一排接一排地移动，实在让人兴奋不已。转呀转呀转，哎呀，哥们，我要去第7站台！）

这不是一块老式机械表，也不是一块现代电子表。它是早期的 LED（发光二极管）手表，以分段方式显示时间，但采用的是 LED 技术。如今的 LED 非常明亮，常用于照明，几乎取代了所有的白炽灯和荧光灯。但在 20 世纪 70 年代，人们只有红色 LED 可用，其亮度也只够充当指示灯而已。这块手表来自莫斯科的某个跳蚤市场，和那里卖的其他东西一样，是一个过时的产品。

▲ 传统时钟显示时间的方式的影响是如此深远，这种方式后来被扩展到视障人士专用的钟表上了。这个盲文时钟的结构和其他时钟并没有什么不同，但它的表盘周围有凸起的点（盲文），指针也要坚固得多，能够让盲人通过触觉感知时间。（如今，一个常见的解决方案是让钟表用语音报时，但这是一个电子化的解决方案，而本章中我们只讨论机械时钟。）

我还可以继续收藏一些让人疯狂的时钟，但那 7 个大箱子已经被塞得满满的了。

▶ 在昱昌古典钟表有限公司参观时，他们告诉我，既然我买了这么多时钟，可以把这条狗也送给我。

卡西欧手表之爱

我记得这块手表。嗯，孩子，那种触及心灵的感受并不是经常会出现的。那大概是 1980 年吧，我走路去上学，刚刚经过克罗伊兹基尔切穿顶，在尔德斯特拉斯走了一段很陡的路。几个街区之外就是达金德医院，我的妹妹在几个月之后就在那儿与世长辞了。在林登大道的树荫下，一位男士停下来问我是不是刚刚拥有了一块新手表。这可能是因为他看到我一边走路一边反复查看手表。我有点不好意思，但也非常自豪。没错，我的确有了一块新手表！就是这个！（其实，这是一块同型号的手表。原来那一块在很久以前就已经找不到了，而这块是一个迷人的替代品，聊为纪念。我是从 eBay 上买来的。）

它似乎无所不能：全日历显示，可以播放很多不同的旋律，还可以设置双时区。它告诉我的小脑袋，这些事情都是可以实现的！那一刻，我站在坡顶的道路上，阳光灿烂，春风得意。而我能想到的最酷炫的东西此刻就戴在我的手腕上。给我几分钟，让我回忆一下……

好了，现在，我在这里提到这块手表的原因是它展示了以模拟方式显示时间会不可避免地用到哪些手段。即便这块手表在当时是超现代的设计，设计者能想到的最好的方案也只是复制了液晶显示手表的显示方式。（表盘上的指针都不是真的，而是液晶显示屏上显示出来的图案。它的工作原理详见第 127 页中的介绍。）

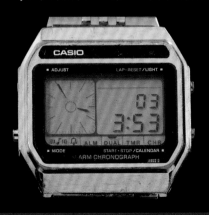

超越钟摆的设计

大摆钟是第一种走时准确的时钟，至今依然是所有机械时钟里最精确的一种，但它们的确太笨重了。便携式时钟需要一个更紧凑、对运动更不敏感的计时机构。

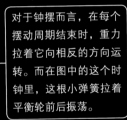

这个平衡轮取代了钟摆。它并不像钟摆那样来回摆动，而是围绕着它的轴心前后振荡。就像我们以前介绍过的年钟里的那个小球的迷你版本。

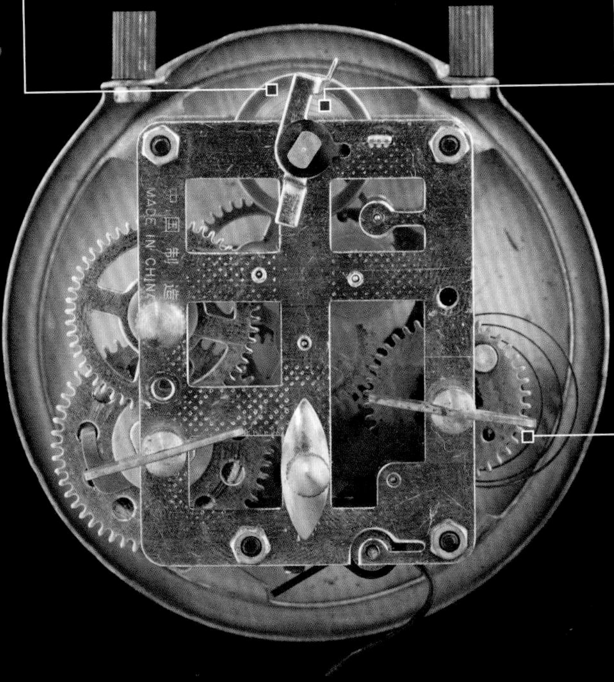

对于钟摆而言，在每个摆动周期结束时，重力拉着它向相反的方向运转。而在图中的这个时钟里，这根小弹簧拉着平衡轮前后振荡。

▲ 在紧凑型时钟里，用盘式发条提供能量，用平衡轮代替钟摆。这些部件都可以做得非常小，几乎不受时钟自身运动的影响。当你想把一个钟摆放在船里、戴在手上或者放在桌面上时，这一点就很重要了。

用一把"钥匙"就能转动时钟里的主发条，从而给时钟重新补充能量。

▼ 这种"盘式发条＋平衡轮"设计的精妙之处在于：你想把它做得多小巧，几乎就真的可以做得多小巧。这块腕表和前一页中那个放在桌子上的时钟具有相同的结构，只是每个组件都是微型的。它称为"骨架手表"，因为外壳是透明的，框架也被削减到最低限度，仅仅可以恰好容纳所有的装置。

这个微小的"调节"杆可以让你稍微改变一下平衡弹簧的松紧程度，从而调整手表的走时误差。

平衡弹簧

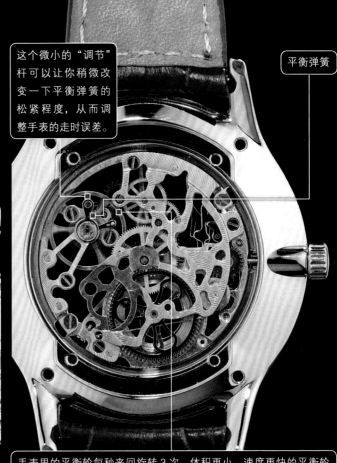

手表里的平衡轮每秒来回旋转 3 次。体积更小、速度更快的平衡轮会让手表更加精确，也会让它的运行更加平稳。（在商业化的手表里，平衡轮的最快移动速度为每秒 10 次，而一些少见的机械秒表可以达到每秒 100 次之多。）

这个小巧的擒纵装置有一个蓝宝石托架。除了最廉价的那种手表以外，几乎所有手表都会把蓝宝石作为标准配置。这是因为蓝宝石的硬度要比钢高得多，摩擦力也更小，从而使得擒纵装置可以运行多年而无须添加润滑油。蓝宝石和红宝石也会被制成轴承，用在一些品质更高的手表里。

▲ 松弛状态　　　▲ 半张紧状态　　　▲ 完全张紧状态

世界上最大的时钟机芯位于俄罗斯莫斯科市中心，安置在卢比扬卡广场儿童商场的中庭。请注意，我说的是最大的时钟机芯，而不是最大的时钟，有的时钟的钟面比它大，指针比它长，但这个时钟的机芯是最大的。当然，这比一些教堂钟楼上的巨大钟面有趣得多。

测量钟摆的长度时，并不需要爬到时钟上去量，只需要简单地测算它摆动一次所需的时间就可以了。这个钟摆完整地朝前朝后各摆动一次所需的时间是 6 秒。根据摆的等时性原理，它的摆长（也就是从其质心到枢轴点之间的有效距离）必须在 9 米以上。（整体而言，这个钟摆的总长度是 13 米。）

这个机芯里的齿轮真的非常巨大，有些齿轮的直径少说也有 3 米。通常而言，这么大的齿轮需要用几吨钢铁来制造，以通过它们巨大的齿来传递巨大的推力。然而，这些齿轮是放在一个时钟里使用的，不是用在一台十吨起重机里；而这个钟又挂在诸多顾客的头顶上。因此，它们必须足够轻。工程师们选择了一种我以前从未在其他机械装置里见过的方案，他们把单个滚珠轴承放置在每一个齿轮的每一个齿上。这种设计美观大方，其执行力也是相当杰出的。这个机械时钟的机芯是对机械艺术的致敬。

△ 世界上最大的钟，位于莫斯科的一家儿童商场。

△ 普通的手表已经做得非常小巧了，而图中的这个更是小得不可思议；但它的里面依然有一个功能齐全的机芯，正如我们在前一页中看到的那样。它有 15 根宝石轴承。据说，这是俄罗斯有史以来最小的手表。作为比较，我在它的底部放了一枚 10 美分的硬币，那是美国目前还在流通的硬币中最小的一种，直径略小于 18 毫米。

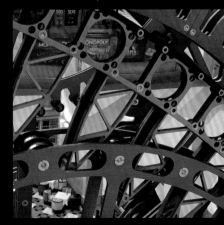

▷ 单个滚珠轴承沿着齿轮巨大的齿滚动。

▲ 这种低质量的"骨架手表"和第 117 页中的手表具有相同的机芯，但它被外壳上那些雕刻上去的假齿轮给亵渎了。设计者试图使它看起来更华丽一些，这是一个败笔：机器的魅力在于它们是什么，而不是它们假装是什么。

▲ 机械手表的价格可能高得可笑。某些品牌表的售价通常高达 30 万美元，而 1 万美元左右的手表在一些小圈子里被认为是"合理价格"。（不，这实际上并不是合理的价格。）我发了一些电子邮件给这些天价手表的制造商，礼貌性地请求这些公司允许我在本书中使用其手表的照片，但电子邮件都如泥牛入海。所以，我只好拍了这个冒牌货的照片，它是一个非常昂贵的品牌手表的山寨版本，仅售 20 美元。

便宜，却更好

关于那些贵得可笑的机械手表，有一个颇具讽刺意味的事实：虽然它们既漂亮又昂贵，但如果你拿它们和从一元店里买来的电子手表相比，它们的表现可能是半斤八两。图中的这块手表要价 1 美元，走时的准确性却可以和任何一块机械手表媲美。（呃，实际上我还抬高了价格，它的真实价格是 99 美分。而在中国，这样的一块电子手表的零售价才 30 美分。）

要搭建一个被称为二进制除法器的电路是一件很容易的事情。这类电路接收交替变化的上行 / 下行信号，再产生交替变化的上行 / 下行信号，其频率恰好是原来信号的一半。也就是说，每输入两个周期性的上行 / 下行信号，只输出一个周期性

的上行 / 下行信号。这就像一个齿轮的电子化替代品，其传动比恰好是 2 : 1。有了齿轮，你就能造出任意一个你想要的整数传动比（当然，还得合理）；而对于数字除法器来说，2 : 1 的比率比其他任何比率都更容易实现。

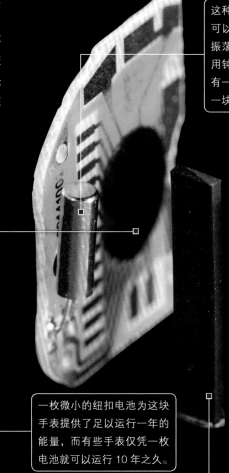

LED 显示屏

在这一坨胶（称为灌封胶）的下面，就是控制这块手表所有功能的硅芯片了。实际上，芯片比这坨灌封胶要小得多，肉眼几乎看不到它，但它所包含的功能相当于机械时钟里的所有齿轮。

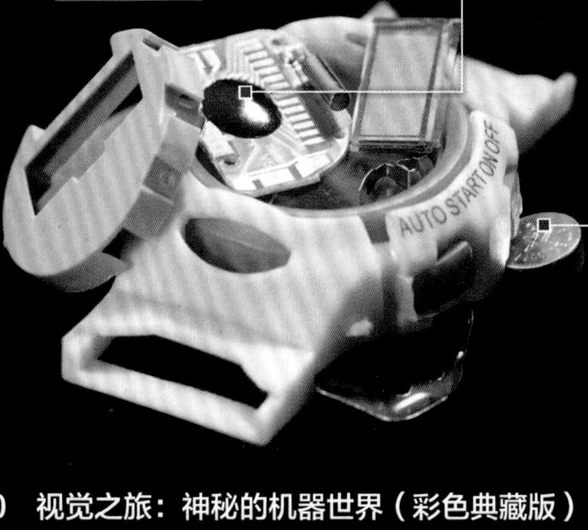

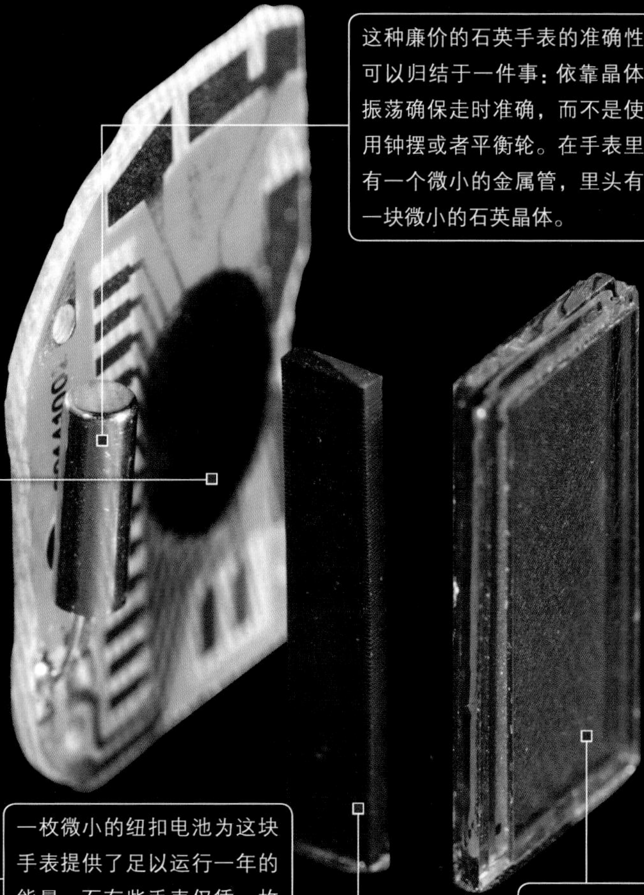

这种廉价的石英手表的准确性可以归结于一件事：依靠晶体振荡确保走时准确，而不是使用钟摆或者平衡轮。在手表里有一个微小的金属管，里头有一块微小的石英晶体。

LED 显示屏

一枚微小的纽扣电池为这块手表提供了足以运行一年的能量，而有些手表仅凭一枚电池就可以运行 10 年之久。

在组装这种手表时，工人会在电路板上裸露的铜触点和 LCD 显示屏背后透明的、难以看到的接触面之间，放上这样的一块导电连接层。这是一种非常精细的结构，由导电材料和绝缘材料交叠而成，它允许电流在电路板和显示屏之间单向流动。这是一种常用技术，可以将许多电信号从一块电路板传递到另一块，却无须将每个触点用导线连接起来。它的里面有许多导电层和绝缘层，因而不必考虑每个触点的具体排列方式。

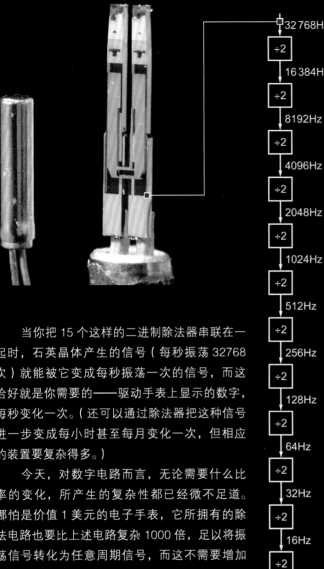

当你把 15 个这样的二进制除法器串联在一起时，石英晶体产生的信号（每秒振荡 32768次）就能被它变成每秒振荡一次的信号，而这恰好就是你需要的——驱动手表上显示的数字，每秒变化一次。（还可以通过除法器把这种信号进一步变成每小时甚至每月变化一次，但相应的装置要复杂得多。）

今天，对数字电路而言，无论需要什么比率的变化，所产生的复杂性都已经微不足道。哪怕是价值 1 美元的电子手表，它所拥有的除法电路也要比上述电路复杂 1000 倍，足以将振荡信号转化为任意周期信号，而这不需要增加成本。在石英钟表发展的早期，数字电路的尺寸比较大，所需的电能很多，成本非常高，所以，那个时候选择的晶体的振荡频率都要求越简单越好。

廉价的石英手表里依然会装有一块石英晶体，其形状像调音叉，被封装在一个金属管子里保护起来。这块晶体非常小，从头到尾也只有 2 毫米长。

你可以看到在透明的晶体表面有一些金属

电极。在这些电极上施加一个很小的电压时，它就能在微观尺度上改变晶体的形状（这被称为压电效应）。然后，晶体又会反弹，恢复它原来的形状，同时产生一个反馈电压（这也是压电效应，只不过是在反方向上体现出来的）。我们可以把一个电子电路连接到这块晶体上，以激发其产生这种来回往复的振荡。这样，只要能够持续供电，它就能持续不断地发生振荡。

石英晶体振荡器的绝妙之处在于它非常稳定。即便是最便宜的石英手表，只要它本身没有缺陷，每个月的走时误差都能够保持在不到 1 分钟的水平上。是的，有些纯粹的机械手表比它更精准，但只有最精致、最昂贵的机械手表在走时精准方面才能和一元店里的石英手表一较高下。此外，还有一些技术也用在了石英手表中，明显提高了其精准性。一些价格合理的石英手表在精准性方面超过了那些最昂贵的机械手表。

大多数石英手表使用的石英晶体的振动频率都是 32768赫（略高于人类的听力范围）。为什么是这个奇怪的数字呢？

◀ 二进制除法器

其实一点也不奇怪，它就是你在数字电路中常常看到的一个数字：2 的 15 次方，即 $2 \times 2 \times 2 \times 2 \times 2 \times 2 \times 2 \times 2 \times 2 \times 2 \times 2 \times 2 \times 2 \times 2 \times 2 = 32768$。

▲ 一堆便宜的手表

今天，数字电路便宜得像不要钱一样。这里有一堆标价 99 美分的带计算器功能的手表。它们不仅拥有石英手表的所有功能，还可以进行八位数以内的加减乘除，但并没有额外加价。

当然，这对于你我而言都是一件很平常的事情。我确实喜欢时不时地提醒自己，在我的大脑中曾有这么一段鲜活的记忆，而那时这种手表还不存在。在读三年级的时候，我曾告诉爸妈，让我学习九九乘法表是一件没有意义的事情。因为当我需要计算乘除法的时候，就会有便宜的便携式机器来帮我计算。在那个时候，我所说的这种机器还没有上市，但我相当确定这个想法很快就会成真。事实证明，我说对了。

最纯正的数字手表会使用液晶显示屏，但也有一些石英手表选择用老式的指针来显示时间。这些手表里使用了相同的石英晶体振荡器和一系列二进制除法器，创造出 1 赫的信号。但这个信号并不是送往液晶显示屏，而是被送到了一个微小的"电磁阀"中。这类装置类似于电磁铁：当有电流通过它的时候，它里面的线圈就会产生磁场。而磁场会把一根微小的铁棒拉过来，小铁棒再推动齿轮转动一格。这相当于机械手表中的擒纵装置，但走时机制是由振荡晶体控制的，而不是钟摆或平衡轮。

▷ 手表中使用的振荡晶体都非常小。图中显示了 10 个 32768 赫的振荡晶体，可以很轻松地放在一枚面值为 10 美分的硬币上。

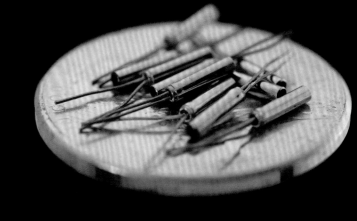

这个电磁阀能将电脉冲转化为机械运动。

过了电磁阀之后，这块手表的结构就和一块机械手表的机构完全相同了。它拥有相同的齿轮组合，可以将旋转速度降低到原来的 1/60，以驱动分针；再将旋转速度降低到原来的 1/12，以驱动时针。

由于电磁阀所消耗的功率比液晶显示屏要大一些，所以石英 – 机械混合式手表里纽扣电池的使用时间也要比纯粹的数字手表短一些。

装在保护管里的石英晶体

▲ 这块手表一定达到了制造假手表的新高度。这是一块标准的廉价石英手表，其石英－机械混合机芯和前一页中的那块手表非常相似。然而，这块手表的机芯部分包括真正的齿轮、电磁阀、振荡晶体和纽扣电池等，它们都被完整地藏在了一个有镂刻工艺的金属块里，看起来就像"骨架手表"那样。你看到的那些"齿轮"没有一个能够运转。透明的石英手表更漂亮，因为它能让你看到那些真正的机械部分真实工作时的场景。而这块手表把这个自然的、美丽的石英机芯藏在了一个令人尴尬的伪装之后。好吧，好在它只花了我 5 美元。

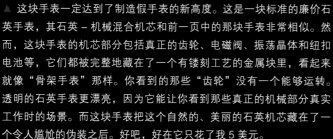

◀ 这是一块冷酷而美丽的手表。与那些金光闪闪、令人难以置信的超大尺寸手表相比，它更像一个不可靠的运动手表。它的外壳是用激光切割丙烯酸树脂而制成的多层结构，你自己也可以组装，只要把电路板焊接上去，再拧紧几个螺钉就行了。它的显示屏使用的是 LED，消耗的功率很大，每次使用时只能打开几秒。

▲ 石英晶体振荡器不仅用在手表中，也用在几乎所有的数字电子产品中。它们的大小和设计千差万别，工作频率从几千赫（每秒振动数千次）到几十兆赫（每秒振动几千万次）不等。在每一个手机、收银机、电脑、数码相机甚至会说话的洋娃娃里，你都能找到至少一个石英晶体振荡器。在这些装置里，石英晶体振荡器提供了一个时钟信号，从而让该装置中的其他部件能够同步工作。在任何带有微处理器（一种用于处理信号的芯片）的电子设备中，石英晶体振荡器能够做出时间安排，从而让各种指令按照程序执行，芯片因而得以运行。在无线电设备里，石英晶体振荡器还能提供参考频率，从而让无线电设备传输和接收信号。

▲ 石英晶体振荡器已经是一种非常精确的计时装置了，但它的确有一个弱点，即晶体的振荡频率会略微受到温度变化的影响。相应地，有两种办法可以提高精度，其中成本较低的一种通常用在各种钟表里，就是在晶体旁边装一个温度传感器。这并不能帮助晶体保持振荡频率的稳定，但可以让你知道温度对频率到底产生了多大的影响，从而利用这个数据校正晶体所发出的时间信号。这类集成了温度校正模块的晶体振荡器能够精确到百万分之几秒，其精度比原来的石英晶体振荡器至少要高出 10 倍。

◀ 更精确、更耗电的解决方案则是把振荡晶体放进一个温度可控的"恒温箱"中，让晶体的温度始终保持恒定（这个温度略高于室温）。这种昂贵的（价格在 50 美元上下）高精度石英晶体振荡器长期工作时的精度能达到一亿分之二（大约每两年才会产生 1 秒的误差）。然而，你不能把这种技术应用到一块手表里。在用到它的场合，设备所需的能量远远超过了一枚微型电池所能提供的能量。同时，它们能提供的精度远远超过了一块普通手表所需要的范围。此外，这里还有一个替代方案，能够给你提供近乎完美的计时精度，但并不需要额外消耗很多能量。

石英手表中的奥秘

石英晶体振荡器是伟大的，但它与世界上最精确的时钟还有相当大的距离。稍后，我们将了解到如何进行非常精确的计时。不过，你不必等待很久就能遇到一种廉价的手表，其精确程度几乎能和世界上最精确的时钟媲美。这种售价只有 40 美元的手表在 1 亿年内的走时误差不超过 1 秒。

它的确能达到这种近乎完美的程度，但是要了一个小花招：它的计时机制并不完全在手表里。它有一个普通的石英晶体机芯，可以在一两天的时间跨度内保持走时精确。同时，它还有一个无线电接收装置，该装置永久性地调谐到了位于美国科罗拉多州柯林斯堡的 WWVB 电台。这个电台会做一件事，同时也只做这一件事：广播一个时间信号。这个信号来自一台超级精确的原子钟，而正是这台原子钟参与定义了"世界标准时"的共同标准。

这种模式和格林尼治天文台在 19 世纪所使用的系统基本相同，只不过那时只是将标准时间传递给伦敦的居民。这里用的是无线电广播，而不是一个巨大的红球，但基本原理是一样的，即使用一个更精确的、全国性的标准时间来校正不太准确的本地时钟。

这块手表也有一个缺点：它只能在距离科罗拉多几千千米的范围内工作。此外，倘若某天人类文明崩溃，WWVB 电台停止广播，那么这块表就没法工作了（至少没办法再如此精确地计时了）。当然，积极的一面是你永远不必为它设定正确的时间，一次都不需要。你只要告诉它你现在所处的时区，它就能从广播信号中获知此刻的精确时间，并自动设置好时间。

信不信由你，虽然它在 1 亿年内的误差不超过 1 秒，但这块手表依然不是你能够随身携带的、最精确的计时装置。那项荣耀属于你的手机。

大多数廉价手表都没有设置温度补偿机制和无线电校准机制，因此，当你在极端温度下佩戴它们时，它们产生的误差可能比平时大得多。有一个简单的办法可以保持它们的精准：一天之中的大部分时间都要把它们戴在手腕上。通常，石英手表出厂时的校准温度相当于它们接触人的手腕时的温度。在这个温度下，它们能以正确的速率走时。换句话说，使用你恒温的胳膊就达到了前面提到的那种恒温箱的效果。呃，抱歉，如果你是一名亡灵丧尸，那么你的手表每个月就会慢上几秒了。（除非假设丧尸们也有一个手表制造厂，专门开发这种在较低体温下工作的石英手表。为什么各个丧尸电影里从来没有讨论过这个设定呢？）

◀ 一些石英手表只有当你佩戴着它们的时候走时才是最精确的。

▷ 这是一个巨大的（20 厘米）、完美的石英晶体的末端。石英晶体振荡器就是用从它上面切下来的晶体制成的。它是在实验室里用熔融的二氧化硅生长出来的，而二氧化硅基本上等于纯化过的沙子。

▷ 尽管石英钟表里并没有钟摆、平衡轮和擒纵装置，但它们中的绝大部分依然会嘀嗒作响。这是因为它们里面的电磁阀总是突然拉动棘轮，让分针运动。在一个安静的房间里，石英挂钟的嘀嗒声依然显得有些嘈杂。我的父亲在吃早饭时总是很讨厌这种嘀嗒声。我记得他试了好几种不同的使用电池的时钟，直到他最终找到了一个完全静默无声的时钟。这个时钟老早就不见了，但它看起来和图中的这个很相似，而这个钟的确也能保持难得的静默。

这种静音式石英挂钟采用的是"拂过"模式，其中使用了一台微小的同步电机来替代电磁阀的功能。这里需要做一个权衡：这种"拂过"机制将比使用电磁阀消耗更多的电能。因此，当你为了一顿安静的早餐而购买一个静音式挂钟时，你就得每隔几个月为它换一次电池，而不像普通的石英挂钟那样几年才换一次。

齿轮组将电机的转速降低为原来的 1/480，以达到驱动时钟分针的要求。接下来是传动比分别为 60：1 和 12：1 的齿轮组，跟你在其他时钟里看到的一样。

在这个时钟里，并不是把石英晶体产生的高频振荡信号转变为 1 赫的脉冲，而是将其转变为 32 赫的脉冲。随后，这些脉冲被送入一个用很细的导线绕成的线圈里，在其中产生一个交变磁场。正是因为要产生这么多的脉冲，它比每秒只产生 1 个脉冲的电磁阀要耗费更多的能量。

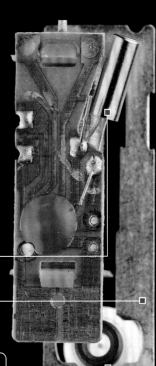

金属管里的石英晶体

这块金属片能把线圈所产生的磁场传导给转子。

在转子中有一块微小的永磁体，它能够感应磁场的变化，以和磁场振荡完全同步的速度旋转。（因此，它被称为同步电机。）

钟面透明的时钟

有一类时钟可以产生一种巧妙的视觉效果：它似乎没有能看得到的机芯，几根指针也仿佛悬浮在空气中。我见过 5 种不同的方式可以实现这种效果，其中有些就是纯粹的美丽，有些是可敬的智慧，也有些是可悲的伪装。

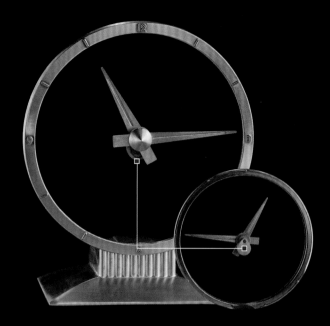

▶ 图中的这个时钟属于"可敬的智慧"那一类。起初，它让我感到困惑。它是怎么工作的呢？它用一个透明的盘子作为钟面（是玻璃而不是塑料，因为它并不是俗气的吧台上所用的时钟）。但既然只有一个盘子，那么如何驱动两根指针呢？怎样才能使用同一片玻璃就让时针和分针以不同的速度旋转呢？从时钟的背面才能看出它的秘密所在：一对齿轮以及一个小小的配重。等等，配重？

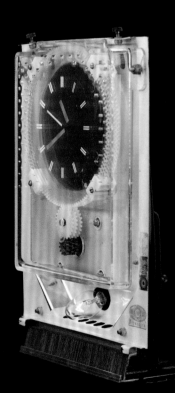

▲ 这个时钟的美妙之处在于它实现了一个简单的想法：把时钟的指针安装在透明的塑料盘上，然后从这个圆盘的外缘悄悄地驱动它们转动。这使得钟面的中心看起来完全是空的，除了指针本身，再也没有什么可以遮挡你的视线，你一眼就能看到时钟背后的吧台上的那些廉价的威士忌。

▲ "纯粹的美丽"这个分类包括这个酒吧里的时钟。它同时也是某品牌啤酒的广告牌（这不是"美丽"的部分）。

▲ 分针直接安装在玻璃盘上，每小时可以完整地旋转一圈。而在它旋转的同时，固定在玻璃盘上的一个小齿轮会驱动一个大齿轮旋转，而在这个大齿轮的轴心上安装有一个悬垂着的配重。大齿轮本身并没有和配重锁定，只是大齿轮的轴和配重装在一起。时针和这个大齿轮锁定在一起，因而可以每 12 小时转动一圈。

因为这个配重悬挂在玻璃盘的轴心，所以它并不会随着玻璃盘的转动而转动。相对于这个时钟的其他部分，它会保持静止。这样一来，它就提供了必要的第二个支撑点，允许一个齿轮相对于另一个齿轮转动。如果没有这个配重（以及把它持续向下拽的重力），所有围绕玻璃盘轴心运动的部件就变成了一个整体，时针也会每小时旋转一圈，而不是每 12 小时才旋转一圈。

▶ 这是一个"指针悬浮的时钟"的可悲的造假实例。它只是一个普通的时钟，由电池供电，指针比机芯要长一些。你可以说这是一个徒劳的尝试，它只是把一个大尺寸的集线器放在所谓的"悬浮指针"的中间。可以和上边的那个啤酒广告时钟比较一下，那个时钟的中心几乎没有什么东西。

解剖一块液晶显示屏

　　光是一种波，但它并不是像海浪一样的波。它是电场和磁场振荡的结果并以光速穿过空间。每一束光波都有自己的方向。相对于它的前进方向，它的电场会在特定的方向上来回振荡，比如图中的这一束光波的电场在上下振荡。（我没有在图中画出它的磁场的振荡，因为这会让图像变得过于复杂，没法在几页内表述清楚。）

　　普通的光由许多光波组成，而每一束光波的电场方向都是随机的，这些光波互相叠加在一起。为了让表述简单，在下面的这幅图里，我展示的这一束光里所有的光波都在一个排列规则的框架里朝着同一个方向移动。（当然，现实中的光波移动的方向肯定是随机的。）

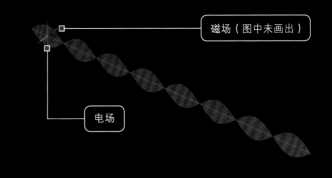

磁场（图中未画出）

电场

▼　所谓的偏振滤光片是一种特殊的塑料片。在它的作用下，几乎所有穿过它的光都只会朝着一个特定的方向振荡。图中的这个是垂直方向上的滤光片，因此，所有通过它的光束的电场都是在垂直方向上振荡。这就是所谓的偏振光。（一个高质量的偏振器能够让光源发出的初始光束里有一半变成偏振光，而其中的 98% 都会朝着你期待的方向振荡。）

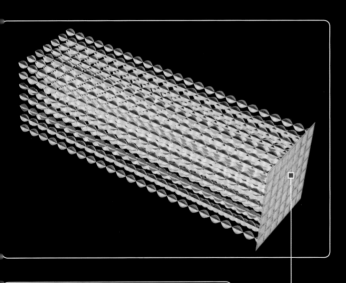

这代表了被光束照耀的"屏幕"。这样，当一部分光束被遮挡时，我们就能更清楚地看到它们。在上图中，我们看到整个屏幕都是亮的。

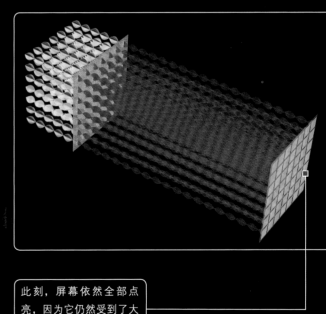

此刻，屏幕依然全部点亮，因为它仍然受到了大量光束的照射。

▶　这个时钟显示的是数字而不是指针，但想法是类似的：让数字漂浮在一个完全透明的钟面上。能做到让钟面透明还得归功于液晶显示屏（LCD）技术的工作方式。液晶显示屏中的一层（液晶层）可以旋转偏振光，而这一层被夹在两层偏振滤光片之间，像三明治一样。让我们来理解一下这个词的含义吧。

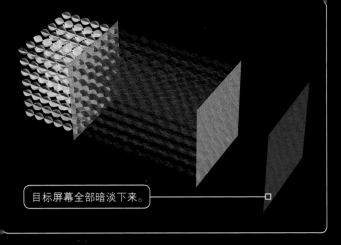

目标屏幕全部暗淡下来。

▲ 1. 如果插入第二块偏振滤光片，并让它和第一块形成 90° 夹角（也就是说旋转了 1/4 个圆周），那么所有到达第二块偏振滤光片的光束都无法通过这块滤光片。（对于方向错误的光束，质量优良的偏振滤光片最多允许千分之一的光漏过去。）

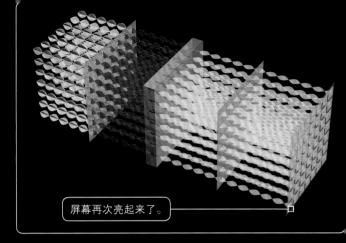

屏幕再次亮起来了。

▲ 2. 我们有两块相同的偏振滤光片，它们形成 90° 夹角。我们再往它们之间插入一块别的材料，把光束旋转 90°。这样，当这些光束到达第二块滤光片时，它们的旋转方向就是正确的了，因而能顺利通过。

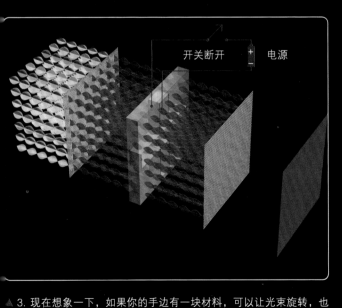

开关断开　＋　电源

▲ 3. 现在想象一下，如果你的手边有一块材料，可以让光束旋转，也可以不让光束旋转（这主要取决于它的上面是否施加了电压）。这正是液晶所做的事情。这种液晶片被分隔成很多个单独的区域，比如中间那个透明的"十"字形的区域被单独连接到一个电源上。此刻，电路断开，它的上面没有电压作用，所以没有对光线产生偏转作用，因而没有任何光束通过第二块偏振滤光片，目标屏幕依然是暗的。

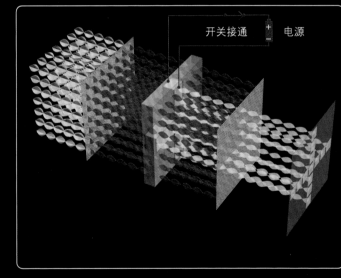

开关接通　＋　电源

▲ 4. 如果我们给那个"十"字形区域施加一个电压，它就能够偏转穿过这一部分的光束，从而让这部分光束通过第二块偏振滤光片，进而照亮目标屏幕上的一部分。于是，这块液晶显示屏在被通电激活时就会显示出一个"十"字来。

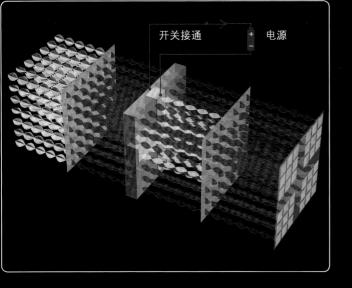

开关接通　＋　电源

在计算机和手机的液晶显示屏中并没有这种"十"字形区域，而是由许许多多微小的方块（通常有数百万个）。通过打开或关上特定的小方块（又称为像素），液晶显示屏就可以显示出任何图形。液晶显示屏通常还有一个背光源，它设在第一块偏振滤光片背后，用来照亮整个显示屏。从理论上说，任何一块液晶显示屏都可以做成透明的。现在，我把这个便宜的手机屏幕取出来，去掉了背光源，所以你能看到我的手在屏幕背后。在这种情况下，两块偏振滤光片呈 90° 交叉排列，因而显示屏是透明的，它试图显示出来的图像是明亮的。

▲ 这里介绍钟面透明的时钟的另一种技术，让我们从偏振光开始讲起吧。只要旋转第二块偏振滤光片，你就能够让液晶显示屏在明与暗之间轻松切换。在上一幅图中，我们在黑暗的背景上显示一个明亮的"十"字，而这里我们在明亮的背景上显示一个黑暗的"十"字。唯一需要改变的就是将第二块偏振滤光片竖直放置，即两块偏振滤光片的偏振方向相同。

　　如果把在显示屏后提供照明的背光源关掉，则"亮"的部分就变成"透明"的了，"暗"的部分就变成"不透明"的了（阻挡光线通过）。由于两个偏振滤光片都朝向同一个方向，而且没有背光源，因此整个显示屏都是透明的，除了那些被施加了电压的部分。

▶ 为了显示更复杂的图形，你只需要在一块液晶显示屏上排列出你需要的形状。标准的七段式显示屏可以显示任意一个数字。这些显示器有一个奇妙的属性：并不需要大量的电流通过液晶显示屏上的各个区域，以保持它们处于激活状态。你只需要给它们加上一个电压，让小区域的两边存在电位差就可以了。这样的显示器的功率非常接近零（只要你不使用背光照明）。带有液晶显示屏的手表通常在装上一个纽扣电池之后能工作几年。（对于熟悉电学内容的读者而言，液晶显示屏的工作原理有点像电容器。一旦你给它充上电，它在不需要电流流过时就能保持激活状态。）

▲ 计算机和智能手机的显示屏除了上述要求之外，还有两个改进之处。首先，每一个小方块又被分为 3 个独立的部分，每部分前面各有一个不同颜色的滤镜（红色、绿色或蓝色）。其次，加在液晶显示屏上的电压在一定范围内是可以调节的，从而让偏振光通过的比例随之变化。当通过的光束偏转的角度小于 90° 时，就只有一部分光束可以通过第二块偏振滤光片。每个小方块都可以为这 3 种颜色分别设定不同的亮度等级。这就是为什么显示屏可以显示色调连续变化的图像。一款配备高清显示屏的手机拥有 600 万个以上的像素（每种颜色各 200 多万个像素），而每一个像素又可以显示 256 种不同亮度的颜色。

▲ 这是我所知道的第五种也是最后一种制造"指针悬浮的时钟"的方法，那就是在风扇的叶片上装上 LED。这种时钟的钟面几乎是透明的，因为风扇的叶片旋转得很快，你几乎看不到它们。而一个花式叶片不仅可以显示时间，而且可以显示图像和文本。你只需要在手机里编辑好这些图文信息，再通过蓝牙传输给它就行了。

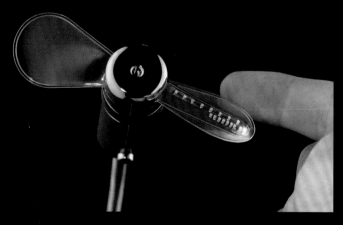

▲ 如果你让风扇的叶片停止旋转，你就会发现叶片上只有一条由 LED 组成的径向线而已。在停止旋转后的任何时刻，它都只能通过这些光点的亮与暗呈现出一种毫无意义的样式来。

▲ 如果为这种风扇或者说时钟拍摄一幅中长时间曝光的照片，你就会发现叶片旋转时，刚才那一串 LED 在钟面上绘制出了一幅图案。LED 之所以可以完成这项工作，是因为它们能够以非常快的速度完成亮与暗的切换。（事实上，LED 可以实现每秒数十亿次的开关切换。对这种应用场合而言，每秒切换 1 万次就足够了。）

真正精确的时钟

这个可爱的小时钟看起来像个玩具，然而和每个插电式电动时钟一样，它的计时非常精准。如果这个时钟是用电池供电的，它的电动机的转速就由石英晶体振荡器来控制，因而具有很高的精度。但因为它是插在插座上的，所以它可以用电力公司提供的交流电进行控制。交流电的频率精确地控制在 50 赫，并且和世界标准时精确同步。这就是目前最精确的时间标准。如果人类文明能够再存续 100 万年，而且这个时钟一直插着电源，并且你没有忘记一直交电费，那么它的计时误差依然能保持在 1 秒之内。（电力传输必须保持精确的时间同步，以便不同的发电厂可以将电能输入电网，而不至于因为电压波形上的差异而彼此干扰。）

流经线圈的电流能够产生振荡的磁场。这块金属片能把这种磁场传递给电动机的转子，再由一套标准的齿轮组把转子的转动传递给钟面上的 3 根指针。

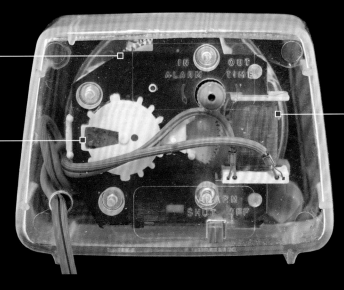

你可以看到这个线圈连接着来自插座的 220V 交流电。实际上，这个时钟里根本没有电子电路，因为它并不需要任何电路。计时任务在发电厂里就完成了。

你只能看到电动机壳里的那个转子。

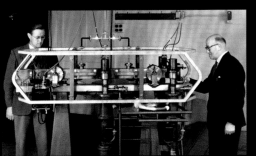

◀ 这是人类历史上的第一个铯原子钟，而它的后代则控制着交流电输变电网的时钟频率。

现在，我们终于提到了"真正精确的时间"这个话题。我在前面曾经说过，直到 1955 年，世界上最精确的时钟依然是一个精致的日晷。换个说法，那就是我们使用地球的自转时间作为精确时间的参考，因为我们没有比这更好的标准了。

每天需要对世界上最精确的时钟和一组特定的星星越过格林尼治天文台穹顶时的精确时间进行比较。倘若两者之间存在偏差，我们就信任这些星星，重新调整这个最精确的时钟。根据我们对地球和时钟的了解，没有理由认为时钟能够比地球的自转更精确地测量时间。

实际上，这里有个逻辑上的困惑：你怎么知道某个时钟是否准确？老话说得好，"某人有一个时钟，他就总能知道现在是几点了。而当他有两个时钟时，他就绝对没法确定现在是几点了"。如果你有两个时钟，而它们不同步，你怎么知道哪一个是准确的？你能确定的只有一件事：其中至少一个是错误的。我们没有绝对可靠的方式知道哪一个错了。

你可能会说，在几个月的时间里，哪一个时钟能更准确地预测正午到来的时间，哪一个时钟就更准确。但是，这是利用地球的自转作为参考。如果你的时钟和地球的自转不同步，那么你的时钟可能就错了。但话又说回来，如果是地球错了呢？

只比较两个时钟，哪怕其中一个是地球，依然是不够的。如果你有 3 个时钟，并且你发现其中两个总能精确地保持一致，而第三个总是和它们不同，那么第三个时钟可能就是问题所在。假设你有 100 个时钟，它们遍布世界各地，并且是由不同的人使用不同的方法制造的。如果除了其中的某一个时钟之外，其他的钟完全一致，那么你就可以非常确定地说这个与众不同的时钟就是症结所在，而不是其他 99 个时钟错了。1955 年，地球恰恰就是这个与众不同的时钟。这并不是说地球发生了什么变化，而是我们制造时钟的水平突然有了巨大的提高。

1955 年发生的这个变化就是人类发明了原子钟。现在，我们突然有了好多个时钟，它们彼此之间能够很好地保持同步，而且我们认为地球的自转速率正在发生变化。运用这些时钟以及随后出现的更精确的时钟，我们知道随着时间的流逝，地球自转一周所需的时间会比前一天增加 0.00000005 秒。因此，每经过一个世纪，"一天"的长度就会增加大约 2 毫秒（0.002秒）；而每隔 5000 年，就会增加 0.1 秒。古埃及人在建造金字塔时一定特别困难，因为他们的"一天"比我们的"一天"要短。

在更大的时间跨度上，地球自转减速现象就更明显了。有确凿的证据表明，6 亿年前的"一天"大约只有 21 小时这么长（当然，这里是以今天的"小时"来衡量的）。几十亿年前，每天或许只有 18 小时。

从平均值来看，"一天"的长度在稳步延长，但具体到每一天又有上下波动。如今我们的时钟以及我们对地球自转的测量都做得非常精确，让我们可以测量出波动的大小，并推断出地球上和地球周围发生过哪些有趣的事情。下图中展示的是过去 60 年来地球上"一天"的长度变化（自从此类测量成为可能以来的记录）。

从这幅图中，你可以看出数值发生了季节性的周期变化。这是因为平均而言，当水汽蒸发到大气中的总量大于降落到江

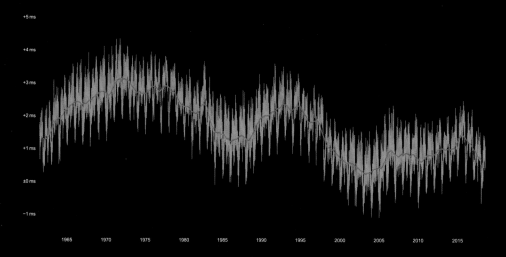

◀ 这幅图展示了"一天"长度的变化。

河湖海中的雨水的总量时，地球就会转得慢一些（这是为了保持角动量守恒。基于同样的理由，冰上的舞者在旋转时，把手臂收拢一些，他旋转的速度就会更快一些。）

2004 年，印度洋发生大地震，相当于把地球的"手臂"给收了回来。这立即造成了当天时间的长度比前一天减小了 2.68 微秒（0.00000268 秒）。

今天最好的时钟里早已没有了钟摆和平衡轮，甚至也没有石英晶体振荡器。它们已经很难说是不是一个时钟了。比如，这是一个所谓的铯原子喷泉钟。它利用铯原子内部的某种量子态变化的共振频率作为衡量时间的标准。从理论上说，这个频率是完全恒定的。但如果你测量的那个铯原子和其他铯原子发生了碰撞，或者它撞到了容器的内壁，或者受到了其他任何外力的影响，那么测出来的频率就会受到轻微的干扰。

在理想情况下，你需要的计时机制是测量一个单独的铯原子在完美的真空环境里自由飘浮时的频率。然而，如果原子在自由飘浮，那么它们就会坠落到真空室的底部，随后再弹起来，从而搅乱测量结果。该怎么办才好呢？答案就是被称为铯原子喷泉的时钟，它的解决方案是把几个铯原子轻柔地抛向一个柱状的真空环境。就像往天空中抛球一样，铯原子会向上飞起，然后逐渐停止上升，接着掉落下来。而对铯原子的谐振频率的测定就是在这段抛物线的顶部（也就是铯原子做自由落体运动期间）进行的，这就不会受到外力的影响了。

人们已经规划、建造了其他时钟，它们比铯原子喷泉钟更精确，但这些还处于实验室研究阶段。迄今为止，国际上公认的"秒"的概念依然是用铯原子来定义的。官方的定义是："1秒钟就是铯 –133 原子在基态的两个超精细能级之间跃迁时所辐射的电磁波的周期的 9192631770 倍。"

世界上的绝对时间标准，又称为国际原子时，是由大约400 个最精确的时钟共同组成的网络所定义的。其中的大部分时钟都是铯原子喷泉钟，分别安置在世界各地的数十个国家，并通过无线电信号保持同步。国际原子时是一个绝对的标准：它每秒都会计算"1 秒"的时长。这对于长期、大跨度的时间比较来说当然是有用的，但不幸的是，这意味着这个时间标准和地球本身的自转越来越不同步了——因为地球的自转时间出现了偏差（自国际原子时首次定义以来，两者之间积累的误差已经达到了 37 秒。）

为了应对地球自转速度所造的偏差，如今人们更常用的是

▲ 现代的铯原子钟

第二个时间标准：协调世界时（缩写是 UTC，而不是 CUT，这是由于一个文化上的原因：U、T、C 这三个字母放在一起，在世界上的任何语言中都没有特别的含义，所以法国人就接受了它）。协调世界时在每秒的走时上和国际原子时精确同步，但为了和地球的自转速度保持协调，每隔几年就会引入一次"闰秒"。（地球自转速度的偏差数值是完全不可预测的。因此，闰秒的引入就必须根据实际情况具体分析。这通常会提前几个月公布。）

智能手机能和最精确的时间服务连接并加以校准，所以它比我们前面说过的那种 WWVB 电波手表（参见第 124 页）更加精确。这种电波手表的问题不在于 WWVB 广播信号，而在于这些信号到达手表所需的时间。无线电波以光速飞行，每纳秒大约飞行 30 厘米。假设你在距离发射天线 800 千米之外的地方，那么电波信号在 0.0027 秒（2.7 毫秒）之后才能飞到你的手表里。然而，如果你用的是第 124 页介绍的那种电波手表

量出来它和卫星信号之间到底有几微秒的延迟的呢？诀窍是手机并不是只接收一颗卫星的信号，而是同时接收 6 颗或更多卫星的信号，而这些卫星都在天穹中的不同位置发射广播信号。通过交叉引用这些含有时间和位置信息的信号，手机就可以推断出此刻的精确时间。同时，知道了距离之后，利用三角定位法，手机就能计算出此刻自己的精确位置。由此，它就可以准确地推断出每颗卫星发出的信号到达自己时的延迟时间是多少，从而计算出此刻的绝对时间。嗯，这是一个循环，但这的确就是手机的工作原理。

这是个非常智能化的方案，允许你的手机显示真正的世界协调时，误差可能仅在几纳秒之内。（我说"可能"是因为很多手机制造商并不真正关心纳秒级的计时精度。因为软件层面的问题，GPS 接收器所获得的时间和你在屏幕上看到的时间可能会相差千分之一秒。而专用的 GPS 时间接收器接收和显示

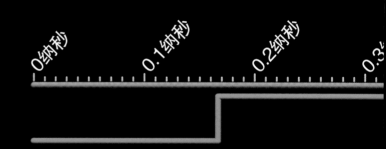

它可并不知道你此刻在什么位置。你正好在发射天线旁边，还是在 3200 千米之外的大西洋中的某一条船里？这就意味着这两种情况下会有 0.01 秒（10 毫秒）的时间差异。

智能手机可以通过 GPS（全球定位系统）或北斗卫星导航系统等接收当前的精确时间，从而解决这个问题。GPS 的时间系统基于协调世界时，有点类似于 WWVB 广播系统，但解决方案要复杂得多。

在环绕地球的轨道上，有一组 GPS 和北斗卫星，它们能够持续不断地发射信号。这些信号中就编码了精确的时钟信息以及卫星此刻的确切位置信息。当你的智能手机接收到这个信号时，它就会将信号中所编码的时间信息与当前的时间进行比较，从而计算出信号到达你的手机所需的时间。而知道了这个延迟时间的长度，你的手机就可以计算出它此刻和卫星的距离有多远。

但是，等一下哦！手机又是怎么知道，或者说它是怎么测

▽ 上一页中介绍的铯原子喷泉钟只是铯原子钟的一个极端例子。实际上，比它体积小巧的原子钟也是现成可用的。比如，图中的这个是我最喜欢的一个铯原子钟，整个装置（包括一个用玻璃制成的铯原子容器、加热器、天线等）总共只有 5 毫米高。图中显示了这些组件，而在实际运行时，它们还需要使用纤细的导线和某些微电路、电源连接起来。

时间的偏差大约在 ±2 纳秒之内。）

光以 299792 千米 / 秒的速度飞行，或者说每一纳秒（十亿分之一秒）可以飞行大约 30 厘米。这听起来的确非常快，但必须考虑到另一个事实：一台现代计算器里的芯片的运算速度。假设计算器中用的是主频为 3 吉赫的微处理器，则它的一个指令周期需要 1/3 纳秒。换句话说，在这个芯片执行一个程序时，在其中一个典型步骤上所花费的时间只够光飞行 10 厘米——这个距离甚至还不够飞越电脑的屏幕。

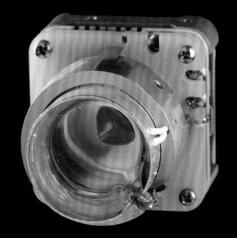

▲ 铯原子钟是测量时间的黄金标准（巧合的是，铯是除了黄金之外唯一呈金色的元素）。而与之非常相似的铷原子钟因为价格等因素，也被广泛用于那些要求比石英钟更准确的场合，但它的精度还是不如铯原子钟。它们的工作原理完全相同，只是玻璃管里的元素不同而已。

在这个 3 吉赫的微处理器里，时钟信号在一个周期里并不能传输多远。

0.4纳秒　　0.5纳秒　　0.6纳秒　　0.7纳秒　　0.8纳秒　　0.9纳秒　　1纳秒

光飞行 30 厘米大致需要 1 纳秒。

关于时钟的笑话

超级精确的时间是一个严肃的话题。不过，幸运的是我们不必如此严肃地结束这一章，因为我知道一个关于时钟的笑话。

首先，你必须明白瑞士有 26 个州，而每个州的居民（苏黎世除外）又都有一个独特的缺陷或者怪癖，会让他们被其他人取笑。到 6 岁时，每个瑞士人就都记住了这些缺陷。幸运的是，我的家人来自苏黎世，那里的居民是完美无缺的。（我现在居住在美国伊利诺伊州，令人绝望的是瑞士人居然没有关于这个州的笑话。）

苏黎世以众多教堂上的巨大钟楼而闻名，尤其是苏黎世圣母大教堂上的那个大钟。那个大钟的钟面需要不定期地涂绘一

下。某年，优秀而正直的苏黎世人（绝不是那种一毛不拔、锱铢必较、狂妄自大的银行家）雇用了一个伯尔尼画家，而此人开的价很低。这是一个巨大的错误。坦率地说，他们应该早就想到了这一点。经过整整一周的工作之后，这个画家几乎没有取得任何进展。人们问他是什么原因，他解释说，每次他举起手准备开始绘画时，钟面上的那根时针就会旋转起来，把画笔从他的手里撞飞。如果你是个瑞士人，你应该立即知道这里头的梗了：那些伯尔尼人的动作实在太慢了。（相信我，当你把这个故事讲给一个 6 岁的瑞士人听的时候，不需要解释，对方就会笑起来。我的耳边仿佛又想起了我妈妈的声音。）

衡 器

几千年来，人类一直在权衡各种事情，其中主要涉及金钱和商业上的事务。如果你为土豆或黄金买单，你就想知道你得到的和你付出的是否对等。很多时候，这是由你所购买的货物的质量来定义的，如 10 千克土豆、1000 吨铁矿石、1 克黄金，等等。

当你听到农民抱怨玉米的价格太低时（他们总是这么做，而不管实际价格是多少），他们所说的是 1 蒲式耳玉米的价格。如果去查"蒲式耳"这个词的定义，你就会发现它的意思是 8 加仑（约合 35 升）。加仑、升都是体积单位，而不是质量单位，所以这么说，蒲式耳应该是个体积单位才对。你也许觉得这是一个反例，和我刚才说人们在做买卖时关心质量恰好相反。但实践证明，对于大宗商品交易，人们实际上已经不再使用蒲式耳原来的定义了。在商品交易场所，"1 蒲式耳玉米"指的就是 25.4 千克玉米，而且玉米的含水量为 15.5%。换句话说，它依然是一个质量单位。

测定质量是商业中首选的计量方式，因为它难以作弊。在衡量"你拥有多少某种东西"的各种方式中，质量也是一致性最好、变化最小的一个指标。比如，满满一盒子麦片会沉降下来，变成大半盒子，但它的质量依然是不会变化的。要用多少谷物才能填满一个 8 升的容器，还取决于每颗谷子的形状和排列方式。因此，如果把 35 升玉米磨成玉米面，你每次得到的玉米面的体积可能超过 35 升，也可能少于 35 升。然而，如果你把 25.4 千克玉米拿去磨面，你得到的永远还是 25.4 千克玉米面。一斤羽毛永远就是一斤羽毛，无论它们多么蓬松，或者被压紧、打包，仍然是一斤羽毛。

因为质量对于商业而言非常重要，而商业对公共生活中的几乎每个方面来说都至关重要，所以，在很长的时间里，衡器在人类文明中一直扮演着核心角色。

最初的秤

第一个衡器至少可以追溯到 5000 年前。它们可能并不比我用冰棍棒和火柴做的这个模型更复杂。当你给某个东西称重时，你需要的是一根直杆（比如一根木棍、铁棒）和平衡这根直杆的枢轴点（又称支点）。除此之外，你需要做的就是不断改进这个天平，让它的称量过程变得更方便、更精确。

对于我想做的事情而言，这个天平已经足够准确了：能分辨出一枚由纯铜制成的便士（1982 年前制造的都是这样）和一枚由锌制成后再镀铜的便士（1982 年之后都是这样的了）。用纯铜制成的便士要更重一些，所以，通过把用锌制成的便士（加上一点点胶带纸的重量）放在天平的一边，我就能轻易判断出被称量的这个便士和作为参照的那个锌制便士相比，是更重一点还是一样重。这比一个个地去看硬币上的铸造年份方便多了。

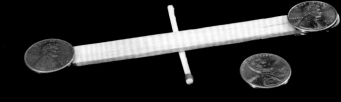

▲ 1978 年制造的便士硬币，让这个天平向左倾斜。

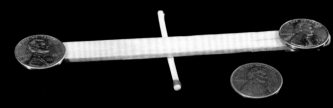

▲ 2017 年制造的便士硬币，让这个天平向右倾斜。

▲ 有些东西，即使你认为可以按照体积出售（比如按照升、蒲式耳、立方米等），实际上也常常按照质量出售。比如，标签上的那一行字在很多早餐麦片的包装盒上都能看到，它的目的是向你保证，即使盒子看起来并没有装满，你得到的麦片的质量依然是厂商承诺的那么多。

▷ 一些硬币的边缘有一圈凹凸起伏的刻痕，称为边齿。它的作用是让那些剪切硬币的行为更容易被发现。今天，这已经不是什么大问题了，因为流通的硬币里都不含有贵金属（比如金、银），但制造边齿的传统还是被保留下来了。

真正用来称量硬币的天平比我的版本要花哨得多，而且有很长的历史。下图中的这个黄铜天平出现于"1816 年货币大重铸"时期。在英国人和拿破仑打了一场灾难性的败仗之后，英国的硬币被重新定义，回归了金本位制。每一枚新的 1 英镑"黄金主权"金币被规定为必须含有 160/623 盎司的 22K 黄金（大致就是 1/4 盎司，1 盎司约等于 28.35 克）。这些硬币的价值以它所含的贵金属的量为基础，因而这种新硬币很容易被一些动歪脑筋的人动手脚。比如，从硬币的边缘剪掉一点点金子；在硬币上钻个洞，再把洞口掩盖还原；有些人甚至想到使劲摇晃装满金币的袋子，以搜集金币因摩擦而掉下来的金屑（实际上，这种做法获利不少，搜集到的金粉甚至足以再铸造一枚新的金币）。

这种特殊天平的设计目的是检验 1 英镑"黄金主权"硬币或半英镑"黄金主权"硬币的 3 个方面：它的直径是否正确（能否和天平上的弧度完美贴合），它的厚度是否正确（能否和天平上的插槽完美契合），它的质量是否正确（对天平上的配重而言，能够保持天平完全平衡）。

如果硬币的质量是正确的，为什么你还要去关心它的直径是否正确呢？因为黄金是一种密度非常大的金属，也就是说如果你想用任何廉价的金属去替代它，则相同体积的廉价金属的质量就要比黄金小一些。如果你手里有一枚硬币，它的质量正确，但尺寸偏大，那么就证明其中已经掺杂了太多其他金属，替代了一部分黄金。

较小的半英镑"黄金主权"硬币则要放在这里称量，离支点稍远一些。这是因为物体距离支点越远，则杠杆的放大作用就越大。换句话说，距离支点较远的较小质量可以和距离支点较近的较大质量达到平衡。稍后，我们将看到如何利用这一原理制造方便、通用的衡器。

1 英镑"黄金主权"硬币就放在这里称量，它同时应该能严丝合缝地嵌入这个圆盘中。

真正来自那个时期的"黄金主权"硬币如今非常珍贵。为了演示这个天平的作用，我们只是堆积了与一枚这种硬币的质量相当的重物。果

正如我们刚才看到的那样，要给不同的物体称质量，就需要设定不同的测量位置。这个"黄金主权"天平可以发挥作用，因为它的设计目的就是称量规定的物体，只需要将这些物体放在天平上的指定位置就可以了。为了制造出一个精确、通用的天平，你必须找到一种方案，确保天平两边的质心到支点的距离总是相等。在天平两边加上吊盘，就解决了这个问题。无论你将物体放在吊盘中的哪个位置，这些天平总会自动摆动，直到质量完全集中在悬吊点之下。

一个精准的天平并不需要很花哨。用这种廉价的塑料天平可以测出 20~30 毫克的质量差异，而这也就是几十个盐粒加起来的质量。

直到 17 世纪中叶，这种双盘等臂天平几乎是唯一可以用于精确称量的工具。

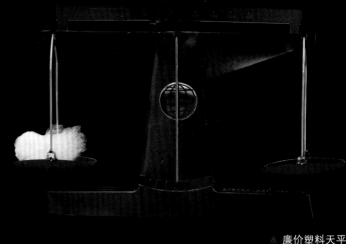

▲ 廉价塑料天平

这种双盘天平有一个问题：它只能比较两个物体的质量，告诉你二者是不是相等。如果你想要确定一个未知对象的质量，那么就需要一组已知精确质量的物体作为参考。把这些物体的质量加起来，就等于这个未知对象的质量。这里说的"一组已知精确质量的物体"又称为砝码，实际上有无数种表现形式。它们中的一些用于货物的称重，一些用于天平本身的校准或者其他砝码的校准。

这些成套的砝码通常像货币一样，按照固定比例设置（在几乎所有的国家都是这样，美国除外）。这就是说设置 1、2、5 这样的规格，然后将其扩大 10 倍，设置 10、20、50 和 100、200、500 这样的规格。比如，英国的硬币有 1 便士、2 便士、5 便士、10 便士、20 便士、50 便士、100 便士（即 1 英镑）这几种规格。相应地，砝码有 1 克、2 克、5 克、10 克、20 克、50 克和 100 克这几种规格。（同时，还有 0.5 克、0.2 克、0.1 克、0.05 克、0.02 克和 0.01 克这几种砝码。）

◀ 现代天平所用的砝码

◀ 埃及的神祇阿努比斯有一项非常重要的工作，那就是称量那些寻求来生的人的心脏有多重。为了实现这一点，他使用了一种双盘天平。关于阿努比斯和他的天平，最早的记载可以追溯到 5000 年前。不过，这幅特别的插图来自《亡者之书》，迄今大致有 3250 年的时间。这幅画卷是为一个名叫阿尼的文士绘制的。（这一部分称为《阿尼纸草书》，大约有 67 厘米宽。全图共有 24 米长，现藏于大英博物馆。）根据图中的象形文字，阿尼先生应该通过了这个测试。

▲ 一套现代砝码，最大的砝码的质量是 100 克。

▲ 这些砝码可以摞在一起，就像俄罗斯套娃一样。

▼ 带有装饰的砝码，其形状非常有趣。

在现代砝码中，往往有两个 "2" 单位的砝码，也就是说有两个 20 克、两个 2 克、两个 200 毫克（0.2 克）和两个 20 毫克（0.02 克）的砝码。为什么呢？这样，你就能凑出所有可能的质量。比如，如果你想让一套砝码加起来正好等于 96.59 克，那么你只需要这样组合砝码：50 克 +20 克 +20 克 +5 克 +1 克 +0.5 克 +0.05 克 +0.02 克 +0.02 克，要用到两枚 20 克和两枚 20 毫克（0.02 克）的砝码。

对于那些喜欢琢磨数学谜题的人来说，能不能找到一套更有效的砝码设计方案，从而用尽可能少的砝码组合出每一个可能的数值呢？我讨厌数学谜题，直接告诉你答案好了。如果只允许把砝码放在一边的吊盘中（也就是说，另一个吊盘用来放置你要称量的物品），那么你需要规格为 2 的倍数的砝码，比如 2、4、8、16、32、64、128 等。这些砝码可能看起来不方便使用，使用时还得让你计算一下，但在第 170~171 页中，我们会看到一种特殊的天平使用的恰好就是这种系统。

杆　秤

和双盘天平相比，有一类杆秤具有一个巨大的优势：它有一个单独的秤砣，可以沿着秤杆来回移动，从而改变秤砣与支点之间的距离。这就能让它在很大的范围内测量任意未知的质量，你只需要从那些刻在秤杆上的刻度中读出被测物体的质量。比如，一个 10 千克秤砣和一个未知质量的物体达到了平衡，而秤砣和支点的距离是该物体和支点的距离的两倍，那么这个物体的质量必然是秤砣质量的两倍，也就是 20 千克。

这种名为"昂瑟尔"的杆秤的结构紧凑，使用方便，但遗憾的是它很容易受到人为的扭曲。1350 年，英国国王爱德华三世颁布了一项法令，明确禁止任何人使用刻度不均匀的秤杆称量交易中的货物（见下一页中的剪报）。该法令甚至表示这是一种刑事犯罪行为，而不仅仅是民事违法。（民事违法只能由权利受到损害的当事人追究相关责任，但对刑事犯罪来说，法律规定国王及其代表也有权追捕这个犯人。）

问题在于只要对秤杆进行微小的调整，或者以其他方式篡改秤杆两边的长度比例，就很容易在这种秤杆上作弊。

对双盘天平而言，横梁两边的长度应该完全相同，作弊就要困难得多。只要砝码是准确的，大体上说，就可以信任这种天平，哪怕它的主人是个见利忘义的商人。

（保持砝码的准确性的规定是 3 年之后英国颁布的另一项法令的内容。该法令规定"标准砝码应当送达每一个郡"，"市场管理员应当随身携带所有的砝码，并核准商家的秤"。）

▷ 一个杆秤实例，用于称量铜、铁和石头。

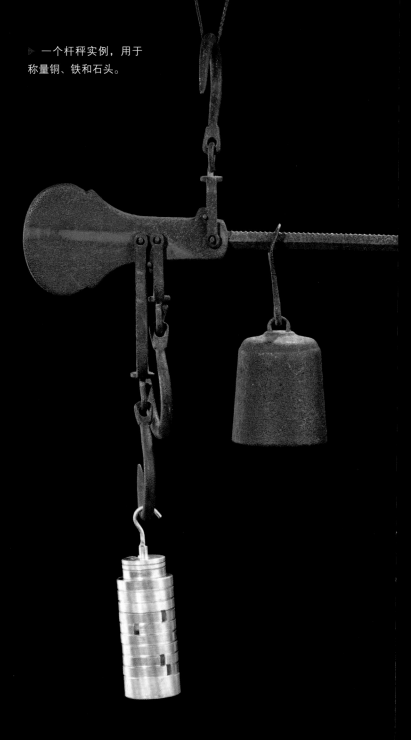

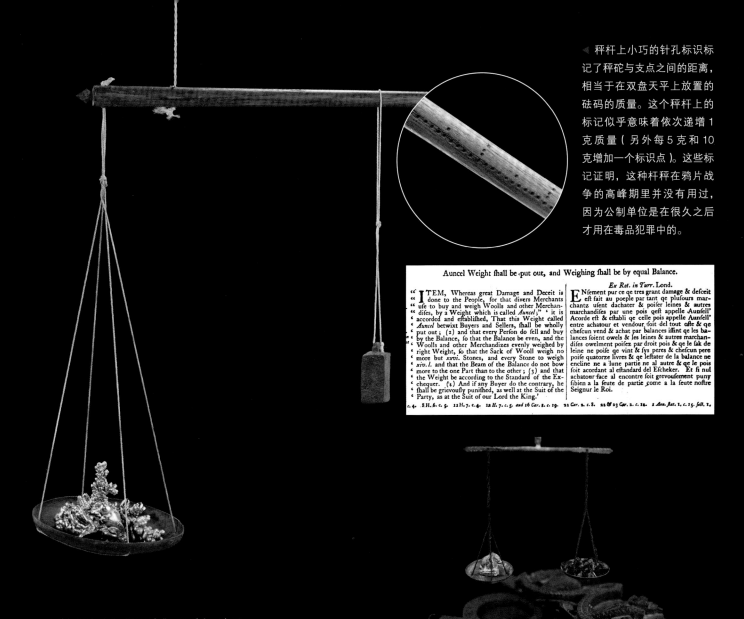

秤杆上小巧的针孔标识标记了秤砣与支点之间的距离，相当于在双盘天平上放置的砝码的质量。这个秤杆上的标记似乎意味着依次递增 1 克质量（另外每 5 克和 10 克增加一个标识点）。这些标记证明，这种杆秤在鸦片战争的高峰期里并没有用过，因为公制单位是在很久之后才用在毒品犯罪中的。

Auncel Weight ſhall be put out, and Weighing ſhall be by equal Balance.

Ex Rot. in Turr. Lond.

" ITEM, Whereas great Damage and Deceit is
" done to the People, for that divers Merchants
" uſe to buy and weigh Woolls and other Merchan-
" diſes, by a Weight which is called *Auncel*; ' ' it is
accorded and eſtabliſhed, That this Weight called
Auncel betwixt Buyers and Sellers, ſhall be wholly
' put out ; (2) and that every Perſon do ſell and buy
' by the Balance, ſo that the Balance be even, and the
' Woolls and other Merchandizes evenly weighed by
' right Weight, ſo that the Sack of Wooll weigh no
' more but *xxvi.* Stones, and every Stone to weigh
' *xiv.l.* and that the Beam of the Balance do not bow
' more to the one Part than to the other ; (3) and that
' the Weight be according to the Standard of the Ex-
' chequer. (4) And if any Buyer do the contrary, he
' ſhall be grievouſly puniſhed, as well at the Suit of the
' Party, as at the Suit of our Lord the King.'

ENſement pur ce qe tres grant damage & defceit
eſt fait au poeple par tant qe pluſours mar-
chantz uſent dachater & poiſer leines & autres
marchandiſes par une pois qeſt appelle Aunſell'
Acorde eſt & eſtabli qe celle pois appelle Aunſell'
entre achatour et vendour ſoit del tout oſte & qe
cheſcun vend & achat par balances iſſint qe les ba-
lances ſoient owels & les leines & autres marchan-
diſes owelment poiſez par droit pois & qe le ſak de
leine ne poiſe qe vint & fys peres & cheſcun pere
poiſe quatorze livres & qe leſtater de la balance ne
encline ne a lune partie ne al autre & qe le pois
ſoit acordant al eſtandard del Eſcheker. Et fi nul
achatour face al encontre ſoit grevouſement puny
fibien a la ſeute de partie come a la ſeute noftre
Seignur le Roi.

c. 4. . 8 H. 6. c. 5. 11 H. 7. c. 4. 12 H. 7. c. 5. and 16 Car. 2. c. 19. 22 Car. 2. c. 8. 22 & 23 Car. 2. c. 12. 1 Ann. ſtat. 1, c. 15. ſ. 8. 7.

▲ 这种杆秤也称为"昂瑟尔"，几乎和双盘天平一样古老。这种杆秤因为其外观形状，通常又被称为小提琴秤，总长度通常为 25 厘米左右。它可能在数百年前用来称量贵重物品（鉴于我是在中国的某个旅游市场上买到的，更可能的情况是它很可能是去年才制作好的）。和较大的杆秤一样，它有一个单独的秤砣。和前面图中那个较大的杆秤一样，这个秤砣可以左右滑动，直到它和吊盘中被称量的物体达到平衡为止。

▲ 卖鸦片的毒贩们很清楚使用不等臂天平的危险性，所以他们也有更精准的等臂双盘天平。砝码通常是铸造而成的，并饰以华丽的装饰，形如大象、猴子、鸡或其他动物。

你或许会认为，所有的称量、测算规则都是为了确保最小限值。比如"1 千克黄油"，它至少应该为 1 千克，否则你就被商家欺骗了。然而很多早期法律的规定是相反的，它们规定的是某个衡器应该达到的最大量程限值。我们回到那个用标准尺寸的桶或缸来衡量"蒲式耳"的时代，同一项法规会明确规定："根据标准，1 夸脱应等于 8 蒲式耳，但不得超过。每次测量谷物时，必须刮平（容器顶部），以确保谷物不会（在容器顶部）满溢出来堆成小山。"这条规定的意思是，当你每次在标准量具中装满谷物时，必须刮平容器，以确保谷物不会在容器顶部形成凸起。他们为什么要确保谷物不超过允许的最大限值呢？答案就在这项法令的下半句话里："以保护领主的地租和房租。"土地的主人（也就是领主）要根据地上所收获的谷物的总量来征收税款。如果农户们向零售商挤眉弄眼，在测量谷物时在量具上多堆出来一些，记录的蒲式耳的总数就会减少，从而欺骗领主，从他应得的"公平的"税收中窃取一部分。

▼ 刮平用于称量谷物的 1 蒲式耳量具

▲ 历史上，国王和政府最主要的职能之一就是给各种衡器、量具制定标准，并进行日常检查、强制实施。比如，我们今天在加油站的油泵和商店里的电子秤上都能看到的密封签就是这个意思。这些标签证明这些衡器和量具已经由政府的核查官员进行了检测，并确定它们是精确可靠的。

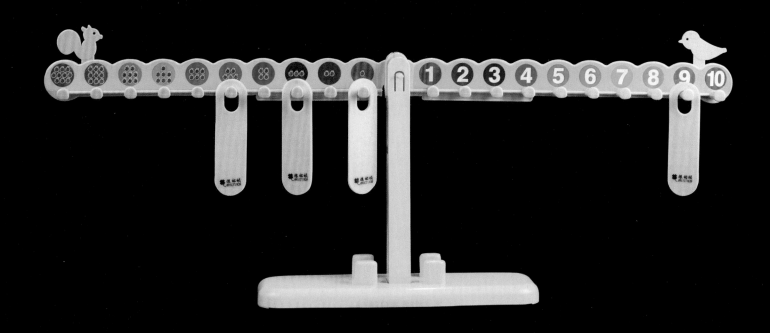

▲ 我在中国的一次教育研讨会上看到了这种简洁的辅助教具，其原理和天平相同。某个重物距离支点越远，其产生的杠杆作用就越大。把塑料砝码悬挂在不同编号的挂钩上，只有当支点两侧砝码对应的数字之和相同时，天平才能平衡。这和用大理石块玩平衡游戏的原理相同：大理石块离支点越远，它产生的杠杆作用就越大。

方便好用的衡器

自从衡器发明以来，人们一直在努力探索，使它们变得更精确、更好用。通常，你没法做到两全其美：衡器既非常好用，又非常精确。所以，我们设计了许多不同风格的衡器，在这两者之中选择一个方向，尽量予以优化。在接下来的内容里，我们将研究那些更简洁、严谨的衡器的设计。这将带领我们一步一步认识衡器设计的关键所在，了解各种用途广泛的现代衡器。

古代的双盘天平的结构简单，称量准确，但它们在储存、清洁、移动等方面存的问题很让人头疼。一个固有的问题是：悬挂着吊盘的链条或杆件会妨碍你把较大的物体放在吊盘中。为什么不把吊盘挪到横梁的上面呢？

下图中这种类型的天平似乎是一个很好的衡器。它的结构很紧凑，只有一个可移动的部分，你可以把任何大小的物体放在托盘中。然而，它实际上是一个非常糟糕的设计，问题在于你把待称量的物体放在了托盘中的什么位置。如果你把重物或砝码朝着托盘的边缘移动，那么就会打破天平的平衡，让天平朝着这个托盘倾斜，尽管两边托盘中的质量没有发生变化。只有在物体的形状和确切位置都固定的特殊情况下，你才能使用这种天平。但总体而言，这是一个非常糟糕的设计。

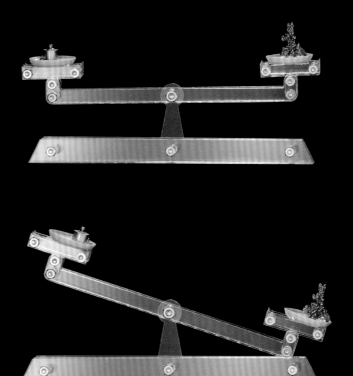

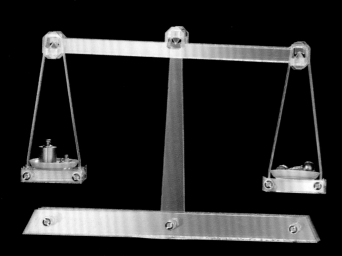

▲ 一个用聚丙烯树脂制作的天平模型。

▶ 一个用聚丙烯树脂制作的天平模型，托盘位于横梁的上方，工作效果不好。

◀ 这是一个设计巧妙、非常简便易用的单轴天平，带有一个用于自动称量的勺子。你只需沿着勺柄把支点滑动到你所要测量的质量对应的那个刻度上，然后把水、油、面粉或其他任何你想要称量的东西倒进这个勺子里，直到勺柄达到了水平状态。只要你所称量的东西可以均匀地流入勺子中，这个天平就能发挥作用，实现平衡。但如果你想拿它称量块状固体，那么不管你把这些块状固体放在勺子里的什么位置，称量的结果都不会准确。

▲ 这是另一种杆秤。鉴于它只用来称量特定的物品，所以我们可以不把它归为"不靠谱的设计"。它的主要用途是称量那些粉末状或颗粒很小的材料（特别是肥料），而这些被称量的东西可以完全填满固定在秤杆上的那个量杯。相对于普通杆秤，它有两个巧妙的改进。首先，它的秤杆上有一个气泡式的水平管，可以让你准确地判断秤杆是不是达到了平衡（这是一个非常明显的增强措施。坦率地说，我很惊讶，这类措施并没有得到广泛应用）。其次，由于这个量杯的容量经过了校准，所以这个杆秤不仅可以用于测量质量，还可以用于计算密度（单位体积的物体的质量）。很多时候，这显然就是人们想要知道的结果。

▲ 这是一个天平模型，我们并不打算用它去称量任何东西。嗯，这是一个经典的双盘天平，甚至有一套砝码，但它的支点是一个金属钩子，不允许横梁自由倾斜。这 4 个砝码的质量也是随机的，而不是你所期望的那种整数倍的质量。这只是个摆在博古架上的小摆设而已。（它来自北京潘家园市场，所以这一点并不奇怪。）

更离谱的天平

这是一个风格很罕见的天平，非常罕见——在现实中根本找不到这样的东西，虽然我的面前就摆着一个。让我来解释一下吧。在北京潘家园那个巨大的旧货市场中，我在一家小小的古董店里看到了这个天平。店主坚持说，这是一件珍贵的意大利古董，有几百年的历史。她开价几千块，并表示不让杀价。它显然是一件假货。

一个天平要达到足够的精确程度，就必须有一个锋利的金属或石头刀口作为横梁的支点（参见第 168 ~ 169 页中关于刀口的描述）。图中的这个天平只用了一个粗糙的螺钉，这个螺钉被拧进一个黄铜球上的孔里（这个孔还被打歪了）。我想，这个天平的制作者或许看过一些天平的照片，但并不知其所以然，或者压根就不关心天平的工作原理。所以，他即兴发挥，对于一个真正的天平所需要的关键部件完全不在乎。我真的希望我当时答应店主开出的那个荒谬的价格，无论这是不是一件真货，因为我再也找不到一幅与之类似的天平的照片了。（半年之后，当我再回到那家店铺时，它已经不见了。这次，这个天平永远离我而去了。）我咨询过衡器专家，他们认为这是一种被称为"摆件"的天平，或许是专门为室内装潢而制作的。没有可靠的例子证明这种天平在历史上真实存在过，或曾经用于称量质量。至少，我咨询的专家是这么认为的。

不过……如果它被正确地制造出来，那么它在理论上还是能够工作的。这个模型是我在收藏方面最好的回忆。它确实解决了这类天平的一个共性问题——悬挂吊盘的吊索碍事的问题。在两边的托盘下都有一个沉重的摆锤，因此，无论你把什么东西放在托盘上，其质心都会恰好位于支点上。也就是说，无论你把待称量的东西放在托盘的什么位置，这个天平都能进行精确的称量。此外，它在使用、搬运方面和你在古董店里买到任何一个天平一样麻烦。除此之外，如果你在托盘上放的东西太多，这个托盘还会翻转过来，把托盘里的东西都倒出来。或许，这就解释了为什么没有人真的用它来称量物体。

数学的贡献

1669 年，这种把托盘装在横梁上方的天平终于有了第一次真正的进步，而这归功于一位数学家的贡献，他用心分析了这种情况的物理学原理。正如我们将在下一节里看到的那样，这种天平的根本问题在于如何保证被测物体的质心与支点保持固定的距离。

可以用两种方式解释质心和支点之间的距离变化所产生的差异，即杠杆和势能。这两种方式都包含了制造更好用的衡器的关键。

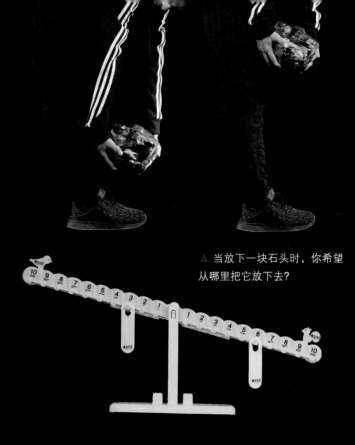

△ 当放下一块石头时，你希望从哪里把它放下去？

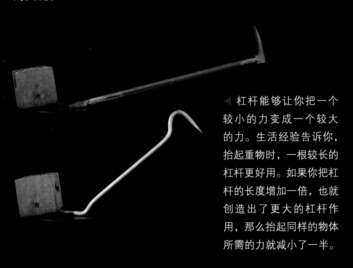

◁ 杠杆能够让你把一个较小的力变成一个较大的力。生活经验告诉你，抬起重物时，一根较长的杠杆更好用。如果你把杠杆的长度增加一倍，也就创造出了更大的杠杆作用，那么抬起同样的物体所需的力就减小了一半。

势能是处于高处的物体所具有的能量。一个物体所处的位置越高，它拥有的势能就越大。当这个物体坠落时，它的势能就转化为动能，也就是运动中的物体所具有的能量。想象一下，一个重物砸在了你的脚背上。这个重物下落的高度越大，它对你的脚造成的伤害也就越大。这是因为它砸中你的脚趾头时拥有更大的动能。

关于能量的第一条规则就是能量守恒定律。换句话说，如果你想要增加某个物体的势能，那么你就必须把这个物体抬高。同时，为了把它抬高，你就必须消耗自己的能量。物体越重，抬高它所需的能量就越多。你想要把某个东西抬得越高，你消耗的能量就越多。

天平也是一种杠杆，它的横梁中间有一个支点（平衡点），两侧各有一个向下作用的力。下面我们从力矩的角度分析这个

杠杆。如果我们把两个相同质量的物体分别放在天平两侧，它们和支点之间的距离不同。那么，距离较远的重物就获得了更大的力矩，它就赢了，让天平朝着自己这一边倾斜，而另一侧的重物则被抬起来。

现在，我们从势能的角度看待这个情况。倘若天平倾斜，且距离支点较远的那一侧上升，则该侧物体所增加的势能就超过了另一侧的物体因为下降而失去的势能。一侧获得的势能超过了另一侧失去的势能，这就等于二者共同获得了更多的势能。对此，唯一的解释就是你给它们提供了能量。比如，你的手指推动了距离支点较近的那一侧的物体。反过来，必然会发生的情况是：天平倾斜，距离支点较远的那一侧的重物下降。总体而言，两个物体的势能的总量还是会减少，因为部分势能转化为了天平的动能。

从势能的角度来看，问题并不在于一个物体的杠杆作用比另一个物体大，而在于这个物体所移动的距离比另一个物体大。1669 年，吉尔斯·德·罗贝瓦尔（Gilles de Roberval，1602—1675，法国数学家）意识到这是一个可以解决的问题。

罗贝瓦尔天平

　　这种设计巧妙的衡器称为罗贝瓦尔天平，解决了先前提到的问题：被称量的物体或砝码在托盘中的位置对称量结果的影响。无论天平处于什么状态，两个托盘总能保持水平状态。右边的物体距离支点较远，但由于托盘保持水平，因此其上下移动的距离和左边的托盘相同（但方向相反）。因此，基于能量守恒原理，无论物体放在托盘中的什么位置，托盘都能保持水平。

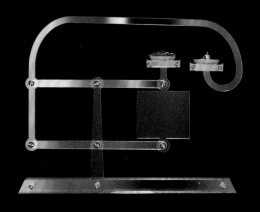

▲ 带有弯梁的罗贝瓦尔天平模型

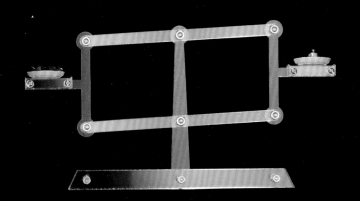

▲ 罗贝瓦尔天平模型

　　罗贝瓦尔天平真正令人惊讶之处在于它的确好用，哪怕你把物体从托盘的一侧推到另一侧，它依然能够进行精准的称量。这是如何做到的呢？嗯，因为能量守恒定律要求它必须这么做，而且能量守恒定律是一个永远不会撒谎的原则。要理解杠杆和扭矩为什么会产生这种作用，的确非常困难。我想，这和侧向力有关。老实说，我和你一样对它的工作机制感到困惑不解，但它的确有效，照片并没有造假。和其他许多情况一样，能量守恒定律可以让你绕过许多复杂的计算和难懂的几何原理，直接看到它必然会怎样。

▶ 托盘位于横梁上方的罗贝瓦尔天平，这是一个真正的天平，由铸铁制成。

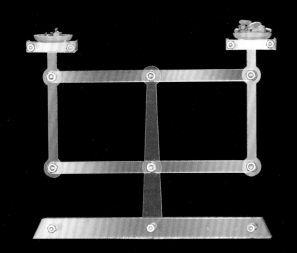

▲ 带有托盘的罗贝瓦尔天平模型

　　通常，把托盘放在横梁上方是为了结构紧凑和使用方便，但原理是一样的——使用第二根横梁来保持托盘处于水平状态。其中，上梁是主要的，其支点承担了被称量物体的全部质量，并且需要做到精确、无摩擦。下梁则可以有一个简单、宽松的支点，因为它所要做的只是防止托盘翻转，因而它只需要承受较小的侧向力。

▼ 几乎所有的老式双盘厨房天平或商用天平都是罗贝瓦尔天平，只是风格不同而已。通常第二根横梁会隐藏在底座之中。你知道它们一定就在那里，否则托盘就会倾斜了。

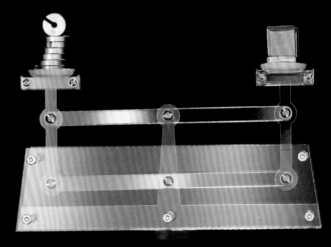

▷ 有时两根横梁都会被隐藏起来，所以你看到的只是从箱体里伸出来的两个托盘。但在箱体内部，它们依然采用了罗贝瓦尔天平的工作机制，你可以在下一页里看到这一点。

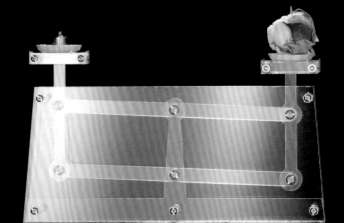

罗贝瓦尔天平的俄式变种

这类用铸铁制造的、框架完全敞开的罗贝瓦尔天平在跳蚤市场和购物网站上很常见。这是因为：首先，它们中的许多都是在大约 100 年内制造的；其次，它们几乎坚不可摧，很难损坏；最后，它们显然不是那种谁拿着都会扔掉的东西，哪怕它们已经不再是好用的称重工具了。它们常用于装饰那些风格质朴的餐厅，放在时尚公寓里作为摆设，在古董店和古董摊子上当作门挡，或者静静地在那儿吃灰。

右图中展示的是罗贝瓦尔天平的一个奇怪版本，它是我在一个此生见过的最大的跳蚤市场的中心区域买到的。这个市场就是莫斯科的伊兹梅洛夫斯基市场（不是市场前面供旅游者观光的那部分，而是其背后绵延数千米、有各种让人疯狂的货物的那部分）。这个天平有两个彼此独立的下梁，它们分别锚定在天平的外缘，而不是采用常见的那种单个下梁跟着上梁一起运动的模式。我不明白为什么这种复杂的设计要更好一些。它大概还是有一些优势的，否则它的制造商也不会这么做。这又是一个小秘密，让事物更加有趣。

▲ 这个罗贝瓦尔天平的变种是我在莫斯科的一家跳蚤市场上找到的。我用透明的丙烯酸树脂代替前后的铸铁框架。这样，你就能更清楚地看到其内部的运行机制了。

▼ 下梁被艺术化地隐藏了起来。

一个砝码，多种角度

罗贝瓦尔天平和杆秤用起来都比双盘天平更方便，但它们依然需要操作者动手加减或滑动砝码，直到横梁达到平衡状态。如果衡器能够直接告诉你测量结果是多少，那么操作就简单多了。这种衡器的确存在，而且在数字时代之前早就存在了。通过把横梁适度掰弯，就可以制作一种特别的台秤，用表盘上的指针自动指示被测量物体的质量。

▶ 邮局用的小型挂秤

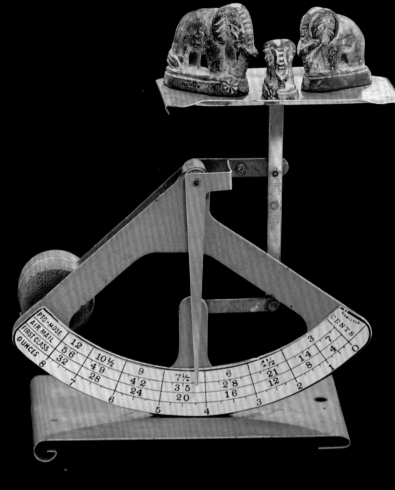

▲ 这种小型挂秤用来称量那些质量为几十克的邮件。在被称量物体的重力作用下，配重偏离支点，从而增大了它和支点之间的距离，进而增强了它的杠杆作用。这里的诀窍是横梁是弯曲的。如果横梁依然是笔直的，就像普通杆秤那样，那么横梁的旋转角度并不重要，因为横梁可以在任何角度上保持平衡。因为横梁是弯曲的，当它旋转的时候，其中一侧就会靠近支点，而另一侧则远离支点。这就打破了两侧的平衡。横梁会继续旋转，直到两边的重量与力矩的乘积相等。指针会显示横梁转过的角度，并以盎司或克为单位进行校准。

▲ 这个台秤采用了和左边的挂秤相同的弯梁设计。当托盘朝下移动时，配重就会向外侧移动，以平衡托盘的重量。（这个特殊的台秤是我母亲的。很多年以来，我一直记得它。我很高兴能在这本书里赋予它更长的生命。）

这个花哨的邮政台秤遵循相同的原则，但使用更加便捷，它有两个不同的量程。它的配重可以被设置在两个不同的位置，从而改变配重和支点之间的距离。翻上来时，这个台秤的量程是 200 克；翻下去时，它的量程就变成了 1000 克。配重本身并没有改变，但它和支点之间的距离改变了，量程得以变大或变小。

这个"母鸡下蛋"台秤有点像邮政台秤，但更可爱一些。在它的背面，可以看到这块配重旋转的角度。它的工作原理稍微复杂一些，允许你调整配重的位置，从而校准这个台秤（也可能便于商家缺斤少两）。

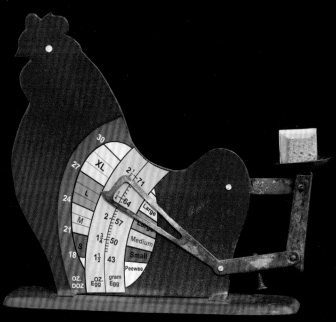

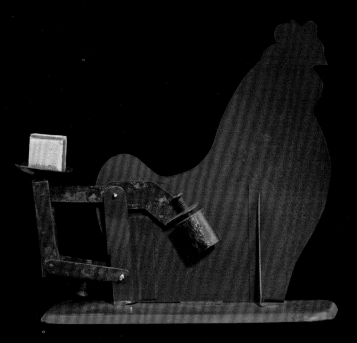

托莱多台秤

　　这个老旧的托莱多台秤看起来很复杂（实际上确实如此），但它的工作原理依然与我们刚才看到的那个邮政台秤类似：让配重摆动起来，远离支点，从而增大其杠杆作用。这种类型的台秤使用起来非常方便，你只需要把想称量的东西放在那个巨大的平台上，就能从旁边巨大的表盘上直接读出称量结果。这两者带给你的便利程度可以说不分伯仲。当然，为此付出的代价是这个台秤庞大、沉重且结构复杂。

　　秤上"去皮"的操作意味着把秤上已经有的某些东西的质量调回到零刻度。比如，你把一个空桶放在秤上，然后将秤上显示的质量重新调回零刻度。然后，你把一些东西倒进桶里，这时秤上显示的质量就是你刚才倒进去的东西的实际质量。这样，你就不需要计算"总质量减去桶本身的质量"了。在某些秤上，"去皮"操作实际上是旋转表盘或指针，但图中的这个秤则是实质性地调节平衡，在前后移动中增减秤上起作用的砝码。（"去皮"和校准的意义不一样，校准时既要确定零刻度的位置，又要确定某个固定的测试用砝码的精确质量。）

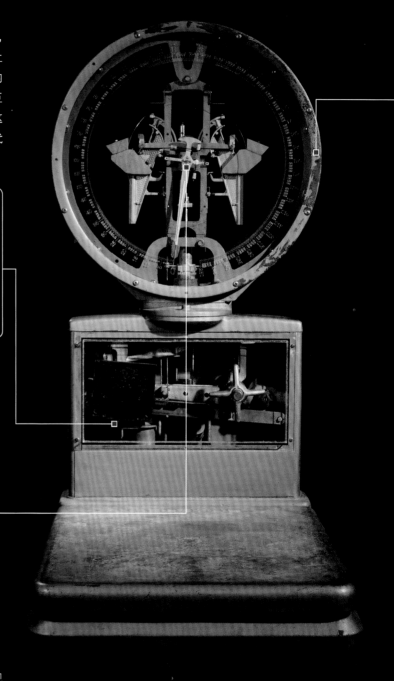

▲ 秤的指针本身也有质量。如果这种质量不能在其旋转的轴心上实现完美的平衡，就会影响秤的精确性。这两个小配重允许你在两个方向上调整指针的平衡，以完全消除这种潜在的误差来源。

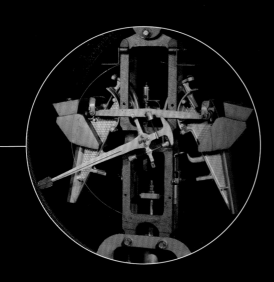

这些配重臂是这种秤的关键部件，它们结实得像坦克。你可以看到这两个配重被连接到一起安装在轨道的顶部，就像一对翅膀。如果把它们安装在远一些的位置，它们就会有更大的杠杆作用。此时，要把它们提升起来，就需要用更大的力量。于是，这就扩展了秤的最大称量范围。

实际上，称量范围的确是可以调整的，最大称量范围比现在的状态要大 250 磅（约 113 千克）。同一型号的托莱多台秤（比如说托莱多 2181 型）的称量范围从 0 ~ 200 磅（0 ~ 90.7 千克）到 0 ~ 2000 磅（0 ~ 907 千克）不等。它们唯一的区别在于表盘上印刷的数字以及配重在轨道上的安装位置。

显然，一个台秤要称量巨大的质量（比如说 1 吨）时，它当然就需要非常坚固。

▷ 这个简化模型展示了托莱多台秤是如何使用多点复合杠杆和摆动式配重的。

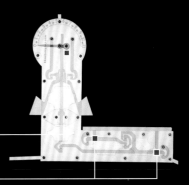

齿轮齿条系统放大了悬挂式秤杆的下行运动，并将其转化为指针的圆周运动。

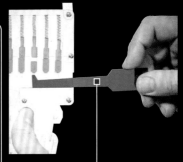

杠杆用来减小作用在测量部件上的力。在这个二维模型中，总的杠杆比率是 15 : 1。对于放在平台右侧中间位置的重物而言，长臂和短臂的长度之比是 15 : 1；而对于放在平台左侧中间位置的重物而言，比例是 5 : 1，接着是 3 : 1，二者相乘之后依然是 15 : 1。无论你把重物放在哪里，总的杠杆比率都是 15 : 1。这种机械特性允许你把重物放在平台上的任意位置，而不会影响读数的准确性。

台秤的顶部既可以简单，也可以花哨，比如我们刚才看到的那个带弯梁的邮政台秤。当横梁被平台上的物体往下拉时，两个配重向外旋转，增大其杠杆作用，直到达到平衡。

它为什么这么大

我有没有说过这个台秤非常大？它就像一个重型机床，拥有 6 毫米厚的铸铁箱体和粗大的铸铁平衡杆，而其支点是用强化钢制作的。但它的最大量程也只有 250 磅（约合 113 千克），就像卫生间里用的那种体重计一样。那么，为什么要把它造得这么大呢？部分原因可能是它必须在车间或仓库里工作，郁闷的工人们日复一日地朝它上面扔牛肉（据说这个台秤来自一家肉店），或许偶尔还会用叉车挪动它。它的内部是一种精密的装置，分辨率可能超过了千分之一（台秤刻度线上最小的格子代表 1/4 磅，即 113 克）。

▶ 图中的这个台秤是那个巨大的托莱多铸铁台秤的现代版本。它由铁皮和塑料制成，其重量和成本大致都仅为后者的 5%（它是如何实现这一点的？我们将在第 160 页给出解释）。这是否意味着它是一个廉价的现代化的破烂货？也许有一点吧，但我们有足够的理由相信它有许多优点。它的设计可以对不同的现实场景做出响应，内部的机械部件没有那么脆弱，因此也不需要那么多保护。哪怕真有人开着卡车从它的上面碾过去，再换一个也花不了多少钱。它的结构变得脆弱了，但你获得了一个可以随手拿起来四处走动的台秤，而不是用叉车才能把它搬走。

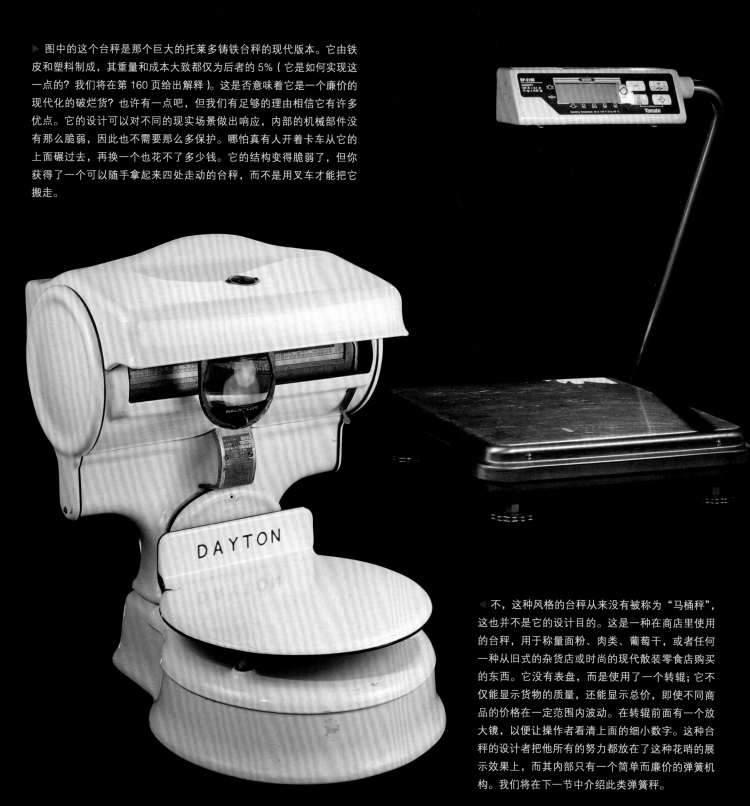

◀ 不，这种风格的台秤从来没有被称为"马桶秤"，这也并不是它的设计目的。这是一种在商店里使用的台秤，用于称量面粉、肉类、葡萄干，或者任何一种从旧式的杂货店或时尚的现代散装零食店购买的东西。它没有表盘，而是使用了一个转辊；它不仅能显示货物的质量，还能显示总价，即使不同商品的价格在一定范围内波动。在转辊前面有一个放大镜，以便让操作者看清上面的细小数字。这种台秤的设计者把他所有的努力都放在了这种花哨的展示效果上，而其内部只有一个简单而廉价的弹簧机构。我们将在下一节中介绍此类弹簧秤。

体重计

在人生的某个阶段，我参加过很多拍卖会，比如房地产拍卖、学校关闭时的拍卖、商业清算等。我买了许多其实并不需要的东西。其中，最让我难忘的是林肯发展中心的停业拍卖。

这个有纪念意义的历史建筑始建于 1875 年，当时称为伊利诺伊州弱智儿童庇护所。最近几十年来，随着护理观念的变化，它也经历了发展和转变。当它最终于 2002 年关闭时，这个机构已经是最大也是最后的"老式精神病院"之一了。这个台秤是为了这个令人不适的机构而制造的，我很确定。我不记得买这个台秤花了多少钱，但肯定不会太多。我能够想象到这个台秤过往的历史。

◀ 今天在世界上很多医生的诊室里，在给病人称量体重时所使用的衡器与这个台秤依然非常相似。从本质上说，它们是由台秤的下半部分和杆秤的上半部分组合而成的产物。它们比弹簧秤精确得多，而且可以在没有定期校准的情况下依然保持精确（而电子秤做不到这一点）。不过，它们又大又重，价格高。一般人不会想到去买一个放在家里，除非你像我一样通过拍卖会买到这么一个东西。

▲ 在从拍卖会上买来的东西中，这是让我感觉最恐惧的一个。这只是一个用于称量体重的台秤，平时放在医生的诊室里。它来自林肯发展中心，而且它是为躺在秤盘上的人称重的，也可能是为尸体称重的，或是为那些被绑在上面、因为不愿意称重而又哭又闹、用力挣扎的人称量体重的。

秤的突破

到目前为止，我们在这本书里看到的秤和天平的工作原理都和重力有关。任何物体都会受到地球向下的作用力（也就是重力）。

重力可以产生一种力的作用，弹簧同样也可以。1770 年，理查德·萨尔特（Richard Salter，1737—1791，英国发明家）提出了自衡器发明以来第一个真正全新的概念——弹簧秤。物体朝下拉弹簧，而被拉伸的弹簧又会将物体拽回来。当两者的作用力处于平衡状态时，弹簧伸长的长度就是衡量这个物体重量的标准。这是一个历久弥新的思路，今天你依然可以买到上面镌刻着萨尔特名字的各式各样的弹簧秤（以及无数没有他的名字的弹簧秤，这些弹簧秤的制造商甚至从来没听说过他）。

弹簧秤的伟大之处在于它们不需要任何配重和砝码，因此，它们可以做得更小巧、更结实。这个秤可以称量重达 500 磅（约226.8 千克）的东西。注意，当你将一个 50 磅（约 22.7 千克）的重物挂上去时，它的指针几乎没有移动。然而这个弹簧秤只有几千克重，并且可以在任何方向上工作。哪怕它砰的一声掉在地上，或者被谁踩了一脚，也不会造成任何损坏。弹簧秤的问题在于它们不如杆秤那样精确、可信。你没有办法看一眼弹簧秤就知道它的读数是否精确（而杆秤可以做到），哪怕是校准之后依然如此。这是因为温度的变化会导致弹簧的刚度系数发生变化，长时间使用和超出量程使用也会导致弹簧疲劳、变形。基于这些原因（也因为托莱多公司的密集游说），法律一般不允许使用弹簧秤来称量待售商品。而那些不生产弹簧秤的衡器厂商非常乐意指出，为什么其他类型的秤更好。托莱多公司提出的口号"不用弹簧，诚实称量"在广告中成为了真理。你永远不能相信一个弹簧秤。

这个量程为 100 磅（约合 45.4 千克）的秤从表面看来是一个托莱多风格的秤，但当你拆下它的外壳后，就会发现它是一个冒牌货。它的内部是一个廉价的弹簧秤。不过，我要为它辩护一句：对我自己的标准体重而言，它对我来说就是准确的，而不像托莱多台秤那样老老实实地告诉我，我的体重已经超过标准体重 10%。

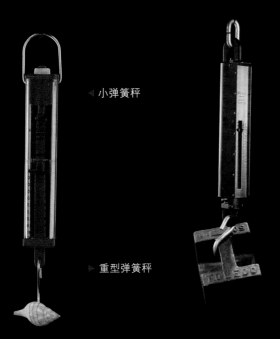

◀ 小弹簧秤

▶ 重型弹簧秤

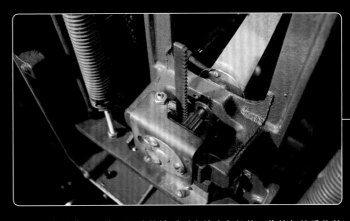

◢ 在表盘的背面，你可以清楚地看到齿轮齿条机构。你施加的重物的质量越大，弹簧就伸得越长，齿条随之向下移动，从而让那个齿轮转动起来。这个齿轮连接着指针，因为指针的长度远远超过这个齿轮的直径，所以齿条的微小运动都会被转变成指针在表盘上的明显转动，从而让你更方便地看到质量的微小变化。

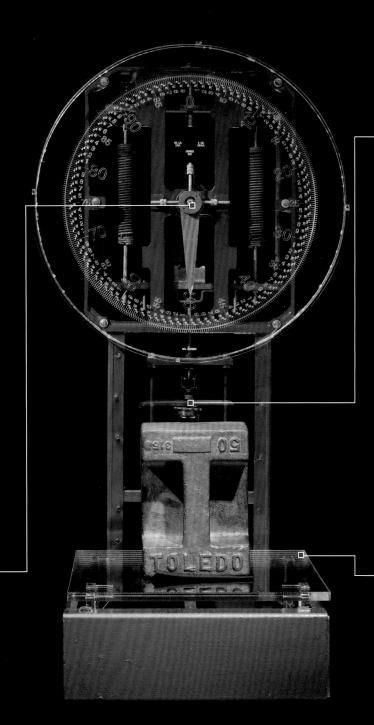

▲ 这是一个注满了油的阻尼器。在它的内部，有一个可以移动的活塞，当表盘转动时，这个活塞就会穿过油层上下移动。黏稠的油液会减慢活塞的运动速度，从而抑制振动，让台秤的指针更快地稳定下来。油液没有记忆，所以它不会对最终的读数产生影响，只会影响指针达到稳定状态所需时间的长短。如果你需要搬运这样一个台秤，请记住油液的问题。倘若你把它侧着放在自己的车里，它里面的油液就会漏出来。我从没有做过比这更傻的蠢事。

▲ 尽管弹簧秤不太可靠，但它依然广受欢迎。在很多方面，它们的表现足够好。你真的需要知道你的体重增减几斤才是你的真实体重？有点似是而非或许是一件好事。图中的这个浴室体重计展示了如何利用杠杆来使更小的弹簧也能正常工作。站在体重计上的人将重量压在一根摇摇欲坠的杠杆的短臂上，而弹簧则固定在杠杆的长臂上。弹簧因此具有更大的杠杆作用，所以它要平衡人的体重也并不困难。

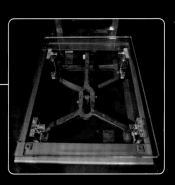

▲ 我已经用透明的丙烯酸树脂换掉了这个台秤的金属平台，这样你就能看到把重量从平台传递给弹簧的这一套杠杆。

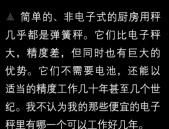

▲ 简单的、非电子式的厨房用秤几乎都是弹簧秤。它们比电子秤大，精度差，但同时也有巨大的优势。它们不需要电池，还能以适当的精度工作几十年甚至几个世纪。我不认为我的那些便宜的电子秤里有哪一个可以工作好几年。

应变式电子秤

今天，大多数厨房秤和体重计都是完全电子化的，它们既没有弹簧也没有砝码（或秤砣）。它们使用的是应变传感器，可以进行很精确的称量，但实际上往往并非如此。虽然应变式电子秤看起来很花哨，现代感十足，但它们其实和弹簧秤没有本质的区别。它们只是用一块金属片代替弹簧，以电子方式测量这块金属片的拉伸程度（即形变）。我们用右边这个超大的模型来解释这类东西是怎么工作的。

这根乳胶管里装满了盐水，并且连接到一个万用表上。万用表用于测量这根管子里的盐水的电阻。当吊盘中没有放任何重物时，乳胶管又粗又短，此刻它的电阻是 7.28 千欧。然后，

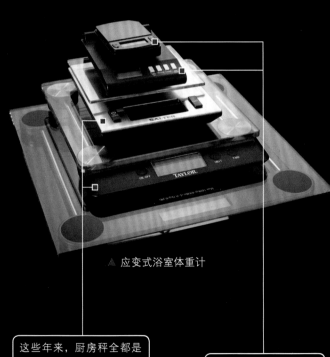

▲ 应变式浴室体重计

这些年来，厨房秤全都是采用应变传感器的电子秤了，它们工作得很好，虽然不是非常精确，但对于做饭而言，它们的精度已经足够了。

应变传感器允许把秤做得非常小，同时还能保持一定的精度。

我们把一个砝码放在吊盘中，这根管子就被拉长了，变得又细又长。这样，电流就更难通过这根管子了，它不得不通过更长的距离（因为管子变长了），沿途也会遇到更大的阻力（因为管子更细了）。管子中盐水的电阻现在高达 10.49 千欧。如果我们用一些已知质量的砝码来校准管子中盐水的电阻，就可以用这个装置来称量东西了。

当然，这么干有点傻，因为我们完全可以把一个标尺放在乳胶管的旁边，直接测量它伸长的程度。那就是一个简单的弹簧秤了。然而，如果管子很硬，只被拉伸了一点点呢？或者我们想把测量结果显示在一块电子屏幕上，而不是用肉眼直接去看呢？

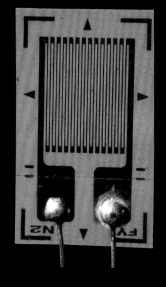

这种真正的应变式电子秤的工作原理和左侧的模型完全相同，只不过它使用的是一块铝箔而不是弹簧，也不是充满盐水的乳胶管。这块铝箔的边缘带有梳齿，被印在一块绝缘的塑胶片上。当有外力作用在它的上面时，铝箔就会发生弯曲。这种轻微的弯曲足以让铝箔变得略微薄一点、长一点，从而导致它的电阻稍微增大一点。（在同一个方向上设置很多平行排列的铝箔条带，可以增大电阻的变化，从而让测量变得更精确，更容易操作）。经过适当的校准之后，我们就可以测量电阻的变化，再将其转化为质量而显示出来。这种设备比弹簧秤更准确，但正如我们将在下一节里看到的那样，它们也存在一些问题。

用声音进行称量

应变式电子秤看起来很现代，也很坚固，上面没什么移动部件。不过，这只是一种错觉。实际上，它们的工作原理和弹簧秤类似，需要依靠一块金属片的形变。如果这块金属片的长度没有发生能测量得到的变化，也就是说它没有改变形状，那么应变式电子秤所显示的读数就不会发生变化。这意味着它们和弹簧秤面临同样的问题：随着时间的推移，它们也会逐渐磨损，性能发生变化，尤其是在长时间载有负荷的情况下。它们对温度的变化很敏感。一句话，如果一台仪器在工作时要依赖一块弯曲的金属片，那就绝对不是一件好事。

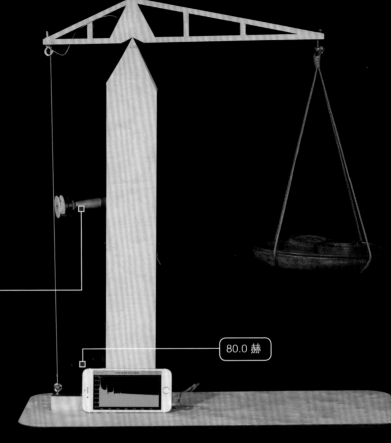

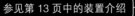
参见第 13 页中的装置介绍

80.0 赫

实际上，我们还有一些完全不同的方法，也可以用来巧妙地测量物体的质量。比如，本页中展示的这个仪器是用声音来测量质量的。

当你拨动小提琴的弦时，它会发生振动，这种振动会产生声音。如果琴弦绷得非常紧，则它的振动就会非常快（也就是说它振动的频率很高），从而发出一个高音来。相反，如果琴弦绷得不紧，则它的振动频率就会很低，发出低沉的音调。当你转动小提琴顶部的调节螺栓时，就可以改变琴弦的松紧程度，以此来调节琴弦所发出的声音的音调。

音调的高低与琴弦被拉紧的程度直接相关这一事实表明你可以通过测量声音的频率间接测量这根琴弦被拉伸的程度。

▲ 在上图所示的装置里，我们把一根吉他弦绷在一个固定支点和杠杆较短的一端之间。在杠杆较长的那一端有一个用于称量的吊盘。当吊盘中的物体质量较小时，这根弦所受到的拉力较小，从而发出一个频率较低（比如 80.0 赫）的音符。当你把一个质量较大的物体放在吊盘中后，拉力增大，这根弦将发出一个频率较高（比如 116.3 赫）的音符。音符的频率直接取决于吊盘中物体的质量，而正是这个质量上的差异使弦所受到的张力有大有小。如果我们将一系列已知精确质量的砝码依次放到吊盘中去测量，就可以校准这台仪器，从而能够用它来称量物体的质量。这就是一个用声音称量质量的秤。

在这个装置中并没有任何需要移动、弯曲才能工作的部件，杠杆将待称量物体向下的拉力传递给弦。如果整个仪器用非常坚硬的金属制成，则它依然能够正常工作，而且比弹簧秤更加精确——仪器里没有哪个部件受到了拉伸或弯曲。随着时间的推移，它的性能发生漂移的概率也会更小。此外，它对温度的变化不敏感，因为振动频率仅仅取决于那根弦自身的重量以及它所受到的张力的大小。

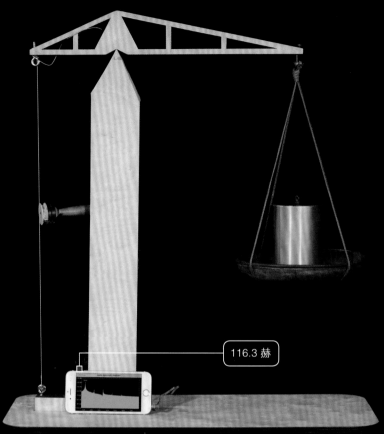

116.3 赫

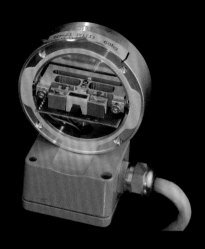

▲ 这是一个非常坚固、几乎坚不可摧的物件。它的外壳是用铝材加工而成的，相当厚实，能够防水，非常坚固，甚至被卡车碾过去也不怕。实际上，这正是它的设计用途所在：把卡车挂在它的身上，或者更具体地说，它是垃圾车的悬挂系统的一部分，整个卡车的大部分重量就落在 4 个这样的装置上。

▲ 这里面装有一个振弦式传感器，它通过短杆把作用在设备表面的力（重力）传递给位于装置中心的单元，再传递给弦，从而测量质量的变化。每辆垃圾车上装有 4 个这样的装置，它们分别装在一个车轮上。如此一来，垃圾处理公司就能够持续监测垃圾车在城里跑上一圈后车上的垃圾增加了多少。他们能够按照每周所产生的垃圾的多少，向客户收取垃圾处理费。（另外，这个装置也可以装在垃圾车的液压起重臂上，从而测量从每一个垃圾筒里收到了多少垃圾。）

▷ 这个相当可爱的装置称为振弦式传感器，利用声音进行测量。这就是我们刚才看到的那个模型的实用版本。它没有使用吉他弦，而是使用了一根很短（1 厘米）的铜丝。这根铜丝的两端牢牢地固定在一对用蓝宝石制成的圆柱体上。整个

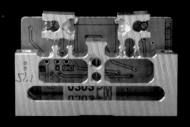

测量设备的几何形状经过精心设计，它可以将所受到的压力从插在底部的那根杆（用两个螺丝固定到位）传递给中间的方形框架。这个框架会将这根杆所受的力转化为铜丝的张力，从而使其振动频率升高。实际上，这里仅仅有一个微观上的形变，而没有发生位移：铜丝只是比原来张得更紧一些，没有发生肉眼可以观察到的伸长。

◁ 我特别喜欢这种特殊的力学传感器，不仅因为它是一个非常优秀的设计，而且因为它是由我的祖父阿明·沃斯所发明的。照片里的这个人就是他，摄于 1923 年。

在表面波秤里被发挥到了极致。

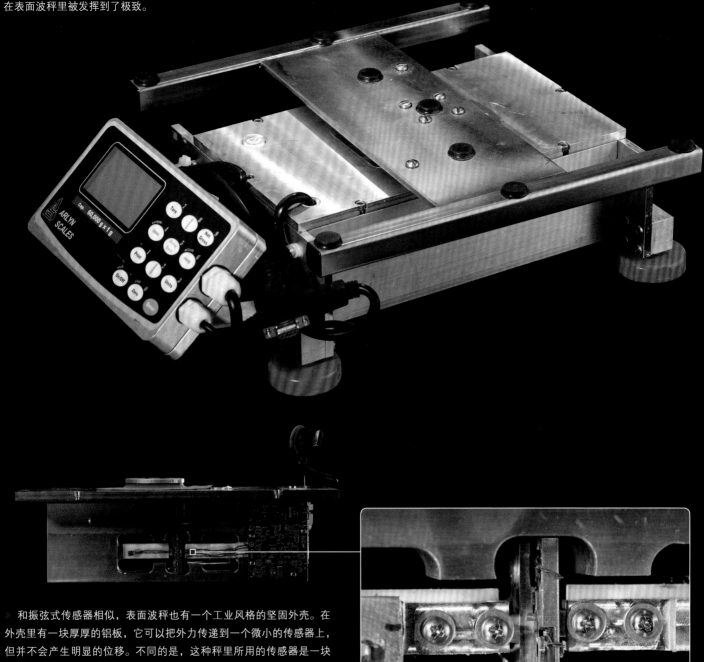

>> 和振弦式传感器相似，表面波秤也有一个工业风格的坚固外壳。在外壳里有一块厚厚的铝板，它可以把外力传递到一个微小的传感器上，但并不会产生明显的位移。不同的是，这种秤里所用的传感器是一块石英晶体，其上有表面波经过（参见第 120 ~ 124 页介绍的内容，那里讨论了石英晶体如何与电场发生作用，从而产生振荡）。石英晶体受到的压力会对这种波产生影响。因此，只要对波进行测量，就能非常精确地测量压力（在这里相当于放在秤上的物体的重力）。

称量一粒盐

　　如今，弹簧秤、台秤和电子秤等在常见场合几乎完全取代了古老的双盘天平。具有讽刺意味的是，这种古老的天平在一些需要很高精度的场合能够继续发挥作用。对于商业用途的衡器而言，改进的主要动力依然是让它们使用起来更方便，更有利于防止作弊。而对于科学探索而言，人们追求的依然是衡器的精度。科学研究所用的称量仪器必须将误差降低到百万分之一甚至更低一些，它们还必须能称量一些非常小的物体，小到肉眼几乎看不见。如今，采用了多种技术的高精度电子天平已经取代了几乎所有的机械式天平，但旧式天平在设计和构造上依然非常漂亮。

　　这些高精度的衡器称为分析天平，通常是在普通天平的基础上经过一系列改进而制成的。

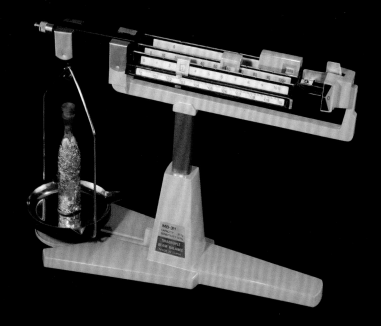

▲ 这个秤的上部看起来很像那种一次性的剃须刀（过去有一个刀口，而现在的产品已经发展到 5 个刀口了），这么多的刀口让这个秤看起来更加精密。它采用 4 根独立的横梁，分别对应于 100 克、10 克、1 克和 0.1 克的分度值。为了容纳这么多横梁，这个秤的支点就要设置得更高，其自身的质量也会更大。

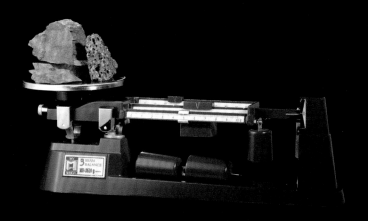

▲ 这种三梁天平在世界范围内被一代又一代的高中生所使用。它使用方便，称量精确，虽然不如我们在下一节中看到的那种天平出色。从本质上说，它是一种杆秤，左边有放置被称量物体的托盘，右边有可以滑动的游码。这个天平不仅配备有一套砝码，而且有 3 个质量逐渐减小的游码，它们分别装在一根横梁上。每一根横梁的每一个刻度都有一个凹槽，以便操作者准确读出游码到托盘的精确距离。最后面的那根横梁上的游码的质量是 100 克，中间的那根横梁上的游码的质量是 10 克，前面的横梁上的游码的质量是 1 克。（最前面的这个游码可以测量不到 1 克的质量。）

▲ 这个台秤则往另一个方向发展：它只有两根横梁，而且刻度较为粗疏。（看起来，它似乎有 3 根横梁，但其实背面的那一根是"去皮"用的，也就是说可以减去放在托盘中的空容器的质量。）

天平的几何形状

为了更好地理解分析天平的精妙之处，让我们先来回顾一下双盘天平所面临的挑战。

一个最普通的双盘天平有一根平直的横梁，3 个枢轴点位于一条直线上。当两边的质量相等时，横梁保持静止，并且可能停在任意位置。这种天平的设计类似于罗贝瓦尔天平，因为质量相等这个事实并不是由横梁恰好处于水平状态来表征的，而是通过它可以稳定地停在任意位置来表征的。

如果我们把横梁弄弯一些，让正中间的枢轴点略高于两边悬挂吊盘的枢轴点，则这个天平的工作机制就有点像我们以前

看过的邮政台秤。弯曲意味着会产生一个小小的回复力，当两边的质量相等时，横梁就会回复到水平位置。如果你稍微碰一下横梁，让它偏离水平位置，它就会自动回到水平位置（只要两边的质量相等。）

如果你把横梁改成向上弯曲的形状，那么你就会得到一个毫无用处的东西。无论两边的质量是否相等，这个天平都不会稳定下来。无论你怎么做，它总是试图从一边向另一边倾斜。从来没有哪个明智的设计师会制作这样的产品。

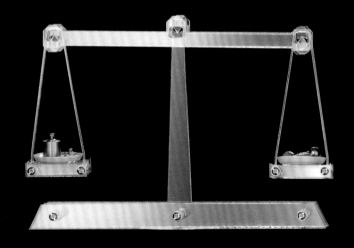

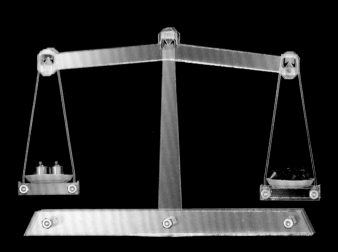

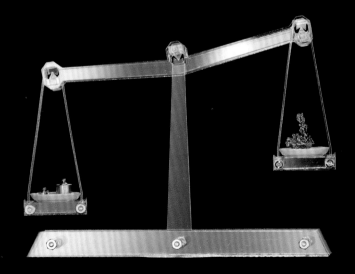

当一根向下弯曲的横梁处于平衡状态时，它会保持水平。当它稍微失去平衡时，比如右下图中的这种情况，右边的质量稍大一点，那么它就会倾斜一定的角度，以达到稳定状态。这个角度是可以预测的。再添加一根长长的指针以及经过校准的刻度盘，你就可以读出天平两侧所称量质量的微小差异。这一点非常有用，因为这样你就可以读出小数点后两位数字，而不需要使用那种特别小巧的砝码。你只需要把和被称量物体的质量大致相当的砝码放在一侧的吊盘中，然后加上或减去刻度盘上的读数，即可测出物体精确的质量。在下一页中，我们将看到一个采用这种模式的精密天平。

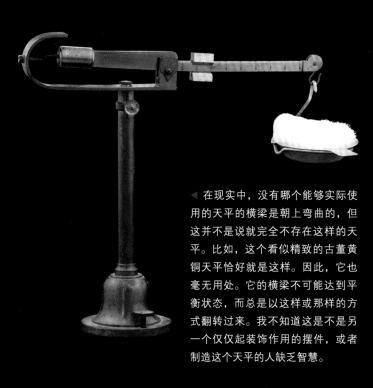

◀ 在现实中，没有哪个能够实际使用的天平的横梁是朝上弯曲的，但这并不是说就完全不存在这样的天平。比如，这个看似精致的古董黄铜天平恰好就是这样。因此，它也毫无用处。它的横梁不可能达到平衡状态，而总是以这样或那样的方式翻转过来。我不知道这是不是另一个仅仅起装饰作用的摆件，或者制造这个天平的人缺乏智慧。

图解分析天平

为了提高一个天平的精度和灵敏度，必须系统性地消除误差来源，把问题逐个解决。最大的一个问题是天平的枢轴点和刀口问题。每个精密的天平都追求刀口和刀砧的配合，这些部件是用非常坚硬的材料制作的。大规模生产的天平通常使用硬化钢，因为这种材料很坚硬。而精密天平最好使用坚硬的玻璃状晶体，比如最开始时使用的玛瑙以及后来的人工合成的蓝宝石。右图展示了一个不太昂贵的老式天平，它的刀口就是用钢制作的。

▷ 这个天平是在 20 世纪 50 年代中期制造的。它和几百年前制造的天平并没有什么显著差别。你可以看到它的指针很长，一直延伸到了底座上的刻度盘上。

▽ 部分放下　　　　▽ 完全放下

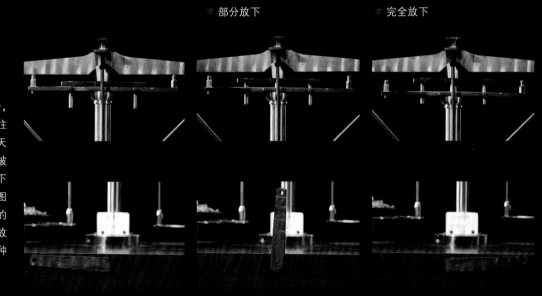

▷ 分析天平的刀口精密而娇贵，很容易损坏。所以，精密天平往往有一根杠杆，它能在你挪动天平、加上或减去载荷时（包括被称量的物品和砝码）抬起或放下横梁，以保护天平的刀口。右图中的这个天平抬起和放下横梁的机制比较简单，只能完全抬起或放下横梁，而更精密的天平还有一种更精细的部分抬起/放下机制。

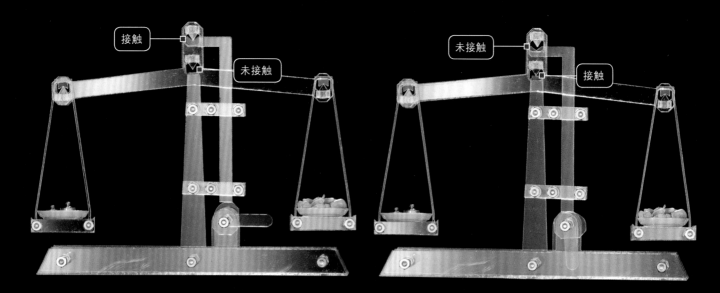

▲ 那种完全放下刀口的机制有时很难让横梁实现真正的平衡。所以，我做了这个模型来演示一下部分放下刀口的机制是怎么工作的。托着横梁的杠杆在部分放下的位置翻转以后，天平的横梁就被位于其中点的一个支点托举起来。这个支点坚固，抗干扰，但不太精确。同时，它也从正常的枢轴点上悬空了。因此，天平两边的质量差异此刻给横梁造成的倾斜程度也会相应减小。在这种模式下，你可以在吊盘中增减质量，而不必担心损坏娇贵的刀口和刀砧。同时，你可以快速让横梁达到近似平衡状态，通过横梁不太灵敏的运动，粗略地称量被测物体的大致质量。

▲ 当释放杠杆向下翻转时，顶部那个较为粗糙的支点就和横梁脱离开来。现在横梁落在了那个很昂贵、很精密的支点上（请务必轻柔操作）。如果你的操作正确，你放置的砝码就已经十分接近被测物体的质量了，然后你就可以根据指针在经过校准的刻度盘上的位置读出它的精确质量（图中的模型没有指针和刻度盘）。当然，前提是指针的偏转角度没有超过刻度盘的显示范围（参见第 167 页的内容）。

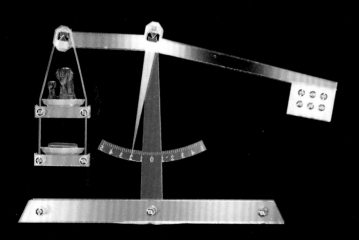

▲ 砝码和被称量的物体位于天平的同一侧。

这是标准的双盘天平的一种衍生型号，是前电气时代的精巧设计。它能够让你把被称量的样品和砝码放在天平的同一侧，而另一侧是一个固定的标准砝码。你不需要通过增加砝码实现横梁的平衡，只需要减少砝码，直到样品和砝码的总质量等于另一侧的那个固定的标准砝码的质量即可。

这种设计有 3 个优点。首先，这意味着天平只需要两个刀口，而不是 3 个（右边的那个固定砝码不需要悬挂起来，所以它不需要刀口）。其次，当横梁保持平衡时，无论被称量的物体是重还是轻，天平两边的总质量都是精确相等的。最后，横梁上不可避免的微小的弹力总是恒定不变。此外，把枢轴点设置在靠近称量样品的吊盘附近，就可以在不缩小天平最大称量范围的同时使用较小的砝码，从而减小中间的那个刀口所承受的压力，提高天平的精度。

分析天平

这个教学用的分析天平展示了 20 世纪 70 年代的特点，它有一根略微弯曲的横梁和两个刀口（而不是 3 个），砝码和被称量的物体位于天平的同一侧，指针能够让你根据它偏离刻度盘中线的角度读出小数点后两位数字。它还有一个创新：使用了一个巧妙的齿轮和杠杆系统，能够半自动化地添加和减去砝码。我们以前说过，最方便实用的方法是将砝码的质量设置为 2 的整数倍，如 2 克、4 克、8 克、16 克和 32 克等。而这个天平的砝码正是如此设置的。用户看到的是天平面板上显示的十进制数字，它确切地显示出被称量物体的质量，以免用户做烦人的计算工作。

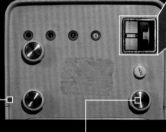

▼ 这 3 个较大的旋钮可以设置 10 克、1 克和 0.1 克的质量。每个旋钮分别操纵一个凸轮装置（在下一页中展示），以增加或减少放在盘中的砝码。

读数的最后一位数字，也就是代表 0.0001 克的那个数字，是通过调节图中的这个旋钮来读取的。你需要转动旋钮，直到那个带有缝隙的指针能够和刻度盘投影上的某个数字精准对齐为止。这个数字的单位就是 1 毫克的 1/10。在实际操作中，这个数字不太可能完全精确，除非你非常努力地校准这个天平的刻度，确保天平放置在绝对水平的位置上，还得让它保持洁净（只要有一点点灰尘，就可能带来 0.1 毫克的误差）。（这个天平可以精确地区分出 0.1 毫克的差异，但通常没有必要测到如此精确的程度。）

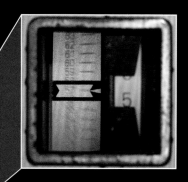

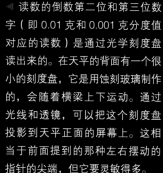

◀ 读数的倒数第二位和第三位数字（即 0.01 克和 0.001 克分度值对应的读数）是通过光学刻度盘读出来的。在天平的背面有一个很小的刻度盘，它是用蚀刻玻璃制作的，会随着横梁上下运动。通过光线和透镜，可以把这个刻度盘投影到天平正面的屏幕上。这相当于前面提到的那种左右摆动的指针的尖端，但它要灵敏得多。

◀ 这些小巧的砝码能够精确地测出光束偏转的角度，也就是天平横梁两侧轻微的质量差异。当然，你必须预先校准它们，因为轻微的质量差异就会驱动天平上的光学刻度盘发生偏转，从而让你读出测量结果的最后 3 位数字。

◀ 这个天平有一个蓝宝石刀口和刀砧，这是自 20 世纪以来分析天平的标准配置。

▶ 这些砝码悬挂在吊盘上方那个复杂的框架上。它们看起来乱作一团，没有一个摆放得整整齐齐，但这实际上毫无影响。除了挂在框架上的砝码之外，只要没有什么东西接触那个框架，它就能保持精确。每个砝码上都有一个升降臂，当升降臂下降时，可以将砝码在不受干扰的情况下加载在那个框架上；而当升降臂上升时，砝码离开那个框架，不再参与称重。

◀ 升降臂是由凸轮（图中的那些形状奇特的白色圆盘）来控制的，它们装在一根普通的轴上，再和天平正面的旋钮连接在一起。每个凸轮都有一个独特的外形，以确保升降臂处于不同的位置。总体而言，这些凸轮是通过二进制的方式进行计数的。

十进制	二进制	8 克	4 克	2 克	1 克
0	0000	无	无	无	无
1	0001	无	无	无	有
2	0010	无	无	有	无
3	0011	无	无	有	有
4	0100	无	有	无	无
5	0101	无	有	无	有
6	0110	无	有	有	无
7	0111	无	有	有	有
8	1000	有	无	无	无
9	1001	有	无	无	有

▲ 十进制是我们常用的一种记数系统，每一位是 0 到 9 这 10 个数字之一。二进制的每一位只有两种可能，即 0 或 1。二进制没有个位、十位、百位和千位的概念，而是一位、二位、四位、八位等。图中的每一组凸轮都允许你使用十进制拨动转盘（注意，这些凸轮的排列并不整齐，这是为了让整个框架的负载更加均匀）。

现代技术的发展再次剥夺了这些漂亮的机械机芯。这台现代的应变式电子天平能够达到和老式机械天平相当的精度，价格却只有它的 1/10。使用这种天平时，你必须仔细放置被称量的物体，也必须保持托盘清洁。但是，你不需要手忙脚乱地应付那些麻烦的转盘和光学刻度盘。你只需要把被称量的物体放在托盘中，然后就能看到它的质量了。如今化学专业的学生很可能没有见过机械式分析天平。一些令人不安的报告指出，一些大学的教职工也从未使用过这类天平。好吧，回到我的学生时代，我们用的就是这种机械式天平，而且很喜欢它。

▲ 这种现代的应变式电子天平的机械结构很无趣。

世界上最精确的衡器

这是世界上最精确的衡器，它被安置在美国国家标准与技术研究院（NIST，位于华盛顿特区）的一个地下室里。在撰写本章时，它恰好促成了"千克"这个单位的新定义，而"千克"又是定义其他所有质量单位的依据。

回顾本书第 140 ~ 141 页，我们已经介绍过，校准精密的衡器时需要用到标准砝码。这些砝码具有不同的精度，其中最精密的那些砝码能够"追溯"到质量的国际标准单位。核准这些砝码的最终标准，或者说规定的最终标准就是国际千克原器。这是一个用铂铱合金制成的圆柱体，被小心翼翼地锁在巴黎的一个金库里。2018 年 11 月之前，这个圆柱体的质量被定义为"1 千克"。

在第 132 ~ 133 页里，我们曾介绍过我们的时钟变得比地球自转更加精确的那个时刻。当我们测量出来的正午时间似乎发生了变化时，我们相信那是地球的自转变快了，因为我们知道这些时钟比地球的自转更加精确。

如今，我们已经有了更加精确的衡器。如果我们称量国际千克原器（也就是世界上得到最精心照料的那块金属）并发现它的质量似乎已经发生了改变，那么我们就会相信我们的衡器的精度超过了那一个所谓恒久不变的金属块。

那么，一个得到精心保管的金属块的质量为什么会发生变化呢？我们还没能完全理解其中的原因，但长期以来人们一直怀疑在过去的 100 年里，它变得越来越轻，大约减少了五千万分之一克或两千万分之一克。没有人知道为什么，但如今我们至少有了一台仪器，可以毫无疑问地判定这块金属的质量是否发生了变化。

这种新的衡器通过比较两个力的大小来定义质量：一个是物体因为地球的吸引而受到的向下的力，另一个是物体因为电流的作用而受到的向上的力。这种模式与时间和距离这两个基本的物理量有关。这是一件大事。过去用于定义"米"这个单位的是国际米原器，它也存放在巴黎。现在，人们用光速来定义"米"。另一个单位原来是以地球的旋转来定义的，现在则依靠铯原子的特性来定义。一个接一个，各个测量单位的基本定义都已经变得更有普遍性、更难以改变了。和它们相关联的东西在宇宙的任何一个角落里都存在，都可以被测量，而不仅

仅是在巴黎。千克的定义则是坚持得最久的那个标准，它一直在抗拒普遍化的趋势，但最终还是屈服了。

2018 年，国际计量大会投票决定使用这种仪器来代替国

际千克原器。可以说，这是人类测量史上最重要的时刻，它标志着一个完整的测量标准系统出现了，一个完全没有标准物体的测量体系诞生了。

重磅的秤

和那些精密的分析天平相对应的就是这些干粗活的秤了，这些秤用来称量家用轿车、载重卡车、拖车甚至火车和飞机。其中的一些秤所采用的机制和那些较小的台秤与电子秤完全相同，只是采用了更多的杠杆，以扩大其称量范围。不过，也有一些工作机制完全不同的称量手段，专门从事那些非常繁重的称量工作。

▲ 巨大的秤，曾用于称量垃圾车

▲ 垃圾回收站办公室里的一台磅秤

这种秤曾经用来称量那些把废金属运送到垃圾回收站的卡车。卡车进场时和卸货后分别经过了它的称量，两者的差值决定了要付给驾驶员多少钱。我说的是"曾经"，因为尽管今天所有的垃圾场依然在使用类似的称量系统，但这家垃圾回收站在几年前就已经关闭了，这个巨大的旧秤已然成了生锈的废物。

在这个卡车大小的平台下面，有一个横梁和枢轴系统。它和我们以前看到的那种台秤非常相似，除了它要大得多，而且处于地面之下。如今，这些东西已经被淹没在灌满水的地坑里。杠杆的末端设在办公室的窗台下面（如今办公室所在的那座房子也被荒草所包围），而杠杆上有一个垂直的连杆，它延伸到办公室内的那根秤杆上。

垃圾回收站的办公室里的那根秤杆与你在老式的医生诊室里看到的体重计一样，它们的区别在于前者测出的可不是一斤两斤的体重，而是一吨两吨的质量。在这个废弃的办公室里颇有一点超现实主义的体验。当我还是个孩子时，我经常在这里购买从废旧屋顶上拆下的锌皮，用来铸造一些小玩意。随后，我在这里购买铁板并送给我的朋友吉姆，他用来制作他的等离子切割艺术品。逝者如斯夫，吉姆已经过世多年，而看到这台老旧的磅秤，更是令人唏嘘不已。

上图中磅秤的横梁是在 20 世纪 60 年代由托莱多公司制造的，最大量程是 45000 千克，也就是 45 吨。

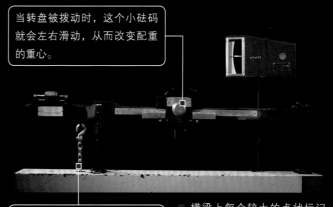

当转盘被拨动时，这个小砝码就会左右滑动，从而改变配重的重心。

当它被安装在办公室里的时候，人们会用一根连杆或链条从地面以下去连接室外的那个卡车大小的平台下的横梁（图中这根链条是我临时加上去的，用于说明它的工作原理。）

▼ 横梁上每个较大的点状标记标识 10000 磅（约 4536 千克）的质量，而每个较小的点状标记标识 1000 磅（约 453.6 千克）的质量。

▲ 通过按压顶部的手柄，可以移动这块配重。当你抬起手柄时，这个砝码就会滑动到下一个确定的位置，相当于给磅秤加上 1000 磅（约453.6 千克）的质量。

这个磅秤所用的配重可不是一个简单的金属砝码。它有一个经过校准的转盘，当你拨动旁边的这个转盘时，就会移动第二个配重（顶端有齿条的那根金属棒）。这个较小的配重有点像实验室中所用的那种天平上的细小的横梁。把转盘旋转一圈，就会把金属棒朝前移动一小格（横梁上的一个刻度）。这相当于在磅秤的另一侧增加了 1000 磅（约453.6 千克）的重物。转盘每转动一小格，意味着质量相应地增加 10磅（约 4.54 千克）。（10 磅是 100000 磅的万分之一，对于这样的磅秤而言已经足够精确了。实际上，在大部分时间，这个磅秤都不需要如此精确地使用。这个垃圾回收站还有另外一个磅秤，其称量范围要小一些，专门用来称量铜等较贵重的金属废弃物。）

▲ 这是一个出厂后才增添的组件，而且不是由托莱多公司制造的。它给这个磅秤加上了一个液压阻尼器，以帮助磅秤的读数迅速稳定下来。它还添加了一根具有很明显的放大作用的指针，便于操作人判定秤杆是否已经达到平衡。这些装置使这个磅秤更加准确，更容易显示测量结果。（从室内和室外两个方向，都可以通过办公室的窗口清楚地看到磅秤，包括这根指针。这个刻度盘可以让卡车的驾驶员轻松看到磅秤的读数，从而有助于加强交易双方的信任。）

◣ 砝码前面的这个插槽有一个非常了不起的功能，其内部有一台内置式打印机！在横梁和转盘的底部有一系列凸起的金属数字。只要你把一张复写纸盖在收据上，然后把它们一起塞进这个插槽里，再用力压下上面的黄铜手柄，凸起的字母就会压在复写纸上，从而把这个磅秤当前的读数印在收据上。

当一辆卡车装着一车废金属来到垃圾回收站时，驾驶员会把它开到这个磅秤上，称量出来的数据就会被记录在"毛重"（Gross）这一栏里，卡车和废金属的总质量也会被印在收据上。（在这个语境里，"毛重"是指卡车和它所承载的废金属的总质量。）

在卸货之后，驾驶员还会把卡车开回到这个磅秤上，并再次把那张收据插进插槽里，但这次是插在"皮重"（Tare）插槽中。这个插槽通向磅秤内部的同一个位置，但纸张的位置略微有所改变，所以"皮重"的数值就会被印在收据上"毛重"下面的那一栏里。然后用毛重减去皮重，就可以算出所卸掉的废金属的质量，再乘以这种废金属的单价，就得到了应该付给卡车驾驶员的钱款总数。

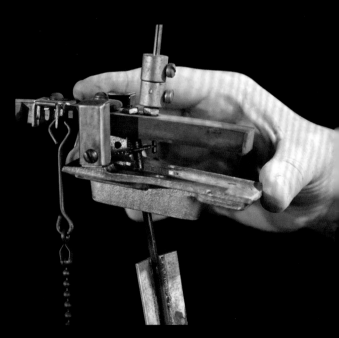

▲ 一片桨叶会从这个阻尼器里黏稠的油中划过，以减缓指针摆动的速度。你甚至可以通过旋转叶片来调节这个阻尼器：往一侧推时，阻尼器产生的阻尼作用减小；向另一侧推时，产生的阻尼作用变大。

上述这一套机制依然是废金属回收业务（或者其他按照质量接收货物的生意）的运作方式，但磅秤已经变成了电子式的，收据也变成了计算机的打印件，只有废金属本身没有改变。

如今，电子秤几乎已经完全占据了"称量"这个领域，但仍然有一些采用其他技术的称量工具，它们保住了自己的位置。比如，这种拖车磅秤基本上就是一个坚固的大铁块。它最大可以称量 0.9 吨的质量，而没有使用任何电子装置，也不需要装电池。它的运行机制和本章中介绍的其他衡器截然不同。它是一种液压磅秤，其内部没有秤杆、枢轴点、弹簧和应变传感器，不包括传统衡器中的任何部分。它只有一个不太大的液压缸和一个压力计。

从这个磅秤的顶部伸出来的那个挂钩可以挂在所要拖拉的车厢的"舌头"上（所谓的"舌头"就是车厢上那个突出来的构件，用来连接拖车）。它的称量对象并不是拖车本身，而是要拖动的那个车厢及上面的东西。

测量"舌头"拖拉的质量是件很有意义的事情。拖车在拖拉车厢的时候，车厢质量的 1/3 都作用在这个挂钩上。如果不仔细测算，那么当拖车减速时，被拖拉的车厢就可能如神龙摆尾般地左右摇摆起来，进而导致车辆失控。挂钩所拖拉的质量越大，摇摆的可能性就会越小。同时，汽车后轮受到的牵引力也越大，即便发生摇摆，也能够更好地防止轮胎侧滑。

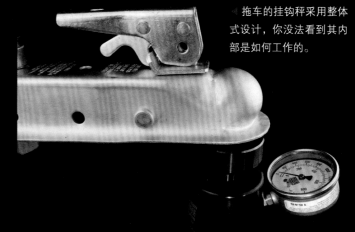

拖车的挂钩秤采用整体式设计，你没法看到其内部是如何工作的。

▼ 图中的这个模型是我为了阐明这个拖车挂钩秤的工作原理而制作的。

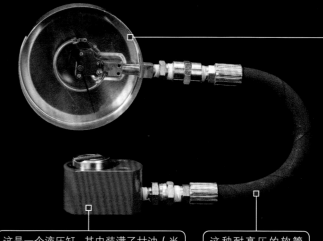

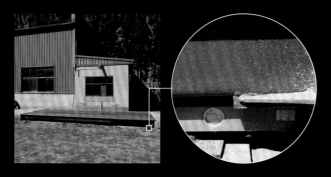

▲ 现代科技的进步"毁掉"了一切。这是一个卡车磅秤，其尺寸和称量范围与我们刚才介绍的那个老式卡车磅秤相似。这里头没啥有趣的东西。它的里面没有杠杆和横梁，没有藏在地坑里的部分，也没有滑动式砝码。它们看起来很简单，实际上也确实如此。此外，办公室里还有一个小小的电子控制盒。

实际上，称重工作需要用 4 个应变传感器来共同完成。这 4 个传感器分别位于磅秤的 4 个角，固定在金属横梁上。当卡车经过这个平台时，金属横梁就会发生相应的、可测量的偏转。把这 4 个读数加起来，就是这个平台上的物体的总质量，而不用考虑物体是如何分布的。这就像设计了 4 个彼此完全独立的磅秤，平台的每个角各有一个，总质量就是这 4 个磅秤分别测量的质量的总和。

这是一个液压缸，其中装满了甘油（当然，也可以用其他种类的油充当液压油，但衡器通常使用甘油）。当你对它施压时，液压缸里的液体就会通过侧面的一个小孔被挤压出去。液压缸的周围设有橡胶密封圈，以防液体泄漏。

这种耐高压的软管将液体的压强从液压缸传递给仪表。

这是一个相同的液压缸，被剖成了两半，以便让你看到其中的工作部件，以及那个把液压缸和软管连接起来的小孔。

这个表盘可以显示通过软管传递过来的压强。压强用于衡量一个液压缸所承受的重量：重量越大，产生的压强越大。重量和压强之间的换算比例则由液压缸的直径决定，较大的液压缸可以承受很大的质量所产生的压强。即使很小的液压缸也可以轻松地支撑起很重的东西，图中的这个就能够支撑起 10 吨的质量。从压力表上很容易读出压强数值，通常数百个大气压是完全正常的。因此，小型液压秤可以用来称量非常沉重的东西，尽管不是很精确。

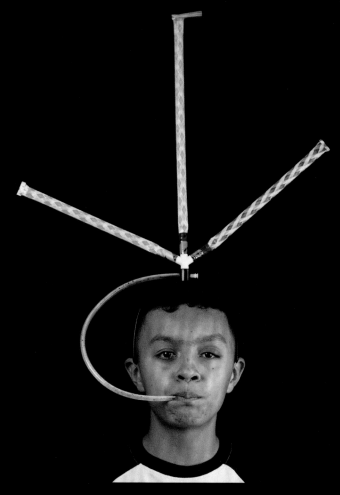

▲ 这种生日聚会上常见的小玩意是巴登管的一种形式。当从它的尾部吹气时，你就增大了管内的压强，从而让它伸直。

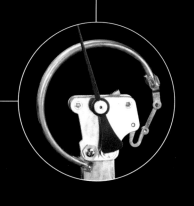

◀ 压强计是通过巴登管来工作的。当一个扁平的盘管内的压强增大时，管子就会轻微地膨胀，从而伸得更直一些。

▲ 管子的运动被一个齿轮齿条式转向器转化为围绕轴心的偏转。

▲ 如果你把 3 个纸质的巴登管放在某个人的头上，那么他看起来肯定很傻，但也是挺好玩的。不过，它完全不适合用来称重。

失重条件下的称重

天平和弹簧秤可以用来称重，那是因为物体都被重力拉向地球。嗯，这就是重量的意义，对吗？对，但也不对。也许你知道，在太空中，所有物体都处于失重状态。然而，从某种意义上说，这些物体还是有"重量"的。

假设你手边有一个重达 40 千克的铁块。如果按照质量来购买，那么你就必须支付这 40 千克铁所对应的钱款，才能获得这个特别的铁块。

如果你把这个 40 千克铁块送到太空中，那么它的"重量"就会完全消失。如果你试着把它放在某个秤盘上，那么它就会飘走。然而，它依然是同一块铁。没有谁会因为它"没有重量"就把它免费送给你。他们依然会向你收取相应的费用，就像在地球上一样，因为它依然含有那么多铁。

如果你不再为某个物体所受到的向下的力（即重力）付钱，又该为什么付钱呢？在外太空的市场经济理论中，你该如何确定这块铁价值几何？

实际上，你要为之付钱的东西的名字叫作质量。质量是一种不变的特性，无论某个物体是在地球上还是在月球上，甚至是在完全失重的太空里，测出来的质量都是不变的。换句话说，质量和重量并不是一回事。

在地球上，我们几乎总是忽略这个问题（除非是在物理课上），混用"质量"和"重量"这两个词。这是因为某个物体的重力在地球上的任何地方都非常接近，你可以根据这个物体所受到的向下的力来称量它的质量。倘若你正在制造一枚火箭，或打算移居到另一个星球上，那么这就是你要操心的事情了。

对于质量和重量之间的差别，我们有一个很直观的感觉。质量是让重物难以运动起来的东西，或者是让某个已经运动起来的重物难以停下来的东西，哪怕它此刻已经被以某种方式支撑起来，使得向下的力（重力）变得无关紧要。比如，漂浮在水里的巨轮很难开动，而它一旦开动了，就真的很难停下来。

想象一下，这里悬空挂着一个桶，不允许你把它提起来，也不允许你往桶里看。那么，你能否判断得出它是空的还是装满了沙子呢？当然可以！你只要挥动胳膊，让它左右摇晃起来就行。如果这个桶里装满了沙子，那么它的质量就大得多，因而它对运动的抵抗能力就大得多，只能缓慢地晃动。如果你用相同的力量摇晃一个空桶，那么空桶移动的速度就要快得多。这个事实就是制造能够在零重力条件下工作的称重仪器的基本原理。

在空间站里，航天员们要在失重状态下度过一段很长的时间。出于健康方面的考虑，监测他们的体重（呃，严格来说，是他们的质量）就是一件很重要的

▲ 如果一艘大型货轮的船长把这艘货船的操作搞砸了，那么就没啥可做的了。他只能坐下来，静静地等待这艘货轮卡死运河的视频在网上疯传。货轮此刻漂在水面上，相当于失去了一部分重量，但它依然拥有质量，而正是这个巨大的质量让它难以停下来。

事情。所以，空间站里配有一台惯性体重计，用来测量航天员的体重（呃，是质量）。这张照片显示了美国国家航空航天局的研究员比尔·麦克阿瑟是如何使用国际空间站上的惯性体重

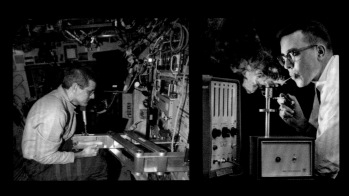

计的。在使用这个体重计时，航天员必须抓紧它，并尽可能地将自己的身体保持僵直，让一个巨大的弹簧把自己反复推开和拉回。一个传感器会测量这个航天员来回振荡的速度，从而计算出他精确的体重。不，等一下，我的意思是准确地计算出他的质量。在空间站里，你只有"质量"而没有"重量"；而在地球上，二者你都拥有。

▲ 在地球上，出于实际目的而使用惯性体重计的例子实在很少。而通过我们身边的重力场进行称量总是要方便得多。这里有一个例外：它与本书另一章的内容有关。这是一个基于时钟的天平。

▲ 空盘子移动得最快。

▲ 装满东西的盘子移动得慢。

▲ 石英晶体会以极端稳定的频率发生振荡。这个频率是如此稳定，以至于在一段时间里，它们就是这个世界上最准确的钟表。如果改变石英晶体的振荡频率，最好的办法就是改变它们的尺寸或者在它的上面加上重物。你增加的质量越大，它的振荡频率就越低。如图中的那个例子所示，只要质量改变了一点点，就会产生明显的变化。这个"一点点"到底可以有多小呢？因为这些石英晶体非常敏感，这个装置能够检测出 1 纳克的质量变化。也就是说，它可以测量十亿分之一克的质量。因此，它能够测量沉积在物体表面的那一层薄薄的金属层的厚度，甚至可以检测吹到传感器上的烟尘里那些微小颗粒的质量。

　　无论物体的重力是多大，甚至处于完全失重状态，这台惯性体重计都能有效地工作。它里面的两条弹簧钢带总是倾向于保持舒展状态，也就是上图中航天员的手臂被推开时的状态。如果你让它们摆动起来，并且没有附加的质量，它们来回摆动的速度就会很快，每秒好几次。然而，当你把一个物体和它们连接在一起（也就是增大了质量）时，它们摆动

的速度就会降低很多。这个物体越沉重（质量越大），它摆动的速度就越慢。如果你数出了它每分钟摆动的次数，就能算出加上去的那个物体的质量。这种装置之所以称为惯性体重计，是因为它通过惯性（即物体不愿意改变其运动状态的特性）来测量物体的质量。

给地球称重

关于如何在地球上给物体称重，我们已经谈了许多。然而，怎样才能给地球本身称重呢？在这里，我们需要仔细区分重量和质量之间的差异。

地球有多重？一个敷衍的答案是地球没有重量，因为它飘浮在太空中，就像飘浮在空间站里的航天员一样。这显然不是我们想要的答案。我们应该问：地球的质量是多少？或者说，倘若我们把地球放在另一个地球上，则这个地球的重量是多大？

如果你把地球放在它的副本（也就是另一个地球）上，那么用天平就能测出地球的质量。但这种做法不是很实际，对吧？为了找到更好的解决方案，我们需要更深入地思考重力究竟是怎么发挥作用的。

在地球表面，我们所体验到的重量（也就是向下的那个力）缘于地球的质量所产生的引力。所有的物体都会产生引力，而不仅仅是地球。月亮、火星、大山甚至普通的铁块都会产生引力。物体的质量越大，它产生的引力就越大。我们通常认为，如果一个物体比一颗小行星还要小，那么它就不会产生引力，但那只是因为一座大山所产生的引力是微不足道的。

想想地球上的一个铁块。我们通常会认为地球在向下拉扯铁块，但实际上铁块也在通过引力向上拉扯地球。准确地说，地球和铁块互相吸引，引力的大小与两者质量的乘积成正比。

我们把一块铁放在一个弹簧台秤上时，这意味着我们希望这个弹簧秤能够告诉我们在地球的引力场中，这个铁块的重量是多少。反过来，这个弹簧台秤实际上还告诉我们在铁块的引力场中，地球的重量是多少。每当我们在地球上称量一个物体时，我们都是在字面意义上给地球称重。我们只是没有在"地球"上测出"地球"这个物体的重量，而是在其他那些小得多的物体上称出了地球的重量。

▲ 在地球上，我们都知道如何把测量到的重力（向下的力）转化为该物体的质量（所含物质的数量）。这是因为我们已经根据地球的引力，校准了我们所使用的弹簧秤。如果我们把同样的物体拿到月球上去称量，那么这个物体的质量依旧没有改变，但它所受的向下的力变小了很多（大致是在地球上时的 1/6），因为月球所产生的引力比地球小得多。如果我们想把在月球上测到的重量转化为该物体的质量，那么就必须根据月球引力场的强度校准我们所用的弹簧秤。

那么，月球引力场的强度该如何测量呢？我们可以把弹簧秤和铁块拿到月球表面去称一下铁块的重量。当然，我们事先已经知道这个铁块在地球表面的重量。那么，它在月球上称出的重量（向下的引力）就为我们提供了必要的校准系数，让我们可以把在月球上称出的某个物体的重量换算成该物体的质量。

▲ 在测算了月球引力场的强度后，我们就可以把地球放在月球上来称量地球的重量，而不用把它放在另一个地球上去称量了。这也许稍微实际了一点，但还是没法实现。

▲ 如果我们不是把一个铁块放在月球上，而是放在另一个铁块上称量，那么我们就能测出这个铁块在另一个铁块的引力场中的重量。这就能让我们测量出铁块所产生的引力场的强度，进而计算出它所对应的校准系数。接下来，我们就能把在铁块上测得的重量换算成物体的质量了。最后，我们要做的就是把地球放在这个铁块上，称量地球的重量。

▲ 然而，把地球放在铁块上和把铁块放在地球上就是一回事啊！把这张照片倒过来，你看到的就跟我们以前看到的"在地球上称量铁块"的照片完全一样。换句话说，铁块在地球上的重量和地球在铁块上的重量根本就是一回事。

唯一的困难是测量两个铁块之间的引力（图中表现为把一个铁块放在另一个铁块上进行称量）。你曾经感受过两个铁块彼此吸引的力量吗？没有吧。我也没有，因为这是一个微不足道的力。这个力是如此微小，想要去测量它简直就是在发疯。然而，1798 年亨利·卡文迪什（Henry Cavendish，1731—1810，英国化学家、物理学家）做到了这一点，他的测量误差仅约为 1%。

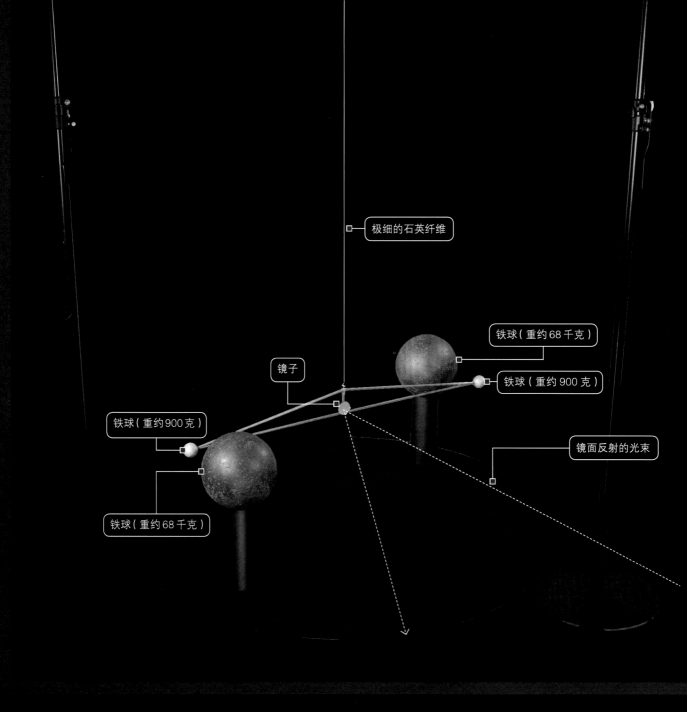

极细的石英纤维

铁球（重约 68 千克）

铁球（重约 900 克）

镜子

铁球（重约 900 克）

镜面反射的光束

铁球（重约 68 千克）

卡文迪什的实验

亨利·卡文迪什是 18 世纪最重要的科学家之一，据说他非常内向，几乎从不和别人说话。这也是一件好事，因为他把时间都用于解决准确称量地球这个难题了。他使用一根极其敏感的石英纤维制作扭秤，测量两对铁球之间的引力。也就是说，他测量了其中一个小铁球的重量，但这个重量并不是由地球的引力产生的，而是由一个大铁球的引力产生的。在测出了这两个铁球所产生的引力场的强度之后，他就可以通过这个大球在地球上的重量计算出地球的质量了。毫无疑问，这是在那些难度最大、最精密的测量工作中最为耀眼的成就之一。他得到的答案是正确的，与现代科学测出的最佳数值相比，仅仅相差1%。他测出的地球质量是 5972200000000000000000000 千克（现代测出的数值是 6583000000000000000000000 千克）。

这个实验用到的材料都必须非常灵敏，甚至到了疯狂的地步。同时，你必须尽可能使用最重的球来做实验（只要你能搬得动它）。在这幅图中，我实际上要了一个小花招，用一根强韧的尼龙钓鱼线来悬挂那两个小球。而卡文迪什就不得不用极细的石英纤维来完成这个实验。我不知道他在这个实验装置的安装和调试过程中一共弄断过多少根石英纤维。历史上或许没有这个记录，但我估计少说也有二十来根吧。

用这个令人惊叹的扭秤来结束"衡器"这一章，我想是很合适的。如此精密的秤必须保存在密封的房间里，也只能用望远镜在远处观察结果，以免观察者所产生的引力对实验结果造成干扰。卡文迪什制造了一个在概念上如此完美的装置，它又是如此精致。而这个装置和他一样，都必须和人群保持距离。

▶ 随着大铁球转到另一边，小铁球会在逆时针方向上受到极其轻微的吸引。而安装在悬挂框架中心的那个小镜子反射的光束所形成的光斑会在安装在墙壁上的那个刻度盘上稍微移动一点点（这个光束极大地放大了框架的微小移动）。

▼ 大铁球处于这个位置。那对悬挂起来的小铁球就会在顺时针方向上受到大铁球极其轻微的吸引。

光束

光束

修理轴承

在童年的时候，或许是 10 到 12 岁之间吧，在我家的地下室里有一对奇妙的滚珠轴承。它们是如此令人满意。它们很重，但能灵活转动，就像每一个轴承应该有的那个样子。最初，它们的润滑状况良好，闪闪发光。随着时间的推移，它们开始生锈了，因为我反复不断地滚动它们，把润滑油都耗损完了。我知道它们正在生锈，但我什么都没做。它们逐渐变得不灵活。而我也长大了。再后来，我就离开了家。

我从没忘记那对轴承。有时，我会想起它们，为它们的锈蚀而感到难过和内疚。

我在年轻的时候拆过很多东西，并且很少把它们重新装回去让它们继续正常工作。这些问题通常没有引起我的重视，让我把事情做得更好一点——哪怕我本来的目的是把它们修好。当然，我也取得了一些成功，但那些成功我早已记不得了。在大多数情况下，我所记住的都是一些挫败感。这是些精巧的物什和精良的工具，我本不该去瞎鼓捣它们。

在后来的很多年里，我处理过的东西越来越多，而且在处

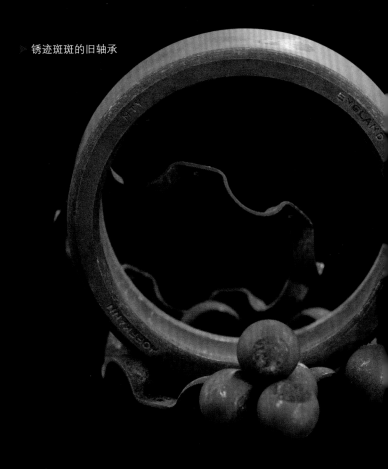

> 锈迹斑斑的旧轴承

修好它

我从父亲那里继承了一个电冰箱，而它的制冰机坏了。我忍了它几年，后来我不想再忍受这种状况了。我要去网站上找一找，看看有没有如何修理它的视频。于是，我花了 75 美元换了两个电路板之后，它又能正常工作了。这就修好了一个电器，没有比这更好的体验了。

理之后，它们都变得比原先要好一些。我这才发现，原来那不是因为无能才造成失败，只因为我还是个孩子。失败，也是一个学习过程。它带给你的不是一次挫折，而是一份经验。失败，并不能决定你是谁，而是决定你会变成什么样子。

后来，我的父亲年事已高，没法独自住在家里了。我就回到了小时候住的那所房子里，也就是那所地下室里有一对轴承的房子。我很惊喜，居然在地下室里找到了那对轴承。它们锈蚀得很严重，一个只能勉强转动，另一个则完全锈死了。然后，它们就继续待在那儿。直到写这本书时，我才猛然想起我在这个世界上又有了一个新的任务：如今我已经长大了，知道可以从哪里买到除锈剂。

完全锈死的那个轴承的状况太糟糕了，我只好把垫片里的铆钉磨掉，然后把轴承完全拆开。这样，所有的部件都可以彻底浸泡在除锈剂里。我把它们泡了一夜。在以前的项目中，这

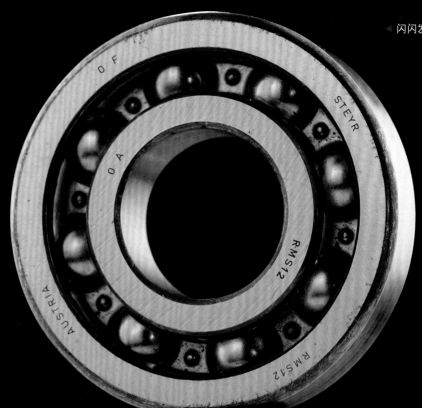

种方法取得了很好的效果。我想，第二天早晨起来以后，我会用细小的一号螺钉代替铆钉，重新把轴承组装起来。

第二天早晨，我起床一看，发现含有除锈剂的溶液正在咕嘟咕嘟冒泡。我那种恐惧、失落和懊恼的心情是显而易见的。我用错了除锈剂，用的不是那种让金属重新闪闪发光的除锈剂，而是用于在金属表面进行蚀刻、绘画的那种。我怎么会这么蠢呢？这个轴承等了我半辈子，等我回来给它应得的爱，它所需要的润滑油可以让它再次转动，发出欢快的嗡嗡声，而我毁了它。

遇到这样的情形时，你该如何挽回呢？当然，我可以去买一个新轴承，它很漂亮，但这个不一样。我把它的碎片捞出来，放在长凳上，其他什么也做不了。如今，它被放在一个架子上，旁边放着我家人的骨灰。

两周之后，我在一个分类广告网站上看到信息，决定去收购那个托莱多秤。此时，我发现自己被一大堆奇妙的机床零件包围着，那是我长期以来看过的最奇妙的情景。你知道，胳膊粗的钻头，大腿粗的直铰刀，巨大的车床固定夹具，这些东西

全都堆在一个快乐的俄罗斯电商的家里。我们很快就熟络起来。我怀着极大的期待问他，在他那些丰富的藏品里，是否有一些很大的轴承？正如通常所想的那样，我得到的"大"东西比我想象的还要大。他所出售的轴承里最小的一个也可以拿来给我当帽子戴，价格自然也不低。嗯，足够诱人，但其中的任何一个都和那个轴承不一样。

然后，我在地板上看到了一个盒子，它的里头有一个轴承，和其他乱七八糟的东西混杂在一起。它需要我，因为我需要它。它比我毁了两次的那个轴承更大一点，也更亮一些。它被遗忘了，孤独地躺在那儿。那个俄国人说，我应该拿走它。不知何故，他知道我需要这个轴承。这是一个非卖品。现在，它是我的轴承了。我不会再让它生锈了。

把童年时的那个轴承毁掉是一种罪过，而只有这种优雅的行为才足以化解这种负罪感。是命运把我带到了那个俄罗斯人那里，正是通过他的恩惠，我有了一个新的轴承去守护。把轴承带回家的感觉真好，那种感觉就像是……救赎。

纺 织

线以及用于纺织的工具和人类的其他发明一样古老。每一种文明、每一个大陆、每一个民族使用纺织工具的历史都非常悠久，这让我们只能去猜测这种想法的起源。我们的语言里编织了诸多隐喻的线条，或者说诸多线条的隐喻。讲故事的老人旋转他们的纺车，把我们共同的经历和典故编织成故事，甚至形成了我们的说话方式和生活方式。我们穿着用纱线纺织的衣服，我们睡在用丝线纺织的布料上，我们走在编织有美丽图案的地毯上，甚至在有些时候，我们的生命就悬挂在一根由纤维搓成的保险绳上。

即使是英文里的"text"（文本）这个单词，也就是你正在阅读的东西，也和"textile"（纺织品）这个单词有共同的词根，那个词根的意思是"布"。正如罗伯特·布林赫斯特（Robert Bringhurst，1946—，加拿大作家）所写的那样："这是一个古老的隐喻：思想是一根丝线，讲述者挥动纺锤，但真正讲故事的人——诗人是一个织布工。抄写员把这个口耳相传的故事变成了一个新的、可以看到的事实。经过长时间的打磨，他们的作品变成了一篇匀称、平和而又灵活多变的文字，他们把它叫作'文本'，就像一块锦缎那样。"

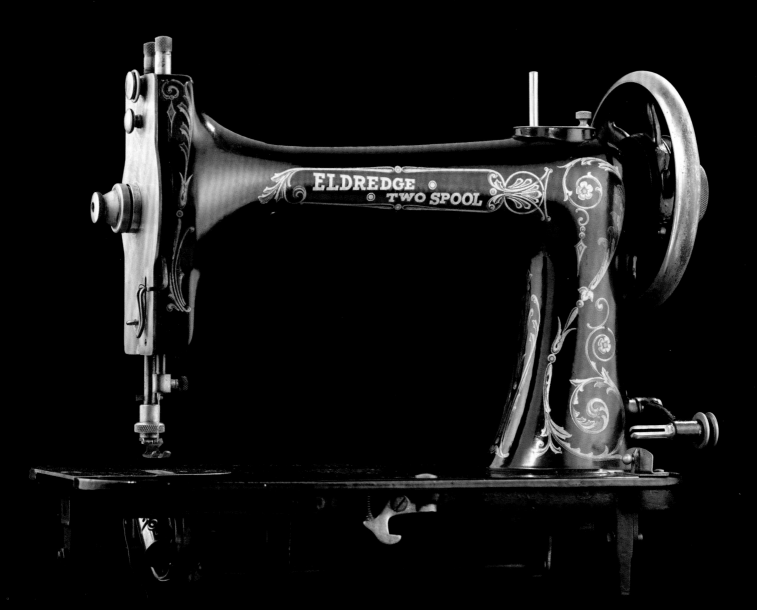

这就是我们的目标,就是如此谦卑。在这一章里,我们将要制作一块用来端热锅的隔热垫。不骗你,我们现在来生产这块垫子,从头开始。

当谈到"我们要做什么东西"这个问题时,其实还会有另一个问题:你要从什么地方开始呢?当人们说他们做了一件扎染的 T 恤时,实际上他们往往只是对一件已经存在的白 T 恤进行了染色处理而已。坦率地说,在这个过程里,真正的难点在于制造那件白 T 恤,而不是将它浸泡在某种染料的溶液中(甚至这种染料本身也不是他们制作的)。把制作一件扎染 T 恤当成乐趣,并没有任何不妥之处,但我想更深入一点。我想用布来制作点什么东西,从源头开始。没错,绝对是从最初的步骤开始,最低限度地使用原料,那就是一把棉花种子。

纤 维

整个纺织工业的基础是纤维,也就是用某种物质构成的一根根单独的线,具有弹性。这里所说的"某种物质"其实可以是任何东西。它可能是动物的毛、植物的茎、昆虫的茧、岩石的絮,以及在工厂里人工合成出来的东西。只要这根线又长又细,还具有一定的柔韧性和弹性,那么就会有人试着把它编织起来。没错,岩石,我们会在后头介绍这种东西。

▲ 艰难的端锅方式

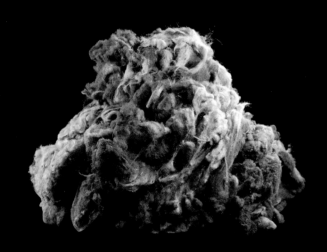

▲ 羊毛出在羊身上,确切地说,羊毛来自绵羊身上。它也许是数千年来人类用来纺织的首选纤维。这是一种了不起的纤维,它很保暖,又很柔软,经久耐用。当时,由于绵羊的数量众多,而人口较少,它似乎是一种可再生的纤维来源,取之不尽,用之不竭。但是,随着人口的增长,人类的数量迅速超过了绵羊的数量。羊毛随之变得越来越稀少,价格越来越高。羊毛也可以用其他类似的纤维代替,比如安哥拉兔、羊驼等动物的毛。但无论来源具体是什么,动物纤维的供应量终归还是有限的,用它们制成的纺织品也就越来越珍贵。

当然,你也可以把金属编织成布,但你真的想要穿一件钢丝衬衫吗?我是说的确有人这么做过,但为数不多。骑士们穿着闪闪发光的铠甲,但那不过是一种早已过时的职业选择。也就是说,铠甲不可能是日常生活中衣服的实用性替代品。

▼ 用昆虫产生的纤维（比如蚕丝或者非常罕见的蜘蛛丝）制造出来的纺织品总是特别柔软，那是一种真正的奢侈品。不过，它们的供应量比羊毛更加有限，同时也很难清洗。根据我自己的看法，我觉得这有点滑稽。再说一次，对于大众化的服装而言，用昆虫产生的纤维纺织布料是不现实的做法。

◀ 这是一种用岩石制成的烤箱用隔热手套。它是用那种低廉的岩石的纤维——石棉编织的。它戴起来比铁丝手套要舒服得多，但不是特别耐用。石棉纤维断裂时就会飘到空气中，然后再被你吸进肺里，非常可能导致肺癌发生。如今，我们已经不再用这种纤维来做任何东西了。和铁丝一样，石棉也不在用于制造衣服的可选材料之中。

▶ 现在，我们到了合成纤维的领域。用于制作这块地毯的合成纤维来自从石油里提取出来的化工原料。它像丝绸一样柔软，像石棉一样便宜（几乎一样）。人造纤维用来制造最廉价的线材，再被制成衣服。每年全球都会制造和销售大量的合成纤维服装。比如，图中的这块毯子是用聚酯/聚酰胺混合微纤维制成的，真是物美价廉。然而，如果把合成纤维做成衣服，在大多数时候，其口碑往往相当糟糕。

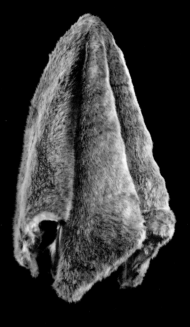

▶ 来看看这款廉价的聚酯纤维套装。在 20 世纪 70 年代，它代表了一种可悲的国际流行时尚，并引领了合成纤维服装的低级感。简单地说，聚酯纤维（俗称"的确良"——译者注）和其他合成纤维一样，看起来就很廉价。它们的透气性往往也很差，把汗水和气味包裹在穿着者的身上，甚至就在衣服上。当然，现代的合成纤维材料已经克服了透气性差和廉价感的那些缺点。合成纤维也很适合用来制作某些特定类型的衣服，比如防水冲锋衣、速干运动服就是用最好的合成纤维来制作的。

◀ 但是，对你每天贴身穿着的衣服而言，没有哪种合成纤维的舒适性能够比得上我们还没提及的那种英雄般的纤维——棉花。

纺织 189

播　种

棉花是纤维世界的冠军，而且是那种独孤求败式的冠军。棉花是制作衣服时首选的纤维，它柔软、保暖、透气、舒适，从不会让你感觉发痒，又很结实耐用。此外，归功于农业和工业的现代化，棉花的生产成本非常低，而且到处都可以生产。在衣服的世界里，棉花胜过了其他所有纤维。因此，棉花是本章接下来所要讨论的主题。

用棉花制作衣服，第一步当然是要种一些棉花，因为棉花纤维来自棉花植株，而棉花植株是用棉花种子培育而成的。棉花种子呢，又是从棉花植株上获得的。这样的循环已经持续了漫长的时间。

▲ 从轧棉机里分离出来的棉花种子表面还带着绒毛（参见第 200 页）。而对于那些作为商品销售的种子，这层绒毛要被仔细地去除，再裹上一层杀虫剂和石墨粉的混合物，以确保它们能够在棉农手中被顺利地种下去、长出来。

为了种植棉花，我不得不闯进这个循环，从循环上的某个点开始工作。显然，种子是获得棉花的基础，所以，这就是我的起点：从种子经销商那里买了一袋棉花种子。

我家的院子位于伊利诺伊州中部某地。我打算在院子中划出约 100 平方米的地块来种棉花。另外，我还在镇子的旁边零星种了几块地，以防这边种植失败。我不是一个农民，还曾经把植物养死了，所以这次我非常努力，一步一步地按照教科书来做。

大体上说，播种是一件简单的事情。你只要把棉花种子埋在土里约 2.5 厘米深的地方，并保持 15 厘米株距和 60 厘米行距就行了。我和助手在两小时时间里手工种下了大概两千颗棉花种子。听起来还不错吧？但这只是种大约 100 平方米地所需的时间。如果是 4000 平方米，就需要我们干上 10 天，每天工作 8 小时。在全世界范围内，棉花的种植面积每年大概为 2800 万公顷。要在一个月的窗口期（又称"农时"——译者注）把这么多的棉花种子都种下去，那么就需要大致 4000 万人放下手头所有的事情，汗流浃背地忙碌一个多月。不消说，实际上是不可能这么做的。

工业化的播种机

在现代化农业中，只需要一个人就可以操作播种机（冬天的时候，这些播种机被叠放起来保管），一天可以播种 400 公顷棉花。这种机器一次可以播种 12 行，工作效率是我们的两万倍！即便是在不太先进的农场里，使用小型的双排式播种机也比手工操作要快 100 倍以上。

▲ 播种机的每一行上都有一个单独的"种子盒"并通过普通的传动带连接起来。（图中的这个是升级版，使用一根真空管来连接，这样可以更可靠地把种子取出来。）

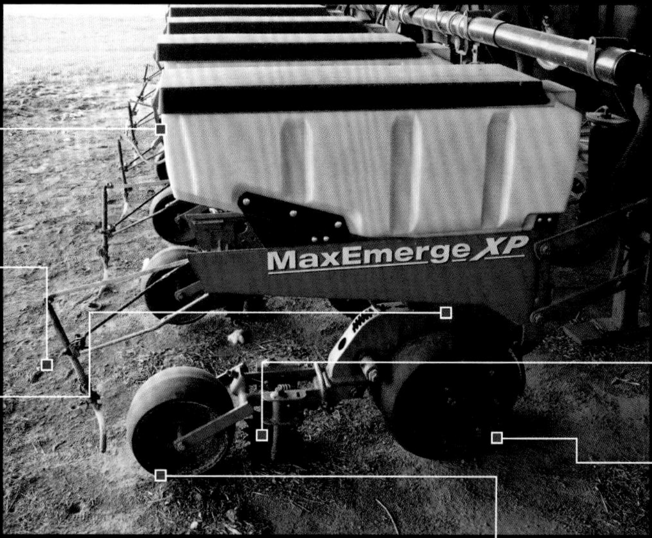

漏斗里装满了棉花种子。

这个喷嘴会播撒一点点肥料，让种子的成长有一个良好的开端。

隐藏在漏斗下方的是播种机里最难制造的部分，即选取种子的装置。

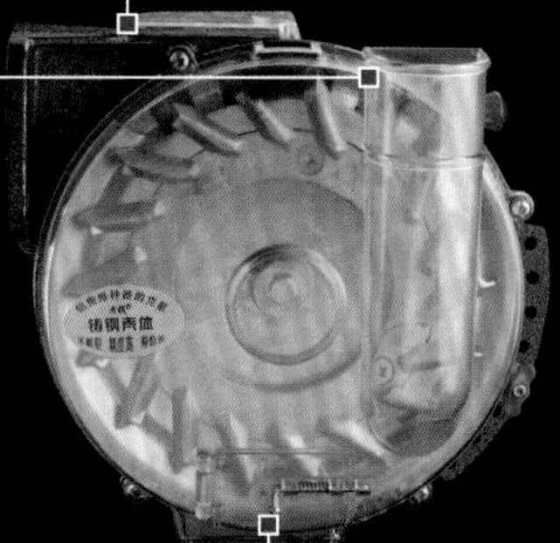

漏斗里的种子会进入这里。

► 这里是播种机的核心部分。种子从漏斗里流到图中这个沿逆时针方向旋转的盘子的侧面，而盘子上有倾斜排列的齿，齿的末端有一个和种子差不多大的杯子。当盘子旋转时，每个杯子每次捡起一颗种子。而在盘子顶部有一个小小的刷子不断推动杯子里的种子，使其从盘子的后方掉下来，通过机器的底部落到泥土里。

种子通过一根管子从这里掉下来，落进土地上划开的那道沟槽里。

这个拉杆就像手动挡汽车里的变速杆，它可以改变盘子相对于驱动轮的转速。这样，你可以改变株距，或者适应驱动轴的不同速度。这套机制可以用在其他许多种类的植物的播种上，因为不同植物的种子所需要的空间不同。

齿轮倾斜一定的角度，在种子被放进沟里之后，齿轮就可以把土壤推回去，把沟填平。

在这一对轮子之间藏着一对圆盘，其上有一道浅浅的沟槽，种子从槽里掉落下去。

这种链轮通过链条（就像自行车上的链条）连接播种机的驱动轴。随着驱动轴的转动，种子盘就会被带到机器的内部。

最后的这个轮子会把土壤轻轻地压下去盖住种子。

◄ 这个播种机的核心部件的拍摄是在我们的摄影棚里完成的。如果你是一个经验丰富的农民，你就会注意到，尽管看起来很相似，但它和刚才展示的那些播种机相比还是不太一样。如果你确实是个经验丰富的农民，你就会知道我为什么没有买一个约翰·迪尔型播种机来拍摄它的内部结构（这个部件是我在中国的一个农机商店里买的，所花的钱大致只是约翰·迪尔型播种机的 1/6）。

生　长

　　播种之后，需要等待 5 ~ 6 个月，看着棉花生长，偶尔还得操一下心，时不时地给它们浇浇水、打打农药。

　　我曾经注意到一个很有趣的现象。我们当地的广播电台一小时能播几次农业报道，而农民们从来没有对天气感到过高兴。现在，我知道为什么了。在整个夏季，我都在管理一个微型农场，而我对每一天的天气都感到不开心，天气要么太冷，要么太干燥，要么太潮湿。而如果天气完美呢？我们就把注意力集中到天气预报上，这样我们就可以转向对未来天气不满了。真正的农民甚至会对不同国家的天气感到不满。比如，如果巴西的天气特别好，那么本地的农民就会不高兴。因为风调雨顺就意味着那儿会丰收增产，进而让世界市场上的这种农作物的价格下跌，导致本地农民的利润更少了。

令人激动！在播种一周之后，小苗慢慢从泥土里钻出来。

　　棉花，是由世界上的这么多人在这么多地方分别种植出来的。这个过程中的每一步都经过了极其细致的研究。世界上的每个地区都制订出了适应当地条件的最好的种植方案。种植的机械化是为了将产能提高，农药、化肥用来微调棉花的生长速度，甚至有一种植物激素，在棉花生长的特定阶段喷上去以后，就能够让棉花停止长高，努力结出更多、更大的棉桃来。另一种化学物质在生长季节结束的时候使用，能够让所有的棉桃停止生长，并且在第一次霜冻到来之前就裂开外壳。还有一种化学物质可以让棉花的叶子脱落，这就使得机械采收的效率更高。

　　作为一个爱岗敬业的农民，我努力在这个迷你农场中遵循最佳操作指示。这种努力得到了回报。

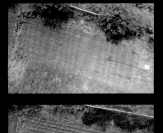

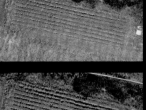
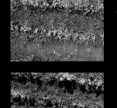

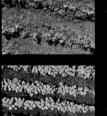

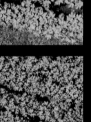

20
20
20
20
20
20
20
20

在播种之后，棉花需要160～170天的时间方能成熟。我住的地方位于美国能够种植棉花的区域的最北端。在大众的想象中，棉田总是和温暖的南方天气联系在一起，因为它们在那里生长得最好。幸运的是，即便是在伊利诺伊州的中部，天气也相当好（我对此仍有点不满意）。在一些化学农药的适时帮助下，我的棉花在第一次霜冻来临之前及时生长、成熟，最后获得了丰收。

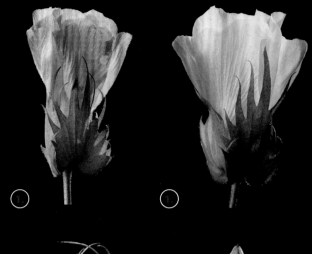

▲ 我的棉田很小，但棉花种植的规模在不断扩大。在全世界范围内，每年棉花的种植面积大约是2800万公顷，其中大部分位于中国和印度，而美国的产量大致排在第三位。而在法国，差不多一半的土地是用来种植棉花的。上图所示的这块特殊的棉田位于南塘瞳村，这里距离中国的首都北京有点远，坐火车也得两个多小时才能到达。许多村民都是自己划出一块地，在地里进行种植、采摘和售卖。

1. 在生长了几个月之后，这些棉花开始绽放出粉红色和白色花朵。这是第一个好的迹象，我的棉花种植项目可能会成功哦！

2. 不久以后，花朵枯萎、凋谢了，留下了一个小苞，叫作棉铃。

3. 棉铃开始慢慢长大，最终达到了高尔夫球般大小（直径为3～4厘米）。

4. 在棉花生长的中期，这个棉桃会逐渐被一种胶状物填满，而这种胶状物又会慢慢地变成一粒粒种子和大量纤维。

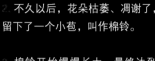

▲ 棉花植株的茎叶并不像玉米、小麦和大豆那样柔软。如果棉花植株生长好几年，它们就会长成高大威武的灌木丛，茎叶也很坚韧。在这里，你可以看到6个月大的棉花。然而，即使严寒没能摧毁这些植物，农民们每年也会把它们砍倒。事实证明，每年重新种植会让棉花的产量提高。

5. 在种植周期的末期，你知道自己种植棉花成功了，辉煌的时刻即将到来。棉桃虽然还挂在枝上，但已经被吹干，裂开了口子。那些胶状物已经变成了漂亮、蓬松的纤维，准备被织成棉布。哦，还没有这么快。虽然这些纤维可爱而柔软，但它们距离变成端锅用的隔热垫还远得很呢。

采　摘

　　农业机械化把人们从面朝黄土背朝天的艰辛劳动中解放出来。在采摘棉花这件事上，用机器代替人工就是一个很好的例子。然而，我所要收获的棉花只有 100 平方米，手工采摘就是唯一明智的选择了。即便如此，我的后背也因此和我闹了几个星期的别扭。

▲ 地里的棉花已经准备要收获了（拍摄于路易斯安那州南部的卡多教区）。

看不到了。当使用手工方式采摘时，大概需要一个月或更长的时间才能摘完，因为每个棉桃成熟、裂开的时间是由自然因素决定的，并不完全一致。在整个采棉季节里，这些棉花植株都会保持绿色和生机，采棉人在其中穿行。当采摘工作全部完成之后，它们才会被砍倒，为来年的种植做准备。无论如何，这些棉花植株都不会再活到明年了。

▲ 中国的农民正在摘棉花。

▽ 同一块棉田的鸟瞰图。

　　当你用采棉机收摘棉花时，情况就大不相同了。在这种情况下，化学制剂（用高效喷雾器或农作物喷洒飞机向棉田里喷洒植物生长调节剂）会强迫棉花植株同时成熟，然后同时落叶。结果就是棉田成了枝条与白色泡芙一般的棉桃的海洋，几乎看不到绿色。

　　在包括中国诸多地区在内的世界上的大部分地区，人们都是使用机器采摘棉花。同时，世界上依然有一些地方还在使用老办法：人们用手一个接一个地把棉桃摘下来。到了收获季节，棉花植株长得很高，上图摘棉花的女子几乎被淹没在棉田之中，

　　从空中来看，它们像积雪。这张照片是在位于路易斯安那州南部卡多教区的一个名叫龙根的农场里拍摄的。那天的天气太热了，我的无人机差点因为电池过热而坠落。这不是雪，而是雪白的棉花。

　　这是在棉花种植领域里美国和中国的另一个区别：整片区域以及其他类似的一些区域仅仅由一个农场主拥有和经营，季节性的雇工也不会超过 10 个人。每年这个农场的棉花种植面积与南塘疃村大致相同。

▲ 采棉机在路易斯安那州的棉田里工作。

▲ 采摘头的内部构造。

　　采摘一块棉田，过去可能需要大量劳动力，但有了这台机器以后就不需要了。现代的采棉者（指的是机器而非人力）每天可以采摘大约 40 公顷的棉花，比手工采摘的效率提高了几千倍。值得一提的是，机械化采棉直到 20 世纪 50 年代才在商业上获得成功。考虑到棉花产业的另一个劳动密集型环节在很早以前就实现了机械化，我们可以推测，如果能够像棉花纺织业那样（参见第 198 页），在同一时期尝试开发采摘棉花的机械，则美国南方的历史（包括奴隶制）可能都会被改写。

　　在这个采摘头里，我们看到了机械化采棉的难点所在：如何快速、可靠地把棉桃从茎上取下来。图中每一个水平的尖齿都会快速旋转，支撑这些尖齿的框架则带动它们来回左右摆动，同时围绕着垂直的轴旋转，从右边把棉桃拽入机器中。这是一种复杂的舞蹈，需要成百上千个齿轮协作来完成。在下面的图中，你可以看到这些采摘头究竟有多大。在图中，你还能看到一个水罐。这是因为所有的尖齿都必须保持湿润，这样才能在尖齿旋转时把棉花的纤维粘在它们的上面。采棉机上的水罐维持着水的供应，所以必须定期补充。使用水来让棉花粘在尖齿上，是采棉机的诸多关键设计之一，从而让机械化采棉成为可能。

▲ 这真是一台很大的机器啊！

▲ 工作时，采棉机会自动把棉花裹成一个圆柱体，然后将其放在后面的箱子里。当这个圆柱体卷到指定大小时（通常需要几分钟），采棉机就会给它包上一层热收缩膜，然后将其从采棉机后部推出。

▲ 这个刚刚制成的棉花卷会被放到采棉机的背上，而采棉机继续工作，开始制作一个新的棉花卷。当采棉机到达棉田边缘时，这些已经包裹好的棉花卷就会被卸下来，放在容易运输的位置。在工作期间，采棉机从不停止运行。

▲ 每 4 个棉花卷为一组排成一行，因为每辆卡车正好能运走 4 个棉花卷，把它们送往下一个工序。卡车上有一个斜坡式传动带，它们只需要停在这一组棉花卷的后面，一下子就能把这 4 个棉花卷都装走。

一堆刚从棉花植株上采下来的籽棉，其中包含种子。这不是真正的皮棉，后者是纯粹的棉花纤维，没有包含种子。

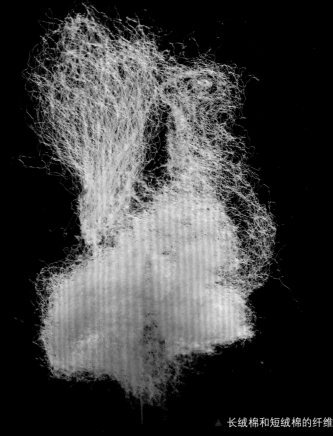

长绒棉和短绒棉的纤维

在把棉桃采摘下来剥去外壳之后，你得到的是一堆籽棉（如果用的是采棉机，则你得到的是压缩过的棉花卷）。我们之所以说"籽棉"是因为其中含有种子，不同于你在药店里买到的那种，后者是纯粹的棉花纤维。处理棉花的主要问题就在这里。

我们非常关心纤维，因为它们是植物的一部分，而且可以被我们用来纺织。可对于植物而言并非如此。对它们来说，最重要的是种子的保存和生长，而不是制造纤维。所以，为什么植物要费力产生纤维呢？这个问题的答案目前尚不确切，最好的一种解释是纤维可以吸水，从而为种子的发芽提供长久的保护。它们也让动物难以吃到种子。你试过去吃一个棉桃吗？

既然植物产生纤维是为了保护它们的种子，那么这些纤维紧紧地贴着种子也就不出意料了。要把种子从棉花纤维中分离出来，是一项琐碎得可怕的工作。美国的整个历史都依赖相关机械的发明，最终让这项工作变得轻松起来。

世界上种植的棉花有很多品种，但大致上可以分为长绒棉和短绒棉两类（这里的"绒"指的是棉花纤维，长绒棉就是纤维较长的棉花，短绒棉就是纤维较短的棉花）。所有棉花纤维的生长速度大致相同，而区别在于在棉桃脱水、开裂之前，它们已经生长了多长时间。长绒棉的棉桃需要很长的生长周期，所以只能在世界上的少数地区种植（比如靠近赤道的地方）。

埃及棉、海岛棉和比马棉（Pima cotton）有很长的纤维，能够用于制造最优质的纺织品，但价格也很高，因为没有那么多热带土地用来种植这些长绒棉。对于长绒棉而言，剔除种子要相对容易一些。

最常见的短绒棉品种，也被称为高地棉，可以种植在美国南部的任何地方以及世界上许多其他地方。它占了美国棉花产量的95%，以及全世界棉花产量的90%。不幸的是，要想抓住这些较短的纤维并把种子从中剔除，就比长绒棉困难多了。

这个可爱的木制机器是由老挝的阿卡山中一些我不认识的工匠制造的。它使用一对手工雕刻的蜗杆来连接两个可以旋转的辊子。当你摇动手柄时，两个辊子都会转动起来。两个辊子之间的缝隙可以通过木楔子来调整，从而让纤维通过，而不让种子通过。当你把长条形的籽棉喂进这对辊子之间时，木材粗糙的表面就会抓紧纤维，把它们从种子上剥离下来。这是轧棉机的一种形式。（"机"是"机械"的缩写，指的是某种机器设备。）这种形式的轧棉机源自印度，至少已经有 1500 年的历史了。

"啊，等等。"我听见每个曾在美国读过小学的读者都在那儿抱怨，"那么伊莱·惠特尼（Eli Whitney，1765—1825，美国发明家，他发明的轧棉机对工业革命有重大意义）呢？不是说他在 18 岁，呃，17 岁吧……你知道的，就是在那段时间，发明了轧棉机吗？"没错，这是个轧棉机，但不是美国的小学生所认识的那种轧棉机。它和美国人没啥关系，因为它不适用于短纤维的高地棉。高地棉的纤维不够长，而且和棉花种子结合得太紧密了，因此，用这样一种简单的设备是没法把高地棉的纤维分离出来的。

每个曾在美国上学的孩子都会在不同年级被反复告知轧棉机的重大意义，以及伊莱·惠特尼是如何通过这个非凡的发明来改变世界的。惠特尼轧棉机由伊莱·惠特尼发明，用于轧棉。这究竟意味着什么？

回首往事，这实际上是很了不起的。尽管我平生对机械装置感兴趣，并且我在小学五年级时就知道了伊莱·惠特尼和他那非凡的轧棉机，但我完全不知道这个机器到底是做什么的，直到我写这本书的时候。可悲的是，这就是典型的学校教育：教的都是人物和历史，却从不教关于机械的东西，哪怕机械实际上比人要有趣得多。（他去了耶鲁，做了帽子啥的，我真的都不在意。）

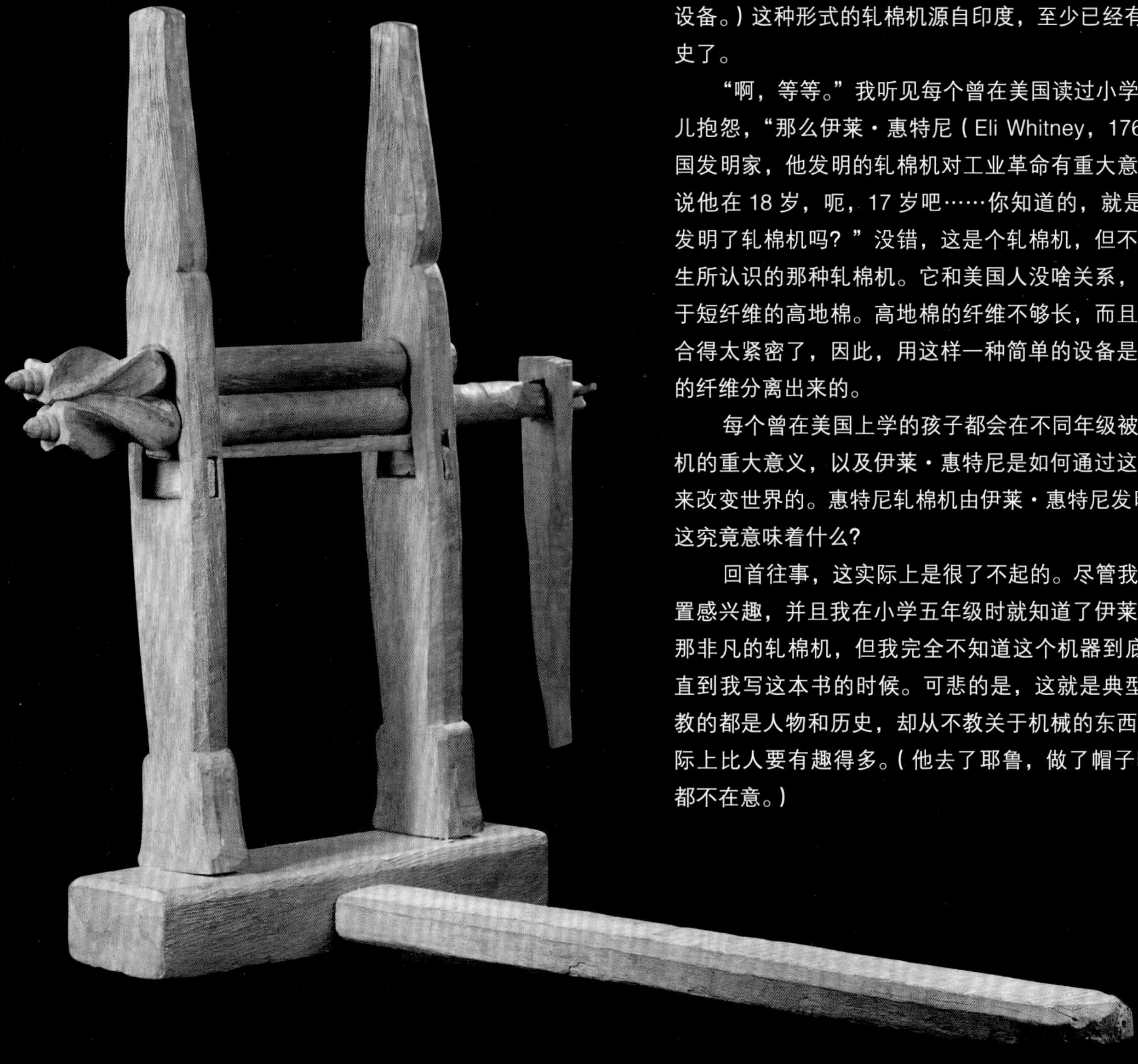

▲ 一台美丽的木制轧棉机，来自东南亚地区。

惠特尼轧棉机

为了解释伊莱·惠特尼的这项发明的功能，我制作了他的早期发明的丙烯酸树脂模型。惠特尼轧棉机通常称为锯子机，这是因为它的关键部分是一组刀片，看起来很像圆锯的锯齿。另外，还有一个梳状部件安装在锯齿旋转的地方。刀片上的钩齿可以抓住棉花纤维，而梳状部件无法让种子通过。

这样一台手动操作的金属轧棉机由成年人操作的话，每天可以加工 20 千克棉花；而不借助机器，每人每天大致只能加工 0.5 千克棉花。也就是说，机器使得生产效率提高了大致 40 倍。但和今天的机器相比，这依然不算什么。如今的轧棉机只需半秒就可以加工 20 千克棉花。在接下来的几页里，我们将看到的那个工厂使用几台轧棉机同时工作，每一班的棉花加工量就超过了 45 吨。

▼ 惠特尼发明的第一台轧棉机是一台带手摇曲柄的小型机器，并不比那个旧式的辊式轧棉机复杂多少。但是，它有一些关键性的改进，能够适应各种棉花的特点。

▼ 这是工业级轧棉机上使用的"锯"。这些锯齿很小、很锋利，它们的形状决定了它们不会抓住棉花的种子，而只会抓住纤维。

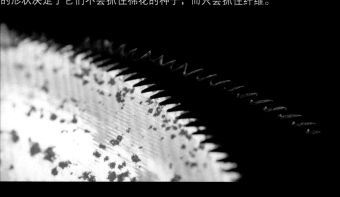

◀ 我的这台透明的轧棉机可以由儿童来操作。这是个传统。我们用这台轧棉机加工了我所收获的 9 千克籽棉。

> 背后的曲柄会旋转起来，带动辊子沿顺时针方向转动（从图中的角度看）。

> 采摘下来的籽棉（种子还黏附在纤维上）进入这个漏斗。

> 漏斗的底部有一块像梳子一样的板子，梳齿的间隔较宽。相对来说，籽棉太大了，无法穿过梳齿之间的缝隙。剔除上面附着的纤维之后，种子的尺寸就足够小了，可以从缝隙中掉落下去，然后聚集在机器的底部。

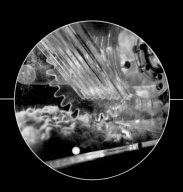

轧棉机在工作时会导致周围都是飞絮，棉花纤维漫天飞舞。（松散的棉花纤维叫作"绒毛"，这是一个很形象的词。）

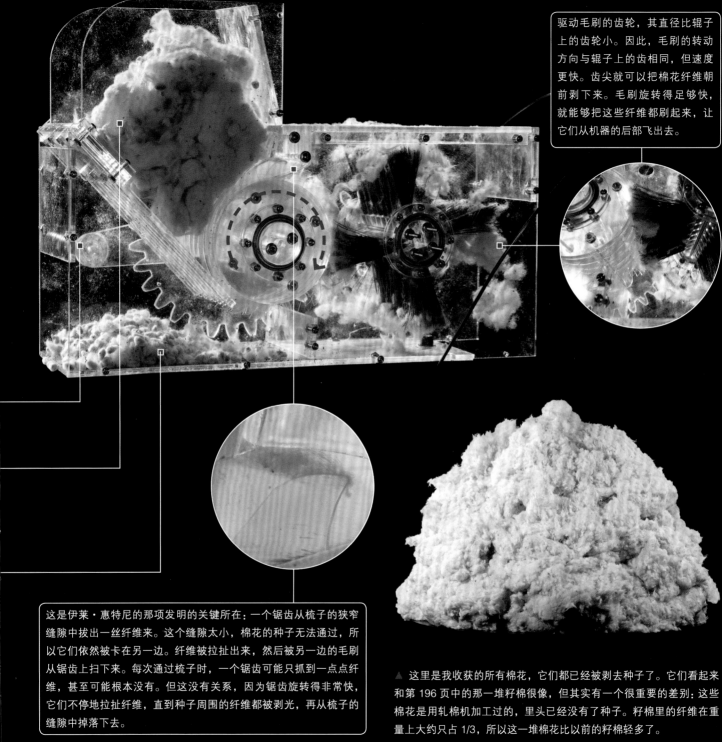

驱动毛刷的齿轮，其直径比辊子上的齿轮小。因此，毛刷的转动方向与辊子上的齿相同，但速度更快。齿尖就可以把棉花纤维朝前剥下来。毛刷旋转得足够快，就能够把这些纤维都刷起来，让它们从机器的后部飞出去。

这是伊莱·惠特尼的那项发明的关键所在：一个锯齿从梳子的狭窄缝隙中拔出一丝纤维来。这个缝隙太小，棉花的种子无法通过，所以它们依然被卡在另一边。纤维被拉扯出来，然后被另一边的毛刷从锯齿上扫下来。每次通过梳子时，一个锯齿可能只抓到一点点纤维，甚至可能根本没有。但这没有关系，因为锯齿旋转得非常快，它们不停地拉扯纤维，直到种子周围的纤维都被剥光，再从梳子的缝隙中掉落下去。

▲ 这里是我收获的所有棉花，它们都已经被剥去种子了。它们看起来和第 196 页中的那一堆籽棉很像，但其实有一个很重要的差别：这些棉花是用轧棉机加工过的，里头已经没有了种子。籽棉里的纤维在重量上大约只占 1/3，所以这一堆棉花比以前的籽棉轻多了。

种　子

▲ 这是轧棉机的另一个产出：棉花种子。上图中左边这一堆是我播撒下去的种子，右边这一堆则是我收获的种子。正如你清楚地看到的那样，我得到的比我种下的要多得多。这就是农业的意义所在。实际上，在很多情况下，种子就是我们的食物来源，比如玉米、小麦、大豆等。在这种情况下，耕种的唯一重点就是获得更多的种子。其中一些种子会被我们保存下来，用于次年的播种，其余的就被吃掉了。对于棉花而言，它们的种子是一个副产品，但同样具有重要的经济价值，无论是用作次年的种子还是利用其中的油脂。

▽ 任何关于美国棉花问题的讨论，都没法绕开奴隶制的阴影。下图中的这副镣铐是奴隶制的体现，而美国的奴隶制则和棉花的种植历程相伴。你也许会认为，既然有了轧棉机，能够极大地节省劳动力，因而就减少了对奴隶的需求，所以，这项发明可能有助于消灭奴隶制吧？实际情况恰好相反。在轧棉机发明出来之前，即便用上了奴隶，种植短纤维的高地棉也并不是很有利可图。而当机械化轧棉成为可能之后，种植和采摘棉花突然变成了一桩很值得做的买卖。除了轧棉之外，奴隶们需要做其他所有的活，因此对奴隶的需求猛烈增加。这种情况直到 1865 年南北战争结束后方才改变。

▲ 那些没有被重新埋进土里的棉花种子可用于榨取棉籽油。棉籽油可以用于制作油炸食品，出现在许多加工食品中。轧棉机的经营者们常常会和种植棉花的农户达成协议：免费帮农户轧棉，而轧出来的种子则归轧棉机的经营者所有（他们会将其拿去榨油）。

地球另一边的轧棉机

你们已经看到，我是如何把几千克棉花的种子剥离出来的。现在，让我们来看看，大规模轧棉是如何进行的。我选择了地球对面的两个国家：代表中国的是南塘疃村（坐高铁两个多小时才能到达北京），代表美国的是位于路易斯安那州南部卡多教区的吉列姆轧棉公司。

在中国，当棉花被手工采摘下来晒干之后，就会被塑料布裹着绑扎起来，装上卡车，然后送去轧棉（轧棉的意思是把籽棉里的纤维和种子分离开来）。农民按照籽棉的重量支付加工费，所以先称一下卡车的总重量，卸货之后再称一下空车的重量。这一趟，卡车大概运来了 4.5 吨籽棉。

在美国的棉花生产体系中，一个农民所提供的籽棉足够轧棉机工作一周，所以并不需要称重。每个农民只需要取回棉花纤维就够了，不需要考虑到底有多少。而在中国，每个农民所提供的籽棉大概只够轧棉机工作一小时，所以必须单独计算加工量，每个人送来的籽棉都需要分别计算。

▲ 进场时称重。

▲ 正在卸车（在中国的轧棉厂中）。

▲ 卸货后称重。

▲ 测试用的轧棉机，放在南塘疃村的轧棉厂里。

世界上的很多事情都是触类旁通的。比如，我知道玉米（在我的老家）是按照重量（其实是质量——译者注）出售的，但这里说的是"干重"。如果玉米是湿的，则其中水的那部分重量当然也是不会付钱给你的。因此，每个收购粮食的地方都有一个水分计，以测定谷物的含水量。没错，轧棉厂同样也有水分计。不过，在棉花称重计价的过程中还有一个额外的程序是我没有想到的：在不同的籽棉中，棉花纤维和种子的比例也是不同的。而轧棉厂是按照纤维的重量付钱给你的，所以，每一批送来的籽棉必须先用这种小型轧棉机在旁边的一间屋子里进行测试，以测算从你送来的每一千克籽棉里能获得多少棉花纤维。（在美国，农民把籽棉送来加工，再把轧出来的纤维全部拿回去。所以，在美国这个步骤也是没有必要的。）

在中国的轧棉厂里，大概需要 20 分钟才能把这些籽棉卸下来。然后，这两个哥们把刚卸下来的籽棉塞进一个我见过的最强大的吸尘器里。这根管道的直径是 30 厘米，长达 100 米以上，从这里一直延伸到工厂的内部，把籽棉送去加工。

▲ 在路易斯安那州的轧棉厂里卸下棉花卷。

美国的运输程序也有点不同。采棉机所制造出来的棉花卷通过一个内置式传送带，从卡车车厢的尾部卸下来，整个过程只需要几秒。然后，它们会落在一个类似于自动人行道的传送带上，被一组交替移动的铝板条托着从卡车后面运走。

清　洁

　　那条传送带把巨大的棉花卷缓慢地送到一台巨大的机器前。这台机器飞快地旋转着，毫不留情地吞噬着棉花，再把它们嚼碎，送进轧棉机里。送进机器的操作很不相同，但从这之后，两国轧棉的过程就非常相似了。

　　巨大的真空吸管把籽棉堆在怪兽般的机器顶部，机器把叶、茎等杂质和棉花分离开来。此刻，籽棉已经相当干净，它们从分离机的前部滑落下来。然后，位于传送带顶部的第二根真空吸管就会把它们吸上去，送到轧棉机里。

▲ 自动传送带把巨大的棉花卷送进真空吸管中。

▶ 清棉机把各种杂质清理出来。这是中国轧棉厂的做法，美国的轧棉厂在细节上有所不同，但规模相似。

▲ 加料漏斗（顶部和底部）为轧棉机提供相当干净的棉花。

轧 棉

最初的轧棉机是那种手工摇动曲柄的小型机械，它们很快就发展为大得多的机械。下图中的这个轧棉机是在 20 世纪中叶出现的，这是一台由电动机驱动的大型机器，开动起来以后尘土飞扬。其他的几个是比较新型的，块头更大，但这些机械的工作方式和伊莱·惠特尼的原始设计基本相同。

在轧棉机里，我们可以看到锯齿和像梳子一样的板子，就像第199 页的模型那样，但比那个模型可要大得多，数量也要多得多。在实际运行时，这些锯齿以非常快的速度旋转，飞快地把籽棉撕开，再把种子从机器的底部抛出去。

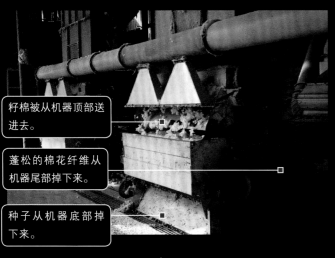

籽棉被从机器顶部送进去。

蓬松的棉花纤维从机器尾部掉下来。

种子从机器底部掉下来。

▼ 分离细枝的机器

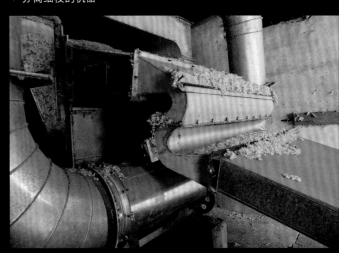

在强劲的气流的裹挟下，纤维通过这根扁平的金属管道从后面飞出轧棉机。如果你凑近看看，就能看到机器的 S 形管路的顶部有一道缝隙，其底部有另一道缝隙。棉花纤维很轻，所以很容易在气流的吹拂下从 S 形管道中飞过去，就像肥皂泡或烟雾随风飘舞一样。而较重的树枝、茎、叶子和种子不能像棉花纤维那样迅速改变方向，因此它们就会从这两道缝隙中被吹出去。通过调整这两道开口的位置和宽度，就可以让大多数叶子和茎都掉落下去，而棉花纤维都会飞过去。（在中国和美国的轧棉厂中，接下来还有几道清洁棉花的工序，两国采用的技术基本上相同。）

美国轧棉厂里的机器更大，但台数较少。总体而言，我认为中美这两家轧棉厂每小时处理的棉花的数量是一样的。（这两张静态照片都没有捕捉到棉花从机器前部像流水一样坠落的美丽瞬间。想象一下尼亚加拉大瀑布，再把水流换成棉花，就是那个样子。）

打　包

经过清洁和轧棉两个步骤以后，棉花几乎是纯粹的纤维了。然后，它们被吹到隔壁房间，那里有另一台怪兽般的打包机，用于把这些蓬松的纤维压成密实的棉花包，以便于装运。

蓬松的纤维从这里进入

这些纤维被收集起来，并在左边的空腔里被反复压紧。每隔几秒，一个冲头就会往下猛压一次，把一层新的纤维压进来。

从这些管道的直径上，你就能看出它们能产生多么巨大的压力。

▶ 当棉花被完全压缩之后，压缩舱抬起来。工人们会用捆扎带把棉花包紧紧地捆起来，然后释放施加在棉花包上的压力。在压缩舱里，你可以看到厚厚的钢条，它们能够向棉花包传递巨大的压力。

◀ 几分钟后，很多纤维就在机器左侧聚集起来，准备打包。整个机器的下半部分会旋转 180°，把两边空腔的位置交换一下。右边才是进行压紧操作的部位。

◀ 随后，棉花包从打包机里出来，经塑料布包裹、称重后送往仓库。

◀ 在美国的轧棉厂里，棉花包的尺寸几乎完全相同，但它们都是横着放的。冲头不是朝下压紧，而是在液压的作用下向上推挤，在机器的顶部形成一个紧密的棉花包（这意味着棉花包几乎沉入了一个凹槽里，拍照就更难了）。有趣的是，两边的机器其实都是在朝着同一个方向推挤棉花。（明白了吗？因为中美两个轧棉厂正好处于地球相对的两端，一边朝上推，一边朝下压，两个冲头实际上都是在朝着同一个方向运动。）

清点仓库中的货物是一件令人愉快的事情。从某种意义上说，这里静悄悄的。同时，仓库里的货物正是人类的辛劳、财富、好运和繁荣的具体表现。这个仓库可以很轻松地存放价值数百万美元的棉花。这些棉花来之不易，但现在已经落袋为安了，好好地存放在这里。在采摘季节，这个房间被棉花填满，然后在次年被慢慢清空，棉花被卖给了纺纱厂。仓库里棉花储量的变化反映了它所在村落的兴衰。

这些棉花纤维是拿来卖钱的，但你还要找个办法处理那些种子。还记得吗？这些种子从轧棉机的底部倾泻而下。它们会落在地板上，那里有一个螺旋送料器，会把这些种子送到旁边去。

当棉花纤维被送往纺纱厂的时候，种子则被螺旋送料器粗暴地倒在外面的院子里。它们将被卖掉，用于榨油或作为动物饲料。

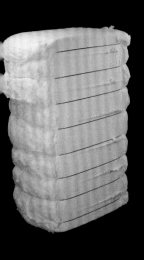

一个标准的棉花包重达 500 磅（约 230 千克）。和那些大金砖一样，棉花包的质量当然也会有一定的差异，所以在卖棉花包的时候，每一包都要单独称重。每一包棉花的价值随着市场行情变化而波动。在撰写本书时，也就是在 2018 年中期，这样一个棉花包价值 600 美元——轧棉厂出厂时的价格要低一些，而送到最终用户的手里时要高一点。（在卡多教区的轧棉厂里，我买了一个棉花包，售价是 500 美元。）2018 年，全世界一共生产了大约 1.2 亿个棉花包。

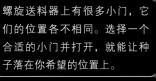

这个螺旋送料器把种子从车间里送出来。

螺旋送料器上有很多小门，它们的位置各不相同。选择一个合适的小门并打开，就能让种子落在你希望的位置上。

我不能从中国拿一个棉花包回家，但我可以从路易斯安那州带一个回家。因此，我发现自己开着一辆锈迹斑斑、没有空调的皮卡车行驶在高速公路上，大汗淋淋，不得不把胳膊伸出窗外透透风——这是在南方开车时唯一正确的姿势。（好吧，这不是皮卡车。我也没有皮卡车，这只是一辆小货车。但我保证，它的确很老了，已经开始生锈，不太灵活了。）

关于两个国家、两种生产模式和两个工厂的故事的细节不同，但目标是一致的：制造商业级的棉花包。左边的工厂位于中国，右边的工厂位于美国。

工业革命

你得跳下去，转过身来，摘一包棉花。

你得跳下去，转过身来，每天都摘一包棉花。

——李德·贝利，《摘棉花》

这首美国民歌叫作《摘棉花》，是李德·贝利（Lead Belly，1888—1949，美国民谣歌手）在 1940 年创作的。这首歌的早期版本是一首劳动歌曲，歌词我不能在这里重复了，其中一句是："那个从夏洛来的非裔美国人每天可以摘一包棉花，你能吗？"我在一生中摘了千分之四包棉花，因此我可以非常笃定地告诉你，我做不到！最好的棉花采摘工人在鞭子的监督下，可以在一天之内摘三分之一包棉花。因此，也许确实存在这么一个人：他想要努力打破纪录，在 24 小时之内摘下整整一包棉花（约 230 千克）。然后，按照约翰·亨利的风格，他就会倒下、死掉。

如果有一台机器，那就是完全不同的故事了。我们已经看到，一台采棉机每天可以轻松采摘两百多包棉花。以正常的工作效率而言，一台采棉机至少可以替代 600 个采摘工人。而在 1000 个工厂里推广这个经验，你就带来了工业革命。

在轧棉机发明之前，棉织品是一种昂贵的奢侈品。它的许多生产工序完全靠手工操作。然而，当大批廉价的棉花纤维出现之后，人们开始努力使得其余的生产环节也变得更高效。整个美国北方以及英格兰的大片地区都因为急于推动棉纺业的机械化而彻底改变了。工业革命在很大程度上就是由这些轧棉机所提供的廉价的棉花纤维促成和推动的。

轧棉机是一个伟大的发明，在社会和经济上具有重要意义，但我认为它更值得被当作一个隐喻，从而在历史上占有一席之地。人类种植和加工棉花已经有几千年历史，一代又一代人曾经几乎全靠手工完成这些工作。要制作一块棉布，其大小足够做一件衬衫或一条漂亮的裙子，需要几个星期的时间。

想一想吧，终其一生，这些人都在辛苦劳作，而他们所做的事情与 50 代人之前的先祖所做的事情别无二致。他们从未停下来用足够长的时间去弄清楚这样一台简单的机器。即便在古代，这也是任何人都可能制造出来的机器，而这些机器可以让他们的工作量骤然减少 99%。哎，对于这种目光短浅的行为，人类着实有着巨大的热情，这真是令人感慨。

轧棉机是一个很好的例子：一个强有力的想法改变了世界。"哎，伙计，也许我们可以制造一台机器来代替我们干活！"这只是一个想法，而不是某种改变世界的物质，却创造了工业革命。这个想法一经提出，各种灵巧的机械就开始如雨后春笋般涌现出来：从制造链条或薄饼的机器，到切割齿轮或面包的机器，甚至是制造那些花哨的蝴蝶结的机器。

理查德·哈德曼工厂的车间，该工厂位于开姆尼斯，拍摄于 1868 年。

◀ 在翻到下一页看到这台机器的工作原理之前，你可以想象一下，是什么样的机器能用一卷丝带制作这些蝴蝶结呢？你认为它是多么复杂吗？它是如何形成环状并将它的中心固定住的呢？它如何测量每个环的长度是否正确呢？

这种制造蝴蝶结的机器可以追溯到 20 世纪 50 年代，也就是远在工业革命的镀金时代之后。我认为，这是我们所倡导的那种"轧棉机式的想法"的一个完美例证。它的结构非常简单，但其中的运作机制极其令人愉悦：挂上丝带，弹出一个塑料尖头，摇动曲柄，然后突然间，蝴蝶结就做成了！

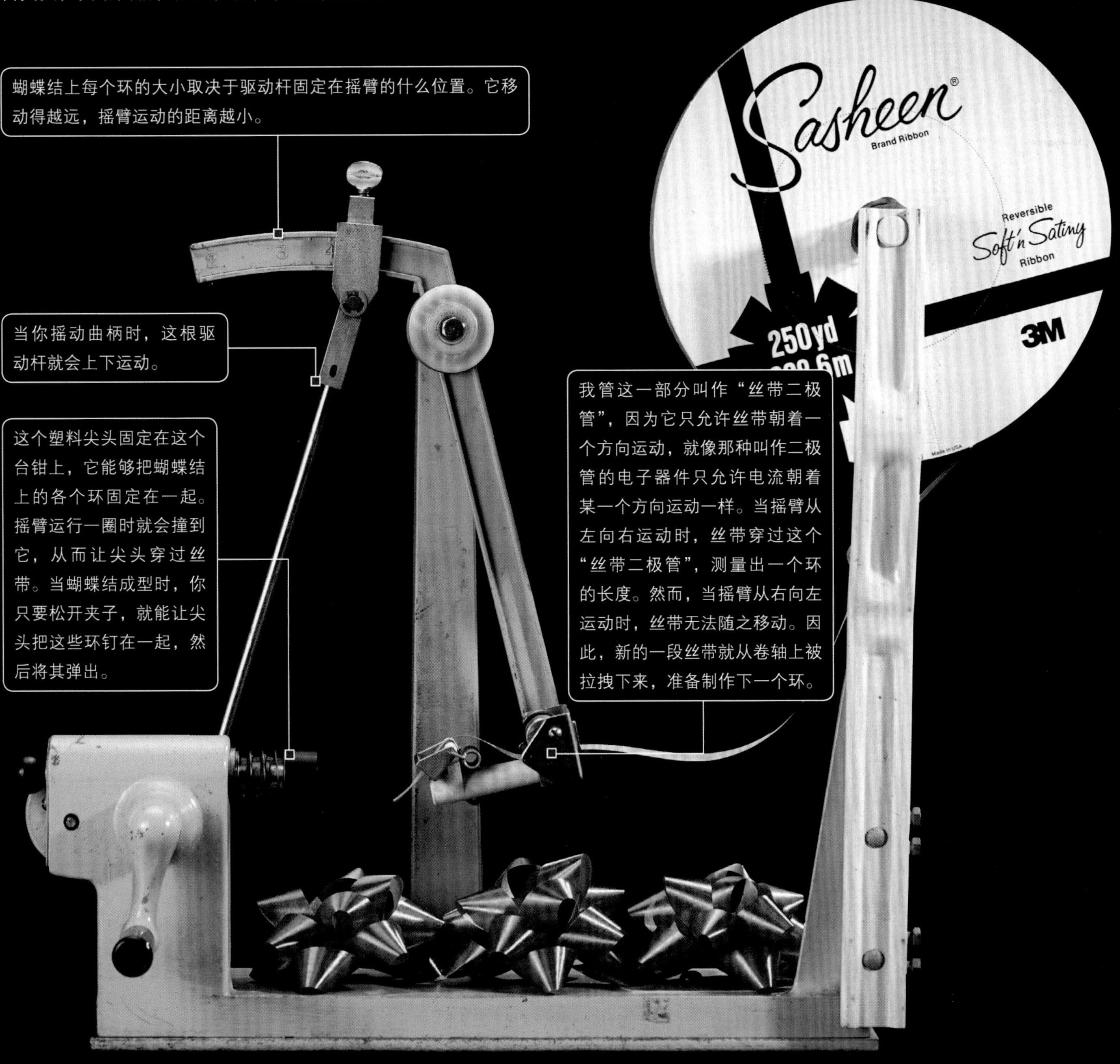

蝴蝶结上每个环的大小取决于驱动杆固定在摇臂的什么位置。它移动得越远，摇臂运动的距离越小。

当你摇动曲柄时，这根驱动杆就会上下运动。

这个塑料尖头固定在这个台钳上，它能够把蝴蝶结上的各个环固定在一起。摇臂运行一圈时就会撞到它，从而让尖头穿过丝带。当蝴蝶结成型时，你只要松开夹子，就能让尖头把这些环钉在一起，然后将其弹出。

我管这一部分叫作"丝带二极管"，因为它只允许丝带朝着一个方向运动，就像那种叫作二极管的电子器件只允许电流朝着某一个方向运动一样。当摇臂从左向右运动时，丝带穿过这个"丝带二极管"，测量出一个环的长度。然而，当摇臂从右向左运动时，丝带无法随之移动。因此，新的一段丝带就从卷轴上被拉拽下来，准备制作下一个环。

Sasheen®
Brand Ribbon

Reversible
Soft'n Satiny
Ribbon

250yd
229.6m

Made in USA

3M

梳 棉

在介绍完制作蝴蝶结的机器之后，让我们再回到我们的棉布制作事业上来。我们已经把棉花纤维分离出来了，现在需要做的是把它们纺织成棉纱或棉线。

直接从轧棉机里拿出来的棉花纤维称为棉绒。这是一个恰如其分的名字：纤维随机性地朝四面八方延伸开来，正如你在烘干机的绒毛过滤器里看到的那样。值得注意的是，这种随机分布的纤维和棉布中的纤维没有本质的区别。布只是纤维排列的另一种形式而已，但它们被对齐、缠绕、编织在一起，排列得更有条理。

每当想到这件事，我都会感慨：一件全棉衬衫只不过是一堆棉花纤维被花哨地编织在一起，变成了衬衫的形状。如果你有足够的耐心，那么你完全可以拆开一件衬衫，把它变回一堆随机分布的纤维，而不弄断其中任何一根。一件衬衫可以穿多年，这个事实足以说明纺织工作是多么灵巧。

要把棉花纤维编织成衬衫或棉布，第一步就是让所有的纤维朝着同一个方向排列，而不再是随机性地朝向四面八方。这一工序叫作梳棉。在规模较小时，它是用这样一个梳板来完成的。梳板上有许多非常精细的梳齿，它们很锋利，具有一定的倾斜角度。把棉花纤维夹在两块梳板之间，反复梳理，直到所有的纤维都朝向同一个方向。然后，从相反的方向再梳一次，把梳齿上挂着的纤维梳下来。

这种手工梳理过的棉花称为生条（puni），也就是已经对齐的纤维，准备用于手工纺纱。它们的外形就像一截香肠。这个过程很简单，但非常缓慢，一小袋棉花就够让人头疼了。在规模化的工业生产中，一切都要复杂得多。简单的梳棉过程被4个彼此独立的重新成型阶段所替代。每一个阶段都要用到独特的机器。然后，棉花就准备用来纺纱了。

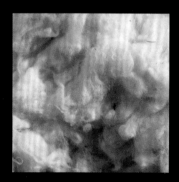

▲ 棉花纤维

▲ 梳板

▽ 一个手工梳理好的生条，准备用于纺纱。

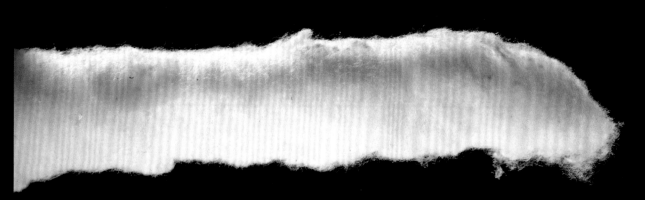

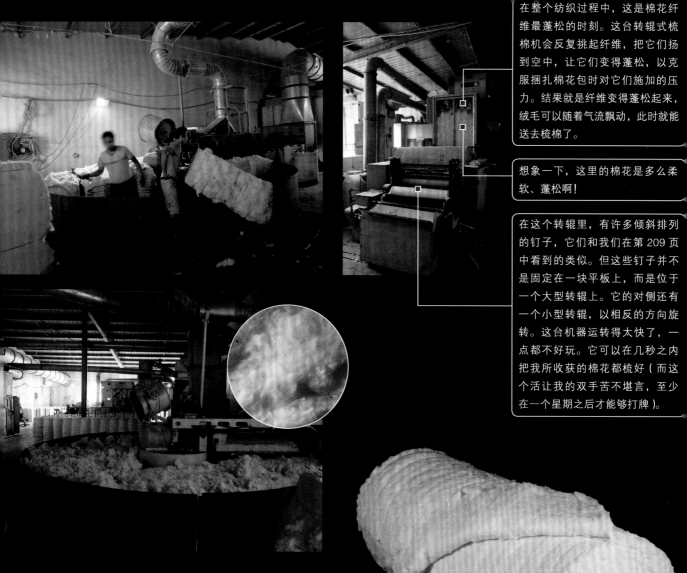

在整个纺织过程中，这是棉花纤维最蓬松的时刻。这台转辊式梳棉机会反复挑起纤维，把它们扬到空中，让它们变得蓬松，以克服捆扎棉花包时对它们施加的压力。结果就是纤维变得蓬松起来，绒毛可以随着气流飘动，此时就能送去梳棉了。

想象一下，这里的棉花是多么柔软、蓬松啊！

在这个转辊里，有许多倾斜排列的钉子，它们和我们在第 209 页中看到的类似。但这些钉子并不是固定在一块平板上，而是位于一个大型转辊上。它的对侧还有一个小型转辊，以相反的方向旋转。这台机器运转得太快了，一点都不好玩。它可以在几秒之内把我所收获的棉花都梳好（而这个活让我的双手苦不堪言，至少在一个星期之后才能够打牌）。

还记得从轧棉机里出来的棉花包吗？当梳棉机准备工作时，这些棉花包就被搬过来，一次一个地放在一个圆形的围挡里。一旦这个围挡被装满，一个类似于剃须刀的机器就启动了。它像一个巨大的吸尘器，在围挡上方缓慢地旋转，每次把棉花包表面的一点纤维吸进管道中，并通过高速气流送往梳棉机。如果各包纤维的质量不太一致，则这个步骤可以同时从几个棉花包上一起吸取纤维，并将吸到的纤维混合在一起，从而生产更均匀、质量更可靠的产品。

▲ 加工好的棉卷从梳棉机中出来。

梳棉机把棉花包变成了巨人的棉卷。它们相当于手工制作的生条，但每个棉卷都有一个人那么大。虽然这种形式的棉花也可以拿去手工纺纱，但对于纺纱机而言，它们还不够整齐。为了生产出完全均匀、可以长期使用的纺织品，必须在纺纱前把这些纤维更加完美地排列起来。

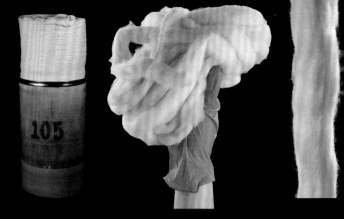

▲ 第一阶段的棉卷暂时存放在大桶里送往下一台机器。这些棉片看起来像一根粗绳子，但实际上非常蓬松、轻盈，用手很容易拉开。此刻的纤维只是对齐，还没有彼此缠绕在一起。

▲ 梳棉机生产的棉卷暂时存放在车间里，等待下一步加工。

梳过的棉花

熟条

▲ 这台机器同时拆开十多个来自第一阶段的棉卷，并将它们混合在一起，形成新的、更薄的棉片（第二阶段）。

这台机器可以松开梳棉机生产的棉卷，并把它们拉成一根又厚又松的绳带，称为熟条。这是生产薄片的 4 个阶段中的第一个，而每一个阶段的棉片都比前一阶段的更薄、更整齐。

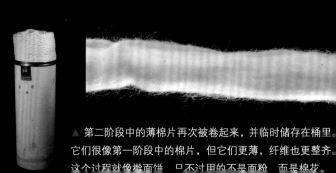

▲ 第二阶段中的薄棉片再次被卷起来，并临时储存在桶里。它们很像第一阶段中的棉片，但它们更薄，纤维也更整齐。这个过程就像擀面饼，只不过用的不是面粉，而是棉花。

像擀面饼一样，这些工作完全是重复性的。制造第三阶段的纱条所用的机器和上一页中的相同：把十几根第二阶段的熟条混合后，编织成一根第三阶段的绳带（称为纱条）。

我们还没有做出粗纱，但看起来它已经不同了。这台机器（从两边看它的底部）会把第三阶段的纱条拽进去，然后又是一番擀面饼式的操作，得到一根更细的绳带（直径为 5 ~ 6 毫米），再把它绕在一根 40 厘米长的塑料轴上。

第三阶段的纱条从这里进去。

第四阶段的粗纱从这里出来。

最慢　很快　更快　最快

这是机器的一部分，人类以恰到好处的速度从熟条中拉丝的技能被它完全复制下来。第三阶段的纱条从左边进入，受到一组轮子（4 个）的拉拽。而这 4 个轮子的转速依次比前一个快一点。因此，从机器右侧产出第四阶段的粗纱的速度就要快得多，同时单位长度里所含有的纤维也要少得多（纱条也就更细了）。

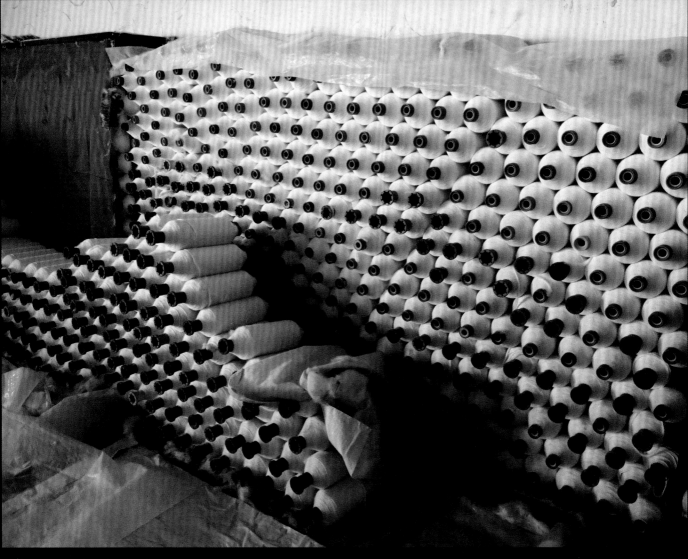

▲ 缠好粗纱的纱锭，准备送去纺织。

第四阶段的纱条也叫作粗纱，看起来很像较粗的纱线，但它们的扭曲、缠绕程度依然非常轻微。如果你去拉扯它，哪怕只用一点点力，它立刻就会断开。棉花以这种形式准备进入下一个阶段——纺纱。粗纱已经缠绕在线轴上，暂时存放在那里，等待在纺纱机中迎来它的重大时刻。

在整个工厂里，物料都在不停地流动，每一台机器的平均产量大致和下一台机器的处理能力匹配。从理论上说，你可以直接看到加工棉花纤维的不同工序，但在实际操作中还是有一些这样的"缓冲区"的，它们至少可以容纳几小时生产的中间产品。这是为了确保某一台机器故障不至于导致整个生产线崩溃。在工厂里，下一个阶段，也就是纺纱工序是限制产量的关键。其他机器即使出现了故障，也能够迎头赶上来。因此，这个纺纱厂最终的生产效率取决于能否让纺纱机百分之百地保持满负荷运转。

纺　纱

　　把松散的粗纱变成纱线的过程叫作纺纱。这项工作可以通过手工缓慢完成，而使用简单的机器可以更快地完成。如果使用同时旋转100多个纱锭的机器，那么就能以极快的速度完成。

　　古老的纺纱艺术，缓慢的动作，这一切就像是在冥想。这种工作非常有意义：在几天、几个星期甚至几个月的时间里，一个人独自坐在那里工作，或者一个村庄里的人一起工作，使用最简单的工具，通过旋转、编织、连接纤维来制作衣服、毯子、袋子，以及其他许许多多有用的物件。

　　使用手持式纺锤需要相当高的技巧，需要勤加练习。一只手保持纺锤快速转动，另一只手以恰当的速度从生条中把纤维喂到纺锤上面，使得纱线达到所需的粗细。纤细的纱线比较粗的纱线更难制作。

　　"缠绕"一词精确地描述了纺纱的整个过程。粗纱很容易被拉开，那是因为你不必扯断任何一根独立的纤维，它们只是相互分开了。然而，一旦纤维扭曲、彼此缠绕在一起，它们就不能再滑动了。要扯断纱线，就必须扯断单根纤维。纺织过程就是这么简单：将这些纤维缠绕在一起。

　　这种手持式纺锤的主要问题就是在纺纱过程中，需要把它旋转很多次。一台简单的机械能大大加速这个过程。

▶ 童话中的纺车

　　在《侏儒怪》和《睡美人》中都出现过这种经典的木制纺车，但它实际上一般不用于棉花的纺织。在没有把稻草纺成金子或者让少女睡上100年的时候，这种纺车主要用来纺织羊毛（羊毛纤维更长，单根纤维的长度是棉花纤维的两到三倍。因此，适用于它们的纺织机器也是不同的）。

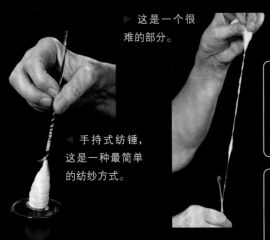

▶ 这是一个很难的部分。

◀ 手持式纺锤，这是一种最简单的纺纱方式。

安装在这里的纺锤和我们刚刚看到的那个手持式纺锤几乎一模一样。二者唯一的区别在于前者装有一个小滑轮，所以我们可以用皮带驱动它旋转。

纺车的作用是让纺锤飞快地旋转起来，同时又不需要操作者花多大的力气。这个转轮越大，当它转过一圈时，纺锤转过的圈数就越多。

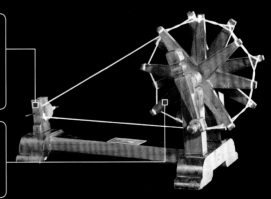

相对于羊毛而言，棉花在美国历史上扮演着重要的角色，在印度争取从英国的控制下独立的斗争中，它也发挥了重要的作用。当时，英国控制了机械化的棉花纺织业，从而控制了印度人。圣雄甘地（Mahatma Gandhi，1869—1948，印度政治家）鼓励千百万印度人通过自己的纺车把经济的主导权夺回来。比较适合棉花的典型纺织机械叫作手纺车。为了说明这种机器在历史和文化方面的重要价值，这里有一个很好的证据：下图中的东西并不是一个真正的手纺车，而是一个缩小的、能工作的模型。如果人们不关心某个东西，也就不会去制作它的模型了。

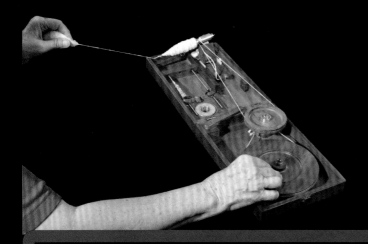

▲ 从很大的那种到这种"书中纺车"（其大小和一本精装书差不多），印度手纺车有各种各样的尺寸。既然在一个书本大小的纺车里没法放下一个巨大的轮子（称为绳轮），它就使用了一个滑轮组。当你转动这个较大的轮子时，它就会驱动一个较小的轮子，而小轮子则连接到一个中型轮子上，中型轮子再驱动纺锤上的小轮子。这种滑轮组和钟表里的复合齿轮组的概念完全相同。

童话里的错误

我总是会被《睡美人》里的故事给弄糊涂了。在这个童话故事里，不幸的公主被带有诅咒的纺锤刺伤，陷入了长达百年的沉睡之中。我记得在小时候看过的故事书里都有羊毛纺车的照片，而它们的上面并没有尖锐的东西。和其他典型的童话故事一样，其中关于机械的细节完全被忽略了。比如，在迪士尼的卡通片《睡美人》中，展示出来的刺伤公主的部分甚至不是纺锤，而是拉线杆，而且它并不锋利。我很遗憾地说，迪士尼那备受赞誉的研究部门在这个问题上尽失颜面。

然而，这个童话的作者并没有错，错的是那些在100年后选择这些照片的人，因为他们已经没有了关于纺织的常识。棉花纺车的纺锤实际上有一个锋利的尖端，它们并不像今天的书和电影中描述的样子。

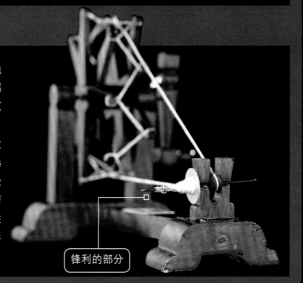

锋利的部分

纺纱机生产出来的是成品棉纱，但它们还没有完全做好出厂前的准备。纺纱机把这些纱线缠绕在很小的木制纺锤上，而每个纺锤上缠绕的纱线都不能太多（这些纺锤必须做得很小，这样才能在缠绕纱线时高速旋转）。

把很多小线轴合并成一个大线轴意味着你要打很多结。复绕机的中部（如右图所示）就是一个自动打结装置。大概在 1 秒之内，它就能打好一个结，并把周围多余的线头修剪掉，留下一个几乎看不到的接头。机器中的传感器可以发现纱线的断点，用它强大的吸力臂把断点两边的线头拉在一起，再由打结装置给它们打结。然后，机器自动重启，继续绕线。

▲ 纺纱车间里的空气闷热而又潮湿，甚至比室外的空气还要潮湿。这并不是偶然的，你可以看到这些管道持续把雾气通入到房间里。这是因为棉花纤维的特性受环境湿度的影响非常大，为了确保棉花纤维的特性在拉伸、旋转时保持一致，需要让纤维处于湿度相对较大且恒定的环境中。

▲ 纺纱厂里相当于纺车的机器

在工业纺纱机中，第四阶段的粗纱缠绕在线轴上，挂在机器的顶部。作为成品的细纱逐渐裹在机器底部的那些较小的线轴上。在中间部分，粗纱被轻轻地拉长，然后通过底部的一个线轴，以很高的速度捻转。一组中的 3 个滚筒的转速逐渐加快（类似于第 212 页中的机器），将第四阶段的粗纱拉伸到适当的粗细，再让其旋转。实质性的旋转发生在第三个滚筒之后。

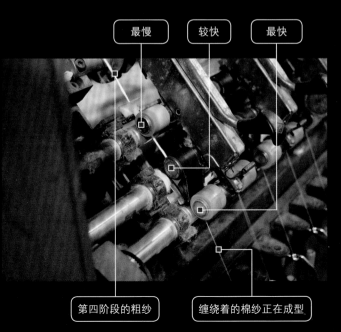

最慢　　较快　　最快

第四阶段的粗纱　　缠绕着的棉纱正在成型

小线轴上的这些纱线被重新缠绕到较大的线轴上。

自动配线和打结装置把许多小型木制纱锭上的纱线合并在一起并缠绕在一个大线轴上。在这个大线轴的中间有一个用硬纸板做的锥形轴。

这种小型木制线轴在缠绕完毕之后就被装在这种转塔里。它们会一个接一个地掉到机器的底部，而它们上面缠着的纱线又会被解开重绕。

▲ 几十台复绕机排成一排，在没有人工干预的情况下运行。工人们需要做的只是保持转塔里装满新绕好的小型木制纱锭，并把空的线轴送回纺纱机，在它们的上面缠上新的棉纱。

▶ 纺纱机生产出来的棉纱绕在这些小线轴上。此刻，需要把它们解下来，然后重新绕在大线轴上，以便向客户交付。

▶ 我种的那些棉花变成了一个纱饼。

现在距离我们那个端热锅用的隔热垫已经越来越近了。通过种植、采摘、轧棉、梳棉等步骤，我们已经有了足够的棉纱，再使用一个书中纺车，就可以纺织棉布了。我希望可以亲自纺纱，但遗憾的是我没有足够的时间学习这项技艺。在我们社区的纺织和编织俱乐部里，有一个成员叫苏，他出于对我的同情帮我完成了纺纱工作。棉花可以纺成比这更细的棉纱，但我要求苏帮我纺一些粗一点的棉纱，因为和细纱相比，粗纱可以更快、更容易纺成，同时也能让后续的纺织工作省事得多。

成布料。变成布料的主要方式有两种：编织和针织。在二者中，编织是迄今为止最古老的方法，也是最常用的方法。针织布料很不错，但编织纤维的技术依然是人类文明的基石之一。

编织就是纱线上下穿梭的过程，其中最简单的模式叫作普通编织，指的是每根纱线交替从顶部穿到底部，在布料的各个方向上都是如此。（下图中的这块"布"是用粗绳制成的，所以你很容易看出来它是如何编织出来的。通常的布料都是由更细的纱线或丝线编织成的。）

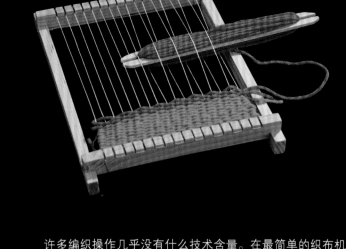

许多编织操作几乎没有什么技术含量。在最简单的织布机中，被称为经纱的棉纱绷在两根木棍或柱子之间。为了织布，你需要用一个上面裹着很多棉纱（称为纬纱）的梭子从经纱之间穿过。它上下翻飞，每次只穿过一根经纱。而当梭子从织布机的另一端穿出来时，梭子后面的纬纱就留在了织布机上的经纱之间。

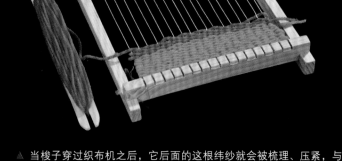

▲ 当梭子穿过织布机之后，它后面的这根纬纱就会被梳理、压紧，与先前的纬纱编织在一起。当你完成上千次这种动作之后，就能得到一小块布料了。

▲ 这块用粗绳编织成的"布"展示了一种最普通、最简单的编织模式。

到目前为止，手工织布中最耗时的部分就是你必须驱动梭子，或者让一种不带纱线的牵引棒上下交替着穿过经纱。工作一会儿之后，你就会觉得枯燥乏味了。幸运的是有一种更好的办法——综丝。在图中的这个玩具织布机里，综丝用蓝色塑料制成，但其工作方式和原理与那些巨大的织布机里的部件完全一样：一次性抬起所有经纱。

这样，织布机上的经纱就有一半被抬起来了。然后，你可以让梭子轻松穿过经纱中的缝隙。它会自动穿过去，并跨过那些没有被抬起的经纱。

这种一体式的梳状板叫作梳扰，位于梭子之后。在梭子穿过之后，它就向前摆动，把每根纬纱都压紧到位。当纬纱被压紧到位之后，翻转织布机顶部的拉杆，就可以让梭子朝向另一个方向移动了。

转动这个杠杆，就能交替改变梭子的运动方向。所以，每次你要么抬起所有编号为奇数的经纱，要么抬起所有编号为偶数的经纱。

▲ 一些最原始的织布机是用两根棍子搭起来的，棍子上缠绕着纬纱。使用这个简单的织布机，一个熟练的织布工可以非常缓慢地编织出优雅的图案。在经纱和纬纱的每一个交叉点上，他需要用灵巧的双手从两种不同颜色的纬纱中仔细选择一种。

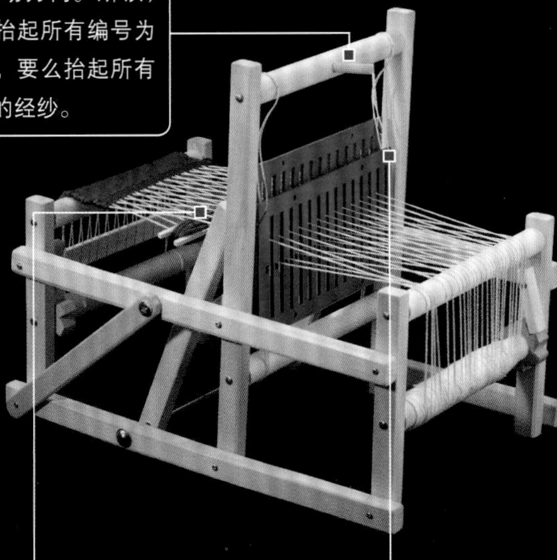

纬纱缠绕在梭子上。当梭子来回运行一次后，你就要多松开一点纱线。

一个梭子会从所有编号为奇数的经纱中穿过，而另一个梭子会从所有编号为偶数的经纱中穿过。

踏板式织布机

下一种类型的织布机就是用脚踏板来操作的踏板式织布机。这台西尔型六梭织布机大致来自 20 世纪 60 年代。6 个梭子意味着它有 6 个单独的框架，你可以通过脚踏板，把其中的某个框架单独提起来或放下去。在织布过程中，当你把经纱提起来时，你就可以根据自己想要的图案，决定哪些经纱穿过每一个综眼。在制作一块平纹布时，你只需要使用一个有两个综丝的织布机，其中一个用于提起编号为奇数的经纱，另一个用于提起编号为偶数的经纱。

▼ 这个大块头的织布机中的各个装置和那个玩具模型基本上相同，只是更大、更沉重。

大约 12 米长的经纱卷在织布机后面的这个纱辊上。在织布过程中，前部的一根卷轴会把织好的布料慢慢地卷起来，同时后面的这个纱辊则会逐渐把更多的经纱释放出来。织布机的编织过程需要几小时，非常巨大的工业织布机甚至需要工作几个星期。这是因为成千上万根经纱必须先绕在纱辊上，然后单独穿过综眼，纺织好的成品再绕在前部的那根卷轴上。

综丝是一个木制框架，上面有一排用于穿过经纱的综眼。它挂在一根铁条上。

两边的尖端帮助梭子穿过绷好的经纱，避免任何一根没有缠绕到位的纬纱和它们打结。

这个小孔让纱线可以顺利滑出，不至于发生缠绕。

这个梳扰是用金属制成的，靠重力把纬纱送到位。

织好的成品布料卷在这里暂存。

▲ 更大的织布机所用的梭子不是那种缠着纬纱的棍子，而是这种船形梭子。船形梭子因其形状而得名（当然，它的底部是开口的，这对一艘船来说是非常可怕的事）。在"船舱"里，有一根又细又长的纬纱，当纬纱穿过绷紧的经纱时，纬纱就会在"船尾"散开。

到了要把我自己种的棉花变成棉布的时候，我就想要一台织布机，尽可能避免浪费这些来之不易的棉花，同时还需要尽可能高效地完成任务。于是，我决定用激光切割机，做一个定制版的丙烯酸树脂织布机。

我的这台"隔热垫专用织布机"就像一个简单的儿童玩具，纬纱在前后两根柱子之间来回运动，而不像大型织布机那样裹在梭子里穿梭。但它还是很像一台复杂的织布机，因为它有一个机械式综丝，织布时综丝可以自动上下运动。

▲ 综丝上小孔（综眼）的特写镜头。

我用激光切割机自制的织布机，可以让我迅速、经济地完成工作。

> 提升或放下这个杠杆，就能让两个综丝上下交替移动。

> 这个梳扰能够把纬纱推紧。

> 集合式综丝上面的框架和小孔

我很满意自己设计的这个丙烯酸树脂综丝。不过，恐怕只有那些不得不把数百根经纱穿进传统综丝的小孔里的人们才会有同样的感觉。我的综丝可以像梳子一样落到那些已经绷紧的经纱里。所有编号为偶数的经纱会自动落到一系列凹槽里而被卡住，而所有编号为奇数的经纱可以在一个槽里自由滑动。第二个综丝恰好相反，可以卡住编号为奇数的经纱，而让编号为偶数的纱线自由滑动。

在这种织布机上，你可以非常快的速度（也就是短短的几分钟）让纬纱完成一次循环，接着把综丝拿下来。然后，你再把综丝重新放在绷紧的经纱上，开始下一次编织。

据我所知，我这个"隔热垫专用织布机"是世界上独一无二的，你不需要专门的编织技术也能完成工作。这种设计是如此古老……当你以为这是一种全新的设计时，一个读者会给你送来一份100年前的专利说明书，该专利的设计思想与此完全相同。

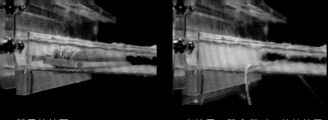

▲ 架子的特写

▲ 当梭子一路穿行时，纬纱就留在了绷紧的架子上。

▲ 梳扰被拉下来，把新的纬纱推挤到位。

▲ 一根新的纬纱应该以一定的角度穿过经纱。这样，当它被推挤到前一根纬纱旁边时，就会使布料额外增加一点点长度，让经纱可以从空隙中上下穿行。如果没有额外增加的这点长度，纤维就会被拽进来，让每一根纬纱越来越靠近相邻的纬纱。这是许多新手织布工都会遇到的问题。

▲ 将织物从织布机里取出时，它的经纱就留在了织物的两端。这样我们就到达了一个主要的里程碑——布料！实际上，你现在就可以用它来端热锅了。但我们会走得更远，把它缝纫好，还要给它绣上花。首先，我们将了解工业上是如何得到织物的。

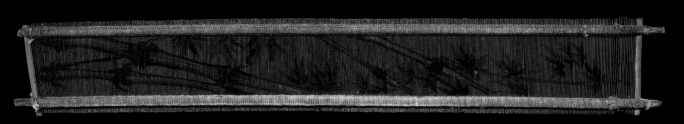

▲ 梳扰可以用竹子来制作，就像这个古老的中国艺术品一样。在织布机已经消失多年之后，还有许多值得保留下来的东西。这个竹制工艺品用传统的图画来装饰，而这幅画本来是要挂在墙上的。它在退休之后换了个方式完成它的任务。

参观纺织厂

在我的一生中，中国河北省某个村子里的这家小公司让我体验到了前所未有的心潮澎湃的感觉。很多纺织厂里都很嘈杂，但这家公司拥有一个不断变化的旋律。当我走进去时，织布车间里的声音让我想起了非洲鼓、电子音乐和保罗·西蒙。机器发出的音浪是如此质朴、强劲，给人一种地动山摇、铺天盖地的感觉，即使真正的音乐家也无法与之媲美。

这个车间里的地板在昏暗光线的照射下显得斑驳、深沉。如今大多数厂房都被荧光灯照得雪亮，而这样的车间反而显得很另类了。实际上，一切不运动的物体上都覆盖着厚厚的一层棉花纤维，就像长着一层苔藓一样。这让它看起来更像在另一个世界里。我希望在这些车间还存在时，能够到每个车间去访问一次。但它们很快就会消失，最终它们也许会从我的记忆中消失。

▲ 河北省的一家帆布纺织厂

当综丝把经纱按照奇偶数上下分开时，梭子就停在织布机侧面的两个驻留位置中的一个上面。

梭子和梳扰联动，它们在轨道上前后移动。

当需要梭子回到另一侧时，这个击锤就会动作，给梭子全力一击，把它送回到织布机的另一侧去。织布机发出的声响里有一半来自综丝的上下运动，另一半则来自锤击时所发出的声音。它们加在一起就敲出了一个 4/4 拍的节奏，嗖—哗—嗖—砰，嗖—哗—嗖—砰！每秒大概要编织 4 根纬纱（16 个拍节）。各台织布机的运行速度略有差异。每隔几秒，其中的一台织布机就会停下来，让声音变得更加丰富。而梭子无法提高效率的症结其实也在这里：每隔一两分钟，你就得给梭子重新装上纱线。

　　当我第一次意识到是什么赋予了这个工厂如此强劲的声浪时，我几乎无法相信自己的眼睛。那就是使用梭子的织布机。我们用这么长时间讨论一种织布机，也许你会觉得奇怪，为什么我会对这个事实感到惊讶呢？坦率地说，我不知道这种织布

同，这家工厂里的梭子是用光滑的塑料制成的，两端的尖角被用金属包裹起来（因为要承受锤击的力量），相当耐用。所有的梭子都有一个根本性的限制：当梭子穿过绷紧的经纱时，你希望尽可能在线轴上多缠绕一些纬纱；与此同时，你又必须保证梭子能顺畅地穿过上下两层经纱之间的空隙。因此，这个空隙的大小就决定了任何一个梭子持续运行的能力。

在这个工厂里，每两台织布机中间的过道上站着一个工人。他们的工作是保持织布机持续运转，具体而言就是等到梭子里的纬纱用完时，迅速换上一个装好纬纱的新梭子。一个事实是：每个工人之所以只能同时操作两台织布机，完全是因为梭子里纬纱消耗的速度太快了。

> 这台织布机有一根灵活的剑杆，它伸出来的时候仍然处于织布机的宽度范围之内。显然，这种剑杆能够大大节省空间。

在另一个房间里，我看到了这个现代化的标志——剑杆织机。它在各个环节上都和传统的织布机一样，但没有梭子。它有一根灵活的金属条（称为剑杆），剑杆会从一个方向穿过上下两层经纱之间的空隙，勾住另一侧的纬纱的末端，并将其拉拽过来。这根剑杆不需要带着纬纱穿过空隙，所以，它并没有像你想的那么大。

照管这台机器的工人只有在它出故障时才出手干预，而纬纱的穿行可以持续一整天。

▲ 这个船形梭子是用塑料制作的，其两端的尖角都被金属结结实实地包裹起来。

下单之前，数一数这块布是多少支纱

对于那些昂贵的"四件套"，厂家往往宣称，他们用的都是"支数"很高的布料。200 支纱嘛，还可以；300 支纱嘛，很不错。"最高级"品牌自吹是 600 支纱，甚至还有说用 1000 支纱的。然而，任何超过 220 支纱的东西几乎肯定都是假的，即使广告上赌咒发誓也没用。下面就是原因所在。

▲ 所谓的"1000 支纱面料"不过是床上用品厂商瞎编的谎言。

▶ 右边有两块布料，你觉得哪一块看起来编织得更精细？上面那一块在出售时标称"220支纱"，这是货真价实的，用一个测微计就可以证实。而下面的那一块显然编织得很粗糙，却被当作"1000 支纱面料"出售！他们把缎纹织物中几十股纱叠加在一起计算，就好像它们是单独的纱线一样。这纯粹是在瞎扯嘛。

▲ 用绳子做成的普通编织模型

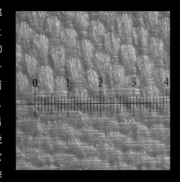

▲ 用绳子做的缎纹编织模型

当每一根纱线在每一个交叉点上上下下穿行时，我们称之为普通编织。这是最常见、最坚固、最耐用的编织方式，但是这并非唯一的解决方案。在上图中，我们看到了一种"卫星式"编织方式。纬纱并不是每次都和经纱交叉，而是从上方跨越 3 根经纱，然后钻到下一根经纱下面。

通过上面两幅图的比较，你可以看到在编织缎纹时，纱线的结合比普通编织更紧密。每一平方厘米的缎纹织物所用的纱线要比普通织物多得多，但这种紧密的编织方式也让缎纹织物比普通织物更沉重、更致密，更不容易透气。对于床单来说，这并不是一件好事。在床单的虚假营销话术发明之前，纺织行业一直根据单位长度内交叉点的数量来定义面料的支数，而不是根据两个交叉点之间有多少根平行的纱线来定义。

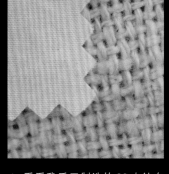

▲ 看看我手工制造的 30 支纱布料和机器制造的 220 支纱布料有多大差别。

在 200 年前，右边的那种布料是标准的商品，人们在日常生活中都用这种布料。而左边的那种布料则是遥不可及的奢侈品，连国王也用不起。今天，左边的那种布料是白菜价，但人们往往以奢侈品的价格去购买右边的那种粗糙的手工编织物。但是，它们是由比我心灵手巧的人编织出来的。

机器生产已经让最好的奢侈品变得稀松平常。然而，这同时又提高了人类手工劳作的价值，以至于任何一个不是机器制造出来的东西都是珍稀物品。

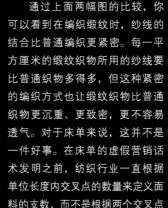

编织一件铜墙铁壁般的衬衫

除了棉花之外，还有很多其他纤维也可以用于编织，包括羊毛、亚麻、剑麻、尼龙，以及其他任何一种天然或人工合成的纤维。这些编织材料有时到了令人难以置信的地步。在这一节里，我们就会看到它们。

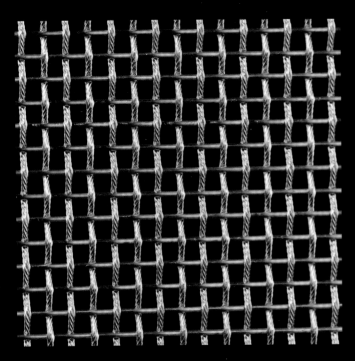

▲ 这是一块奇特的"布"，其中一个方向上用的是坚硬的不锈钢丝，另一个方向则用了青铜丝（青铜是铜和锡的合金）。这里的"纱线"是用金属制成的，但编织方法和普通布料是一样的。

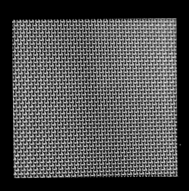

◀ 这种巨大的带子是用铜丝精心编织而成的。在造纸工业中，将木头或棉花制成纸浆时，用它把其中的水分挤压出来。这种"铜布"的表面必须绝对完美，因为任何编织上的缺陷都会留在它所处理的纸张的表面，而且还不止一次，而是在皮带转动的每一圈里都留下这个缺陷的痕迹。

▲ 编织出来的丝网蚊帐让世界上很多地区的居民得以逃脱被蚊子活活吃掉的厄运。

丝　网

丝网，比棉花纺织更加精细。和棉布不同，用金属丝线和合成纤维制成的丝网真的可以达到令人惊叹的 1270 支（这意味着每一平方英寸在纵横两个方向上分别有 635 根丝线）。

编织这种金属丝必然会遇到一些难题，所以编织它们的机器很大。这台丝网织机位于德国，可以编织 9 米宽的丝网。它使用了大量的钢材，因而重达 25 吨。纺织棉花的织布机本来是大型机器，但相比之下就显得很小巧了。这个机器比棉花织布机重得多，大得多。为什么呢？因为把钢丝连接在一起成为丝网要比把一缕一缕棉纱连接起来困难得多。如果你想要一块 9 米宽的布料，那么只需要把几块较小的布拼合起来就行了。而如果你想要一块 9 米宽的钢丝网（没错，也有人需要这种东西），最好一开始就把它编织成这么宽。为什么这么做？最重要的原因是张力。

钢丝不像棉纱那么容易伸展。拉直一根钢丝所需的力比拉直棉纱大得多。设想一下，你正在做一块 9 米宽的钢丝网，每一厘米包含 40 根钢丝。因此，一共就有 36000 根钢丝，每一根都需要用力拉直。这台丝网织机在每米的宽度上可以承受 8 吨的力量，总共承受 72 吨的力量。这些力量都作用在前部的绕卷和后部的经轴之间。36000 根钢丝都必须从织机后面穿过综丝上的小孔和梳扰，再固定在前面的绕卷上，而且需要手工操作。手工操作时，一次穿一根，一共 36000 次。这就需要两个工人（一个在丝网织机后面，一个在前面，互相把线头递给对方），每天两班倒（共 16 小时），连续干上 8 天。而在这段时间里，这台昂贵的机器则闲在那里，什么也做不了。

△ 一旦所有的钢丝都接好了，这台丝网织机就能夜以继日地运行三个星期，其间从不停歇，产出 550 米完美无瑕、质量过硬的丝网。这比棉花织布机的工作效率要低得多。最快的棉花织布机每秒可以编织近 30 根纬纱，而这种机器只能以每秒一根的速度慢悠悠地编织丝网。

△ 这就是丝网织机后部的经轴。钢丝被卷在它的上面，然后逐渐送进织机中。在棉花织布机中，经轴是一根钢棒，直径约为 25 厘米，在裹上棉纱之后，直径可达 120 厘米。而在这个丝网织机中，因为张力很大，需要更结实的经轴。这根经轴是一根直径为 80 厘米的钢管，壁厚高达 6 厘米。因为它本身的直径很大，所以它的上面也就缠绕不了多少钢丝了。

◁ 一台丝网织机，位于德国的某个工厂里。

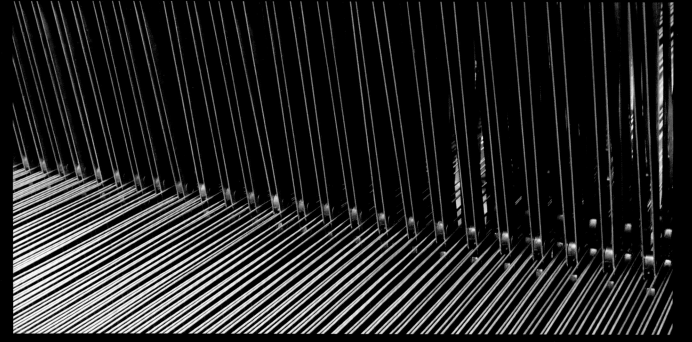

△ 机器有意思的地方往往藏在细节之中。这个是综丝，在织布的时候，它把经纱（或金属丝）交替抬起、放下。对应于每一根经纱（或金属丝），综丝上都有一个针眼。对于光滑的铁丝和棉纱，针眼就是一个简单的小孔；但对于多股的、复杂的线缆，这种小孔完全不起作用。在这种情况下，你需要为每一个针眼配备一对滚珠轴承，为那些跳动的线缆提供顺畅的通道。

△ 和编织棉布时一样，除了这种最简单的上下穿梭的纺织方式，还有很多方式可供选择。上面的这两幅图展示了用不锈钢丝编织缎纹时的效果（正反两面）。

◁ 布料可以用很多材料来纺织，如不锈钢、黄铜甚至是金属和尼龙丝的混合物。有趣的是，按照纺织行业的传统，不管这些东西实际上是用什么材料制成的，哪怕它们是结实的多股纤维、挤压出来的铜丝甚至拉制的金属线都统称为纱线。

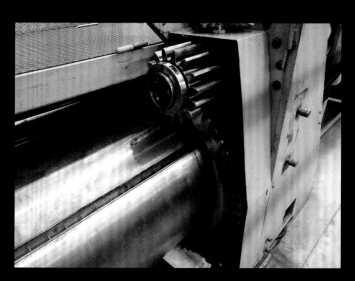

▷ 没有什么比得上一对真正的大齿轮更有力了。这些怪兽般的齿轮可以产生几吨的力，以保持用来编织的纱线能够适当绷紧。

美丽的废料，是工业上提供的最好的东西之一。"最美工业废料奖"应颁给这些由电镀行业制造（并野蛮回收）的镍铬结核。在编制丝网时留下的那些边角料也相当不错。当你拥有一顶用丝网废料制成的皇冠时，谁还需要荆棘冠冕呢？（在圣经故事里，耶稣被钉上十字架的时候曾戴了一顶用荆棘编成的冠冕——译者注。）

你也许认为"用电线做衣服"是在开玩笑，但事实上你可以买到几乎所有类型的用金属丝制成的服装，如衬衫、帽子、裤子、内衣、袜子等。这些布料大部分是用镀银的尼龙丝或聚酯线制成的，而不是实心的金属线，但我觉得它们还是很重。这些东西是为那些担心曝露在电线、手机基站、外星人或政府部门所发出的电磁波中的顾客所订制的。就我个人而言，我并不担心这些问题，但我确实认为这种衣服很棒，所以我就把他们写进这本书中了。

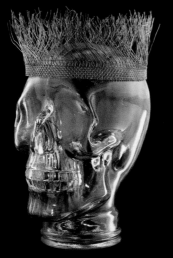

这就是那些漂亮的边角废料的来源。当每根纬纱被剑杆带着编入经纱中后，它就会被截断，并在末端留下一小截。而当丝网被卷起来的时候，人们会用一把切刀沿着丝网的边缘切掉几厘米的长度，被切下来的部分掉到一堆要回收利用的丝网上。为什么要浪费这么宽的丝网呢？因为它们不完美：边缘的那些纬纱的角度并不总是完全正确。

丝网，也用于制作有实用价值的防护服。这个手套是卖给那些经常使用大刀切东西而又不愿意切掉自己手指头的工人的。

有时，用于编织的金属丝也会被放在一个很奇怪的地方，比如我的心脏的左前降支动脉。心脏支架是用非常细的金属丝编织成的网状金属管。这些照片中有一根你看不到的管子（因为它的金属丝太细了，在 X 光片里是看不到的），从我的手腕一直穿到了我的心脏，然后张开到位，把动脉撑开。否则，在这本书完成之前，心梗已经夺走了我的生命。谢谢你，金属丝、X 光片，还有那些技术高超的医生。

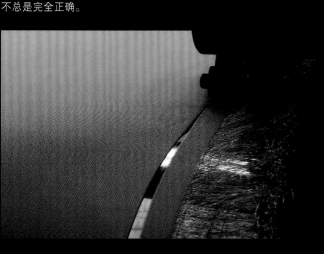

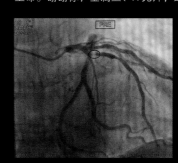

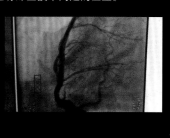

缝　纫

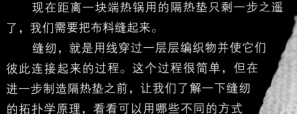

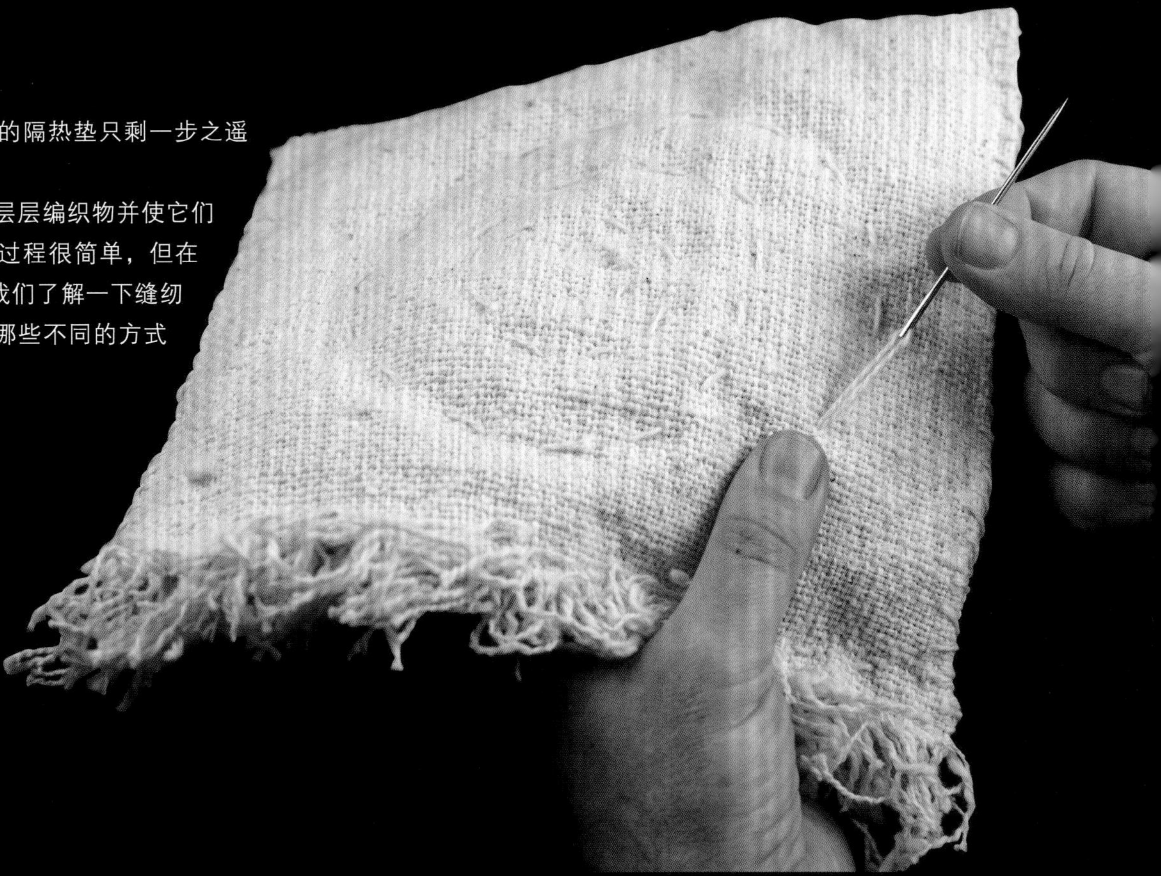

现在距离一块端热锅用的隔热垫只剩一步之遥了，我们需要把布料缝起来。

缝纫，就是用线穿过一层层编织物并使它们彼此连接起来的过程。这个过程很简单，但在进一步制造隔热垫之前，让我们了解一下缝纫的拓扑学原理，看看可以用哪些不同的方式完成缝纫工作。

缝纫拓扑学

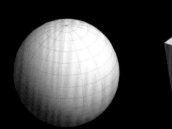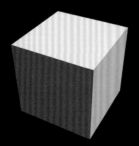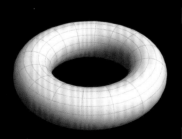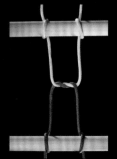

拓扑学是数学的一个分支，研究形状的结构，而不考虑其细节。例如，在拓扑上，一个球体和一个立方体相同，但它和甜甜圈不同。因为甜甜圈多了一个孔，所以它就形成了一个完全不同的拓扑类型。

打结是拓扑学中的一个经典例子。如右上图所示，即便不把绳子从两根木棍上解下来，也能把左边的结打好，而另一个结则需要至少把一根绳子解下来才能打好。分析哪些绳子可以在两端都固定的情况下打结就是一个拓扑学问题。这也是一个对于缝纫来说至关重要的问题。

平针绣

　　图中这两层透明的蓝色丙烯酸树脂薄片代表了两层织物。通常而言，缝合是把两层织物紧紧地拉在一起；但在这一节里，我特意把它们分开了，以便读者能够更清楚地看到两层织物之间发生的事情。

　　缝制隔热垫的方法是这样的：把两块布料叠起来，然后用针线一上一下地穿过两层布料，每一针都要拉紧。这种缝纫技术经历了漫长的岁月，其起源已不可考。你可以看出来这是"平针绣"手工工艺。这种缝纫方式的特征，像它的名字那样，就是在每一针缝过之后，针脚在布料的两侧都清晰可见。这种缝合方法的强度很大，但存在一个和织布机的梭子类似的问题：每缝合一针，你都得把线完全拉过缝合的位置，因此，线的长度限制了你在把线用完之前一共能缝多少针。然后，你就得换上一根新线。而线的长度通常是你的手臂长度的两倍再加上身体的宽度。超过这个长度，再想把每一针都拉到底，就很不方便了。

　　人类最初的针是用骨头制作的。这种骨针今天依然在制作，但那只是为了重现历史而已。现代的手工缝纫用的都是钢针，它们更细、更锋利。关于手工缝纫，并没有什么好说的了。有各种风格的缝纫方式，但归根结底，它们做的都是同样的事情：将针穿过布料，然后把线拉紧，不断重复，直到把衣服缝好。

　　每缝一针时，都需要把整根线拉紧，这实际上比织布机上

最早的缝纫用针是用骨头制作的。右图中的骨针是在法国的某个洞穴中发掘出来的，迄今已有 12000 年至 19000 年的历史。有足够的证据证明在 60000 年前，人类就已经造出了类似的骨针以及制造骨针所需的工具。

▽ 现代制造的钢针

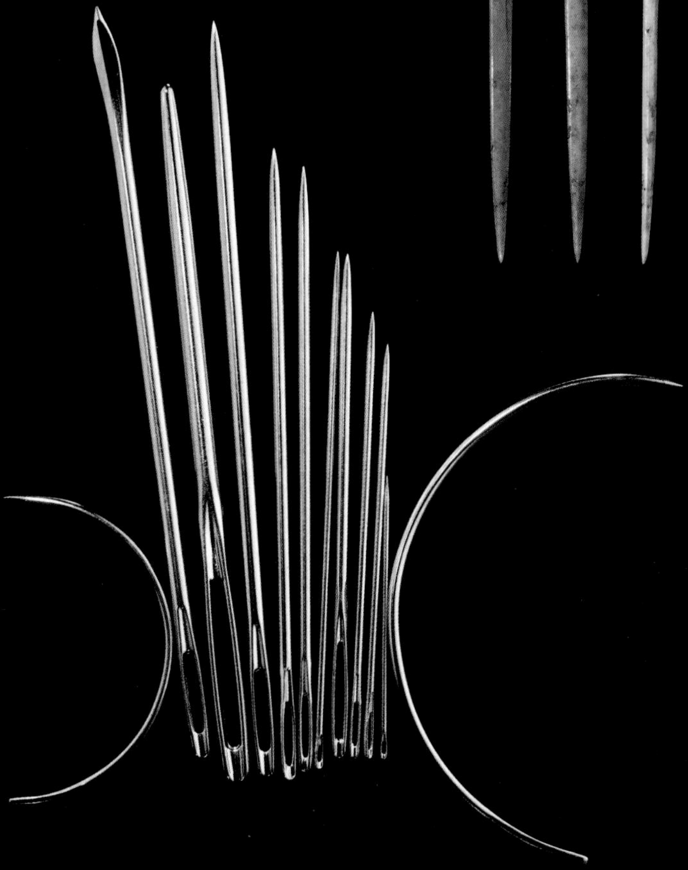

的梭子的问题还要严重得多。尽管梭子使用起来并不方便，但人们还是制造了机械化的梭子。然而，从来没有任何机器试图复制手工缝纫时这种需要把线全部拉紧的做法。因此，需要一种新的方法，允许针使用任意长度的线轴（就像在剑杆织布机中剑杆所使用的那一大卷纬纱一样）。

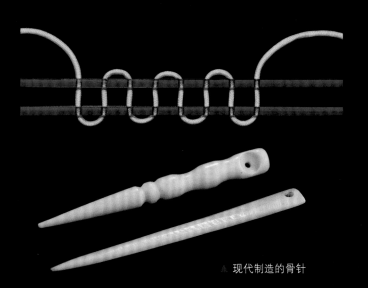

▲ 现代制造的骨针

链针绣

对于缝纫工艺的机械化，早期的尝试一直未能奏效，直到人们发明了一种完全不同的模式，即把针眼放在针尖上，而不是针的尾部。

这是一个不可避免的客观事实：如果你不希望在缝每一针时都要让整条线从这块布中穿过，那么当你在布上戳一个洞并把线穿过去之后，你就不得不把它从同一个洞里再穿回来。无论你在这块布的下面对这根线做了什么，它都会形成一个环套，从同一个洞里再出来。这是拓扑学上确定的事实，它严重地限制了缝制的工艺类型。（除非你让线绕着这块布的边缘走，但那就是耍赖了，我们这里谈论的是在织物的中间进行缝合。）

链针绣是一种使用单股线，仅在布料的一侧工作的缝合方式。在类似效果的缝合方式中，它是最简单的一种。布料下面的每一个环都会固定住下一个环，而线始终从同一个洞里进出。这种方法只有一个不起眼而实际上很重大的缺陷。

当你在用平针绣工艺缝好的织物中拉一根松动的线时，什么也不会发生，这条线并不能被抽出来。除非你按照与缝合时相反的顺序，在布料两边交替拉扯缝合线，否则缝合线是不会动的。平针绣非常牢固。

但是，如果你去拉链针绣末端的线头，则整根缝合线都会崩开。因为在缝合时，线始终位于布料的同一侧，所以没有什么东西能够阻止它再从这里跑出来。由于这一缺陷，链针绣仅用于装饰性的刺绣，或者用在便于打开的米袋封口上。

用链针绣缝合米袋，这是一种很实用的方法。但恐怕你不希望把这种缝合方式用在你的裤子上吧？你需要一种更好的缝合方式。

▲ 这是 60000 年前所制造的针的样子。无论它的材质是木头、骨头、象牙、铜还是钢，针眼都位于针的尾部。

19 世纪，针眼终于被移到针的前端，从而让机器缝纫首次成为可能。

▼ 链针绣很简单，但有个缺陷，它太容易被打开了。

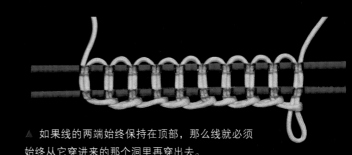

▲ 这是一个有趣的例子：即使某种方法存在巨大的缺陷，它依然能够找到自己的用武之地。面粉、大米、猫粮、肥料等商品很多都是用大袋子包装后出售的，而袋子顶端的开口就是用链针绣封合起来的。要打开这个封口，你只需要找到正确的线头，然后拉扯它，几秒过后整道缝合线就全部被解开了，袋子也就完全打开了。（在上图中，用链针绣缝了两道缝合线，所以你就得拉扯两次。）

▲ 如果线的两端始终保持在顶部，那么线就必须始终从它穿进来的那个洞里再穿出去。

结实的缝合

仿平针绣

这种单线的机器缝合方式是一种有趣的变种，被称为仿平针绣。从上方看，它就像是手工操作的平针绣，每缝一针时线都被拉紧，缝合的线段都能看到。然而，实际上它是用机器缝合的，线总是从下面穿过去。有一种商业缝纫机恰好能实现这种缝合，叫作宝贝锁针刺子绣。我不会告诉你它的工作原理，因为思考起来实在让人头疼。（好吧，我承认，我没搞懂它的工作原理。既然这类缝合方式和锁针绣面临同样的问题，而下面正好也要介绍锁针绣，那么我们就不在这里纠结了。）

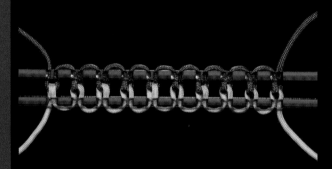

锁针绣

所谓的锁针绣是几乎所有的缝纫机正在做的事情。请注意，在工作过程中有两根不同的线，一根始终停留在织物的上方，另一根则留在织物的下方。在缝每一针的时候，它们会彼此缠绕，而且总是按照同一个方向缠绕。这种锁缝式的缝合非常结实。当你去拉扯缝好的线时，或许可以把前几针的线拉扯出来，然而上方和下方的线会迅速纠缠在一起，阻止更多的线被拉扯出来。这是因为两根缝合线不断缠绕在一起，哪怕中间的那块织物突然消失了，这两根线也不会松开，因为它们就像两根绳子以螺旋状纠缠在一起。

我不太敢介绍使用刺子绣（Sashiko）的机器，但锁针绣缝纫机太重要了，无法略过不谈。我在这里所描述的是通用系统，所有的标准缝纫机都是按照这种方式工作的。自从缝纫机问世以来，在很长的一段时间里，除了那些最专业的特殊用途之外，没有人想出更好的缝合方式。经过了100多年的努力，情况依然如此。

顶部的线

如果织物下面的那一根线来自某个线轴，而这个线轴并没有固定在针上，那就非常理想了，机器可以持续进行缝纫工作，缝上好几千米，而无须中途停下来换新的线轴。遗憾的是，这根本就行不通，因为从拓扑学上看，这是不可能的。如果下面的那根线同样来自一个和针分离的线轴，那么这两根线就不可能彼此缠绕在一起。为了实现这种连续、强韧的缝合方式，织物下面的那一根线就必须从一个足够小巧的线轴上拉过来，以便织物上方的那根线能够在每一针上完全缠绕在下面的那根线上。

上面的那一根线来自一个巨大的线轴，这个线轴距离缝针很远。在实际生产中，工业级缝纫机所使用的线轴大概有可乐瓶那么大，上面卷着的线可长达5.5千米。从理论上说，这个线轴上的线的长度并没有限制，因此它并不限制缝纫过程。从这个意义上说，这根线很像剑杆式织布机里的纬纱。

嗯，这就是锁针绣的实施方式。上方的那一根线被针带着向下穿过织物，以线环的形式被拉出来。随后，它会在一个梭芯上绕一圈（这个梭芯里有一个线轴，其上缠绕着下方的那根线）。接着，它又被向上拉起来，拉紧刚缝的这一针。上方的那一根线绕过梭芯之后就会和下方的那一根线缠绕在一起。重复这个过程，同时每一针都把织物移动一点，就能实现锁针绣了。

缝纫机是如何让这种魔法般的事情发生的呢？特别值得一提的是，它必须克服这样一个问题：顶部的那根线必须完全围绕梭芯的各个方向穿过，同时还必须把梭芯固定到位。为了说明这一点，我们需要在这个模型里增添一些东西。

关于梭芯的运行问题，人们花了很长时间才将其解决。对此，人们曾有过很多发明，然后又将其一一否定。这个模型再现了现代缝纫机的系统构造，但略去了稍后我们将看到的一些细节。在一台缝纫机中，主要动作有两个：针以轻快的节奏上下来回运动，梭芯周围的钩形组件带动梭芯以恒定的速度沿逆时针方向旋转。这个过程中没有突然的启动和停止，所以缝纫机的运行很平稳，产生的震动很小，同时还保持了很高的运转速度。家用缝纫机大概每秒可以缝 10 针，大多数工业缝纫机每秒缝 30 针左右，最快的商用缝纫机可以达到 60 针 / 秒。

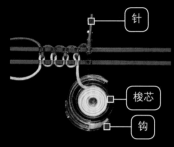

▲ 循环开始。此刻，针正在穿过织物，钩形组件开始向右侧靠近。

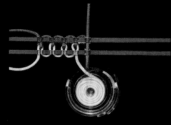

▲ 注意，针开始弯曲，在朝向我们的方向上产生轻微的突起变形，就在针眼的上方。

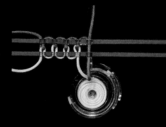

▲ 钩形组件就是一个很尖锐的弯钩，这使得它能够在针和上方的那根线之间滑动，就在针突起变形的地方。

▲ 当这个钩形组件围绕着梭芯继续旋转时，它就会把上方的那根线拉成一个环。注意，上方的那根线的两端依然处于梭芯的同一侧，还没有与下方的线缠绕。

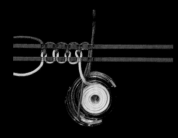

▲ 钩形组件后面的那个斜槽使得线环的一侧朝后移动，来到梭芯的后面。同时，线环的另一侧则依然在梭芯前面。

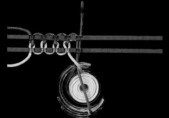

▲ 现在，这个线环达到了它的最大尺寸，完全包住了梭芯的支架。此刻，梭芯悬浮在它的外壳（梭壳）里，两者之间保持足够大的间隙，能让上方的线从各个方向穿过。

▶ 当线在梭芯里走完一圈之后，机器顶部的拉杆就会把线拽回，把线环拉紧，完成这一针的循环。

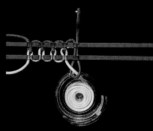

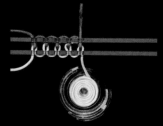

缝纫机

拍摄真正的缝纫机的内部结构实际上没多大用处，因为梭芯有个不透明的金属外壳，它遮盖了里头发生的一切。另外，缝纫用的线太细了，你很难看清它们。在下图中，你可以看清梭芯、梭壳、钩形组件等几个部分是如何组装起来的，从而想象它们工作时的情形。

在上一页的模型中，我们并没有画出梭壳的样子。它恰到好处地包裹在梭芯周围，容纳了旋转的钩形组件。上方的那根线在梭壳里形成一个线环，套在整个梭芯周围。

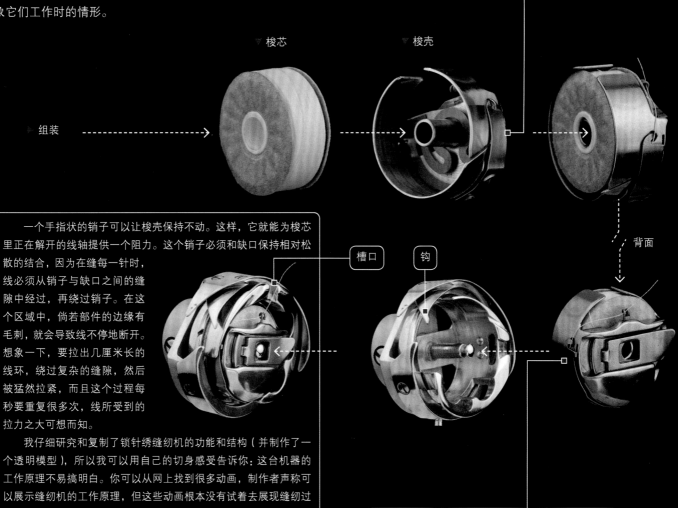

▽ 梭芯　　　　　▽ 梭壳

➤ 组装

背面

一个手指状的销子可以让梭壳保持不动。这样，它就能为梭芯里正在解开的线轴提供一个阻力。这个销子必须和缺口保持相对松散的结合，因为在缝每一针时，线必须从销子与缺口之间的缝隙中经过，再绕过销子。在这个区域中，倘若部件的边缘有毛刺，就会导致线不停地断开。想象一下，要拉出几厘米长的线环，绕过复杂的缝隙，然后被猛然拉紧，而且这个过程每秒要重复很多次，线所受到的拉力之大可想而知。

我仔细研究和复制了锁针绣缝纫机的功能和结构（并制作了一个透明模型），所以我可以用自己的切身感受告诉你：这台机器的工作原理不易搞明白。你可以从网上找到很多动画，制作者声称可以展示缝纫机的工作原理，但这些动画根本没有试着去展现缝纫过程中真正艰难、精细的部分。我曾以为自己理解了，但当试着动手制作一个模型时，我才意识到自己的理解也是浅尝辄止。在介绍轧棉的时候，我曾经说过轧棉机在1000年前就被发明出来了。坦地说，缝纫机竟然真的被发明出来了，我很惊讶。这给我留下了深刻的印象。

槽口　　　　钩

梭壳的作用是提供一个张紧用的弹簧，从而调节梭芯在拉线时所用的力。如果梭壳可以自由旋转（就像在上面的模型中展示的那样），缝线就很易拉动。

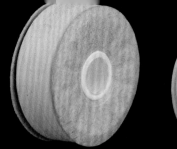

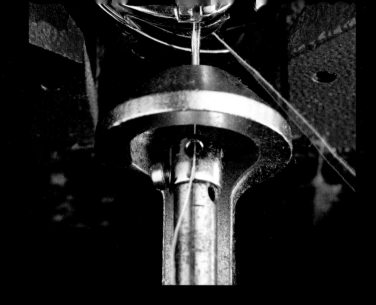

工业和商用缝纫机所使用的梭芯有很多不同的型号，但通常都很小巧。尺寸最大的那些梭芯只能用在慢速缝纫机中，用很粗的线来缝纫（说起来，它更接近"绳"而不是"线"）。所有的高速缝纫机，哪怕是最强大的那一类工业缝纫机，所使用的梭芯的直径通常也不会超过 2.5 厘米。

对这些机器的操作者而言，这是一个很严重的问题：这些梭芯里通常装有 200 米长的线，而在缝纫机全速工作时，这些线只能维持 10 分钟。随后，线就用完了，操作者不得不停下机器，换上新的梭芯。在工厂的生产环境中，这是件非常麻烦的事情。

苍天在上，他们为什么不把梭芯做得大一点，使容纳的线更多一点呢？嗯，早期的一些厂商的确试过制造很大的梭芯，但这些机器的工作状况并不是很好。问题在于，既然有了一个更大的梭芯，上方的线要绕过它所需的线环就必然更大。而这就降低了缝纫的速度，线所承受的拉力也会更大，更容易磨损。假设你正在做一个 3 毫米长的针脚，那么你就需要拉一个 125 毫米的线环才能绕过这个大梭芯，而上方的那一根线中的

每一段最终都会在梭芯壳里环绕 40 次，然后才能被缝合。

几代人的摸索和实践终于证明了一个道理：今天工业缝纫机上所用的梭芯的尺寸就是最合适的，并不需要再做得大一些。

正如我们在第 235 页的模型中看到的那样，缝纫用的针和梭芯的钩形组件之间必须严格对齐。钩子必须恰好碰到针，并从针上方的线之间的微小空隙中穿过；同时，还必须在正确的时间完成这个动作，因为这根针已经刺穿织物，就要向上运动了。每一台缝纫机都必须采取某种方式来确保做到这一点：通常采用坚固的金属框架、齿轮和齿条，但还有其他方法，正如我们将要看到的那样。

双线轴缝纫机

这台双线轴缝纫机只是一个试验品，并没有赶上潮流。你可以用一个标准尺寸的家用线轴作为这台缝纫机的梭芯。在它的顶部有一个巨大的紧线器连接杆，它需要比正常的缝纫机运动更长的距离，以拉起一个巨大的线环并绕过整个线轴。有了这台缝纫机，你就可以连续工作几小时，而不会用光梭芯里的线。当然，在整个过程中，你还是希望有一个较小的梭芯。

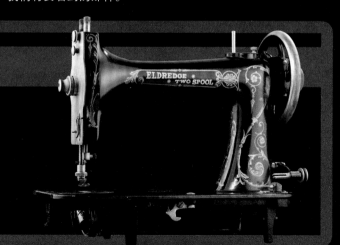

琳琅满目的缝纫机

缝纫机有很多型号，各式各样，有大有小。最初，它们都是用厚重的铸铁制成的，沉重、坚固，仿佛可以永不损坏。我已经修复了一些缝纫机，它们都有上百年的历史，而我只需要给它们加一点油，做一些调整就行了。今天的缝纫机已经变成了廉价的塑料模型，只能使用几年而已。但有利的一面是，它们可以做更复杂的工作，而且不像早期的缝纫机那么沉重。

▷ 这台机器比玩具大不了多少，但它重了很多，因为它绝对是一台严格意义上的缝纫机，诞生于普遍使用铸铁制造机器的年代。圣家牌"羽重"缝纫机因其平稳的操作、紧凑的尺寸和坚固耐用的品质而赢得了缝纫爱好者的赞誉。这类缝纫机在美国生产了30多年的时间，直到1969 年才停产。

▽ 这是一台俄罗斯制造的链式缝纫机，诞生于苏联时期，只有二三十厘米高。它的结构简单，制造工艺也不算精良，但还是很好用。

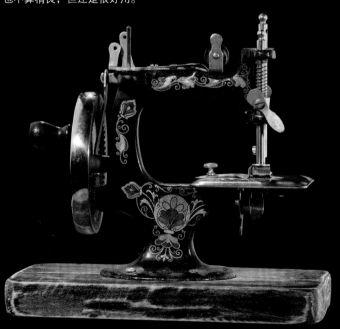

▲ 今天，和那个俄制小型链式缝纫机相当的是这种用塑料制造的便宜货，它只比玩具高级那么一点。它可以进行链针绣，所以最适合拿来做临时性的缝补工作。

钩形组件

齿轮传动带

▲ 这台机器在大小和价格（大约 20 美元）方面都很像玩具，但它是真正的锁缝缝纫机，只是……没有那么正经八百了。

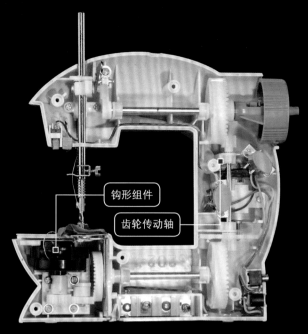

钩形组件

齿轮传动轴

▲ 这就是"一分价钱一分货"的道理。有些钩形组件是用塑料做的！尽管这台缝纫机的价格很低，但它确实很好地展现了针和钩形组件（两者分别由顶部和底部的一根水平的钢轴驱动）实现同步的常见方法。

SINGER

▲ 100 多年来，这就是家用缝纫机的样子。它的尺寸和功能都与现代产品基本相同，只是要简单得多（没有那些花哨的锯齿形缝线），也更坚固耐用。

SINGER | Talent

▲ 在 20 世纪 60 年代的某个时候，缝纫机制造商认为用户把他们的机器使用得太久了（也就是说永远不更换），决定开拓新的市场。于是，他们开始制造蹩脚的机器，在设计上注定这些机器使用几年之后就会坏掉。这种做法基本上就是由缝纫机制造商发明的，还有一个专门的名字——计划报废。据说，一些公司甚至到处去购买自己出品的那些近乎永恒的缝纫机并将其销毁，因为它们的存在无疑冲击了那些蹩脚机器的市场。

缝纫机都是由人类的脚来提供动力的。你需要一些练习才能掌握踩踏板的正确节奏。这个设计相当实用，有些人更喜欢享受手动操作缝纫机的乐趣。

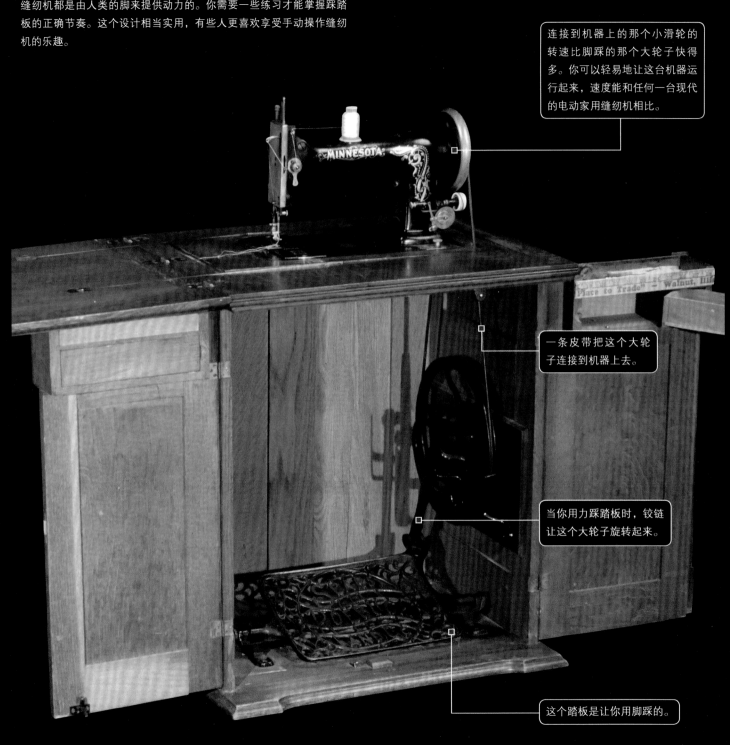

连接到机器上的那个小滑轮的转速比脚踩的那个大轮子快得多。你可以轻易地让这台机器运行起来，速度能和任何一台现代的电动家用缝纫机相比。

一条皮带把这个大轮子连接到机器上去。

当你用力踩踏板时，铰链让这个大轮子旋转起来。

这个踏板是让你用脚踩的。

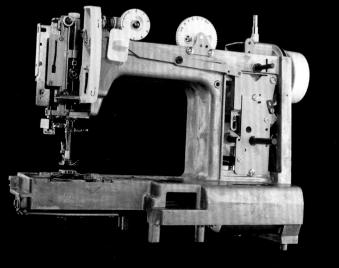

▲ 在这个中档家用缝纫机中，我们可以看到一个坚固的铸铝框架，还有许多塑料与金属齿轮、杠杆、凸轮，以及一些聪明的小花招（在使用一段可预测的时间之后，非常及时地坏掉）。拥有一台永远运行的机器，当然是件很好的事情；但话又说回来，把机器做得这么坚固耐用，那么成本是很高的，而且你将被这一台机器永远缠住了。快速磨损的廉价机器可以被新的廉价机器所取代，而新机器总有一些巧妙的新功能，比如计算机控制的花式缝合。而这些新机器也只能工作几年而已。

▲ 世界上许多缝纫机具有特定的用途，把它们汇集在一起，就像个动物园。比如，这是一台德国生产的制鞋机，目前仍在瑞士的一家修鞋铺子里工作。它的工作任务是把鞋面缝合到鞋底上，因此，它必须穿透厚厚的几层皮制鞋面，还必须在非常狭窄的空间里完成工作。

▲ 它用的针非常粗，同时还带有弧度，所以它可以从侧面戳进鞋子里（它的运动轨迹是一条弧线，而不像普通缝纫机那样直上直下运动）。在它的下面，有一个巨大的梭芯装置，比正常缝纫机上的要大得多。这台缝纫机工作起来很慢，通常由手工操作，因为你需要非常小心地对每一针进行定位。

▲ 今天，我们不可能再去买一台坚固、皮实、永不报废的缝纫机放在家里使用。但是，在工厂里计划报废的廉价塑料机器都不会被接受，因为厂家需要机器每天都尽可能连续工作，以获得预期的收益。因此，工业缝纫机和过去一样坚固、沉重。这种用铸铁制造的机器有一个很深的"喉咙"，可以对十几层合成面料进行锯齿形缝合。它的目标就是制造船上用的船帆，当然也可以像家用缝纫机那样使用，只是杀鸡用牛刀了。考虑到通货膨胀之后，它们的价格大致与那些可以用一辈子的家用缝纫机接近。以当今的缝纫机标准来看，只有把它和那些廉价的塑料替代品进行比较，它们才会显得有些昂贵（每台要几千美元）。

▼ 这种现代化的修鞋机是由中国制造的。它与工厂车间的环境格格不入，但如果偶尔拿来修一下鞋子，还是很好用的。（如今，还有谁会去修鞋呢？）它用坚固的金属制成而不是廉价塑料，未经雕琢，也没有任何浮夸的装饰。它为实现功能而生，绝不追求珠光宝气。我喜欢这一类机器，无论是价值 100 美元的修鞋机（就像这一个），还是 80 美元的钻床或者 500 美元的铣床。这些非常便宜的工业机械一直被简化到它们最本质的部分，但这并不会让它们变得脆弱，而是让它们变得质朴（当然，通常需要打磨一下，它们才能顺畅地运行起来）。

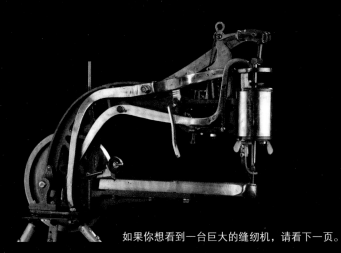

如果你想看到一台巨大的缝纫机，请看下一页。

绗缝机

这台机器接近我所知道的最大的缝纫机。由于一些复杂的人际关系，它目前还放在我的工作室里。这台机器本身是两种机器的组合体：一台高速的商用缝纫机和一台 X—Y 坐标绘图机。普通的绘图机顶部装有一支绘图笔，可以在纸上留下墨迹。这台机器用缝纫机代替绘图笔，在一层层的布料上缝出线条，并通过绗缝固定棉絮。它的速度非常快，在缝直线和轻微弯曲的曲线时，每分钟可以达到两千针，也就是每秒超过 30 针。（而当它需要缝出一个急转弯式的尖角时，速度就必须减慢很多。它的横梁重达 1 吨，不可能立即停止或启动。）

这台机器怪兽的核心是一台看似非常普通的缝纫机，但也有一些特殊之处。这些特殊之处足以让我赞叹它的工作原理，也让它能够连续几小时以非常高的速度可靠地完成缝合任务。

正如我们在前文中所看到的那样，几乎所有的缝纫机（从最便宜的家用缝纫机到最昂贵的工业缝纫机）都有两个共同之处：一个坚固的金属框架，保证缝纫用的针能和梭芯装置完美对齐；一对和齿轮连接的驱动轴，以保证针和梭芯能够精确地同步。在这台机器中，二者都不存在。

在这台机器上，缝纫用的针和梭芯被分别安装在一个移动臂上。这两个移动臂各自拥有自己的齿轮传动带，它们在自己的轨迹上移动，彼此完全独立。它们由各自独立的伺服器驱动，而一套被称为电气传系统的机制可以保证它们同步。

在看到机器之前，我最初看它的设计介绍时的第一反应就是：它永远不可能正常工作。而当看到横梁的大小和重量以及两个移动臂上的线性轴承的精度时，我想："啊，它就是这样完成任务的。"我敬畏这台机器的能力。它能够快速地掠过一块巨大的织物，还能保持毫秒级的时间精度和 0.1 毫米的位置精度。

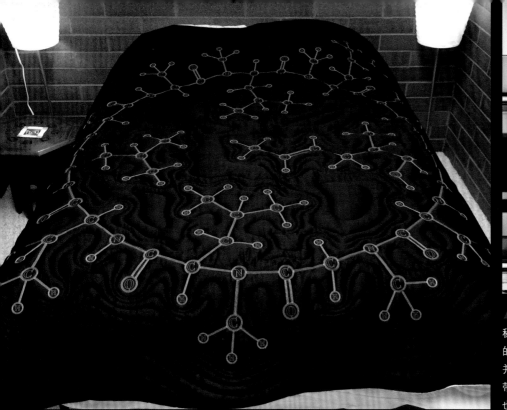

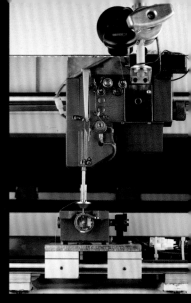

在这些机器惊人的精度背后有一个秘密：那些看起来像橡胶齿形传送带的东西其实是连续的航空钢缆，它们并排裹在一层薄薄的橡胶里。这些皮带被拉得非常紧，完全没有延展性也没有弹性。

我用这台机器制作了带有各种非传统图案的被子，比如带有元素周期表的被子、带有免疫抑制剂环孢菌素分子构型的被子等。制作这些特别设计的被子需要一到几小时，主要是因为在缝制图案中的各种尖角时，机器的速度会慢下来。

我似乎在滥用这台机器，因为做一条被子就需要好几小时，而它真正的价值在于非常快地缝制很多条被子。中国的一个床上用品厂有 5 台这样的机器，每天能生产几千条被子。你能想象得到吗？这是一个梦幻般的工作量，而之所以能成为现实，是因为所生产的被面上的图案都是由长长的直线和光滑的曲线简单组合而成的，所以机器可以在几分钟内迅速完成缝制。如果你在沃尔玛买了个便宜的四件套（也可能是在某个专卖店里买了个昂贵的四件套），那么它很可能是在这样一台机器上缝制出来的。

两千美元和价值 1 美元的隔热垫

在看过巨大的缝纫机之后，我们还是回到端锅用的隔热垫这里。我费尽心机，手工缝制了这块隔热垫。上下两层织物中间夹杂着一些松散的棉花纤维（称为棉絮），以增强隔热效果。我在隔热垫的表面进行了绗缝，以免棉絮到处乱跑。

这块隔热垫是用来端起滚烫的热锅的，我小心翼翼地把它收藏在一个安全的地方，以确保它万无一失。这个可笑而夸张的东西耗掉了我的半条老命。

在我制作这块隔热垫的故事里，我们能在许多方面看出小规模制造某个东西和大规模工业化生产之间的差异。这些差异非常重要。

把我制作这块隔热垫所用的费用都加起来，我想至少有 1000 美元。实际上，按照那首好听的乡村歌曲《千元车》（*Thousand Dollar Car*）的说法，总成本可能接近 2000 美元。让我们把这一切都算进来：租一个旋转式拖拉机；雇几个伙计帮忙犁地、耙地、播种；我的潜水泵已经无可挽回地沉入了湖底；开了 270 多米的水渠，把水引到棉花地里；买了一个洒水器；买了一台手扶式拖拉机，清理每一垄土地，以让照片拍出来更好看一些……金额不断增加，这不过是为了得到几斤棉花而已。接下来，还有轧棉、梳棉、纺纱、织布、缝纫等步骤，这块隔热垫的成本继续增加。

这块隔热垫花了我 2000 美元，而它的品质比我在任何一个沃尔玛超市里花一两块钱就能买到的那种隔热垫要糟糕得多。商业化种植和大规模工业化生产具有极高的效率，人们可以用少得不像样的成本制造出精美实用的产品来。

这是一件好事吗？我觉得是。让我来告诉你为什么。

我曾经听一位时装设计师说，她设计的衬衫完全是用手工制作的，对此她感到非常骄傲。首先手工纺纱，然后用天然的靛蓝将纱线染成蓝色，再用织布机纯手工织成布料。也就是说，一个小村庄的工人们通过两个月的手工劳动才做出了她的这么一件衬衫。

想一想，这意味着什么。她的生意建立在这样一个分裂的世界上：有一群人能够付得起很多钱买到这件衬衫；与此同时，另一群人为此必须不辞辛苦地干上两个月。我可不想生活在这样一个世界里。

这位设计师希望这些人继续用手工制作衬衫。换句话说，她希望这些人继续保持贫穷。而在中国的南塘疃村，人们走上了一条截然不同的道路。他们投资引进了大规模自动化生产设备，极大地提高了他们生产优质商品的能力。今天，他们有了用于自动播种、自动轧棉、自动梳棉的机器设备。明天，他们或许也会拥有自动采摘棉花的机器。每前进一步，村民们就会拥有更强大的生产力，能够过上更好的生活，并把更多的资源回报给他们的社区建设。

从本质上说，我是一个乐观主义者。当机器夺走人们的工作时，他们可能流离失所。但随着时间的推移，在每一个大洲和每一个国家里，当这种情况发生时，结果总是这些人又获得了新的工作，整体的教育程度得以提高，每个人都过上了更美好的生活。做到这一点并非易事，因为路上总会有许多艰难险阻，但工业化总是会被证明是有价值的。近些年来，我的乐观主义精神受到了严峻的考验，因为在我们的世界上，很多地方已经出现倒退。勤劳的人们发现他们的收入和生活水平正在倒退，同时他们又看到富人越来越富有。这种情况是很危险的，必须加以阻止。

▲ 南塘疃村的孩子们在试着操纵我的无人机，我用这个无人机来给他们父母的棉田拍照。

我相信，我们将再次进入一个人人都拥有更多机会的时代。我必须相信这一点，因为另一种可能性实在太恐怖了，我甚至不愿意去想它。所以，我选择希望而不是绝望，并相信科学和技术的进步将会日新月异。我渴望这个光明的未来，如果我看不到它，那么至少希望我的孩子们、南塘疃村的孩子们以及这个世界上其他所有的孩子能够携手并肩，一起编织出人类命运共同体的美好未来。

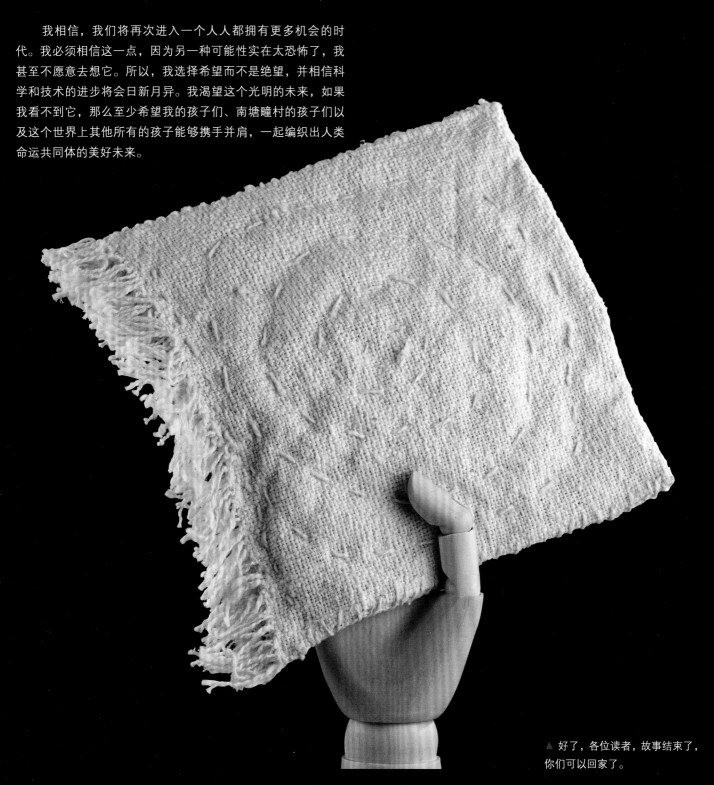

▲ 好了，各位读者，故事结束了，你们可以回家了。

后　记
万物的耳语者

　　我的一位朋友曾经形容我是一个"万物的耳语者"。这听起来有点像"马语者"，但我并不会和这些动物建立深厚的感情，我只能修理东西。这两件事倒是很相似。

　　如果我说修理东西和理解马的内心世界一样，这听起来未免有些奇怪。但当你正确地做事情时，修理马蹄和修理东西同样涉及深厚的情感因素。这是让人类的大脑充分发挥潜力去解决各种难题的唯一途径。

　　想象一下，你要学习一个魔术，或是投球，或是读出一个艰涩的字来。你看到了某人在这么做，然后尝试去模仿他。首先，你想象你的身体正如此这般操作了一番，然后你就动手去做了。接着，你再看一遍，看看你在哪里搞砸了，如此反复。模仿，需要你和你正在观察的人建立心理上的联系，想象你就

是他，他的身体就是你的身体。你在大脑之中想象这些动作，然后去真正完成这些动作。人类的大脑里有一种特殊的"镜像神经元"，它们正是用于这个目的。

　　我敢肯定，马语者也用到了大脑之中的这个区域，但并不是去模仿另一个人，而是把自己代入到马的身份之中。他正在与马融为一体，感受它的感觉，了解它的动机，再去学习如何跟它沟通。

　　万物的耳语者除了必须用到机械、电气设备或计算机之外，和马语者没有多少不同。在真正理解一个事物之前，你必须在自己和这个事物之间建立一条纽带。你必须将自己的身份和身体映射到这个事物的各个部分中去，并让它成为你自己的一部分。

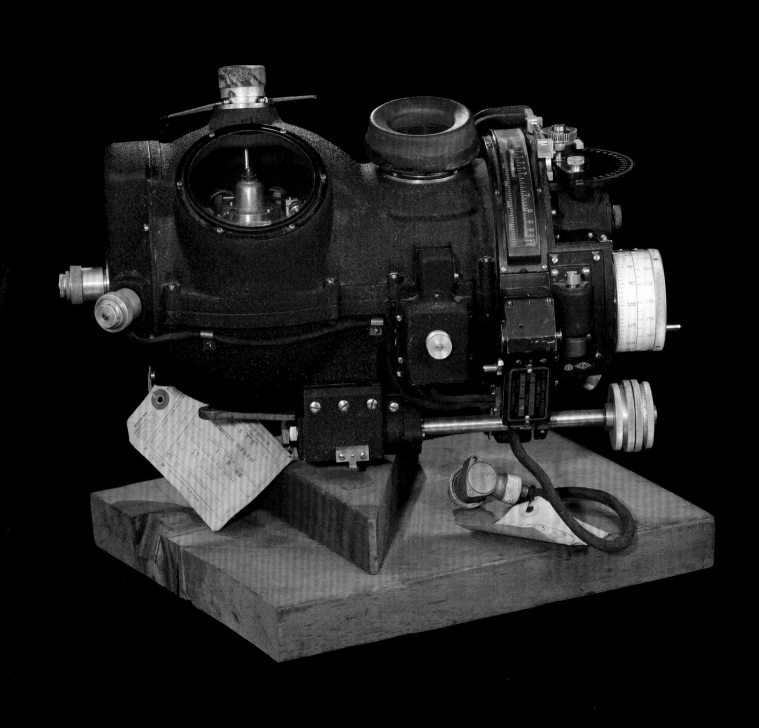

学习开车或学习骑车就是我上面的这种说法的一个完美例证。一旦你可以做好这件事情，你就已经融入机械设备之中，也就是把汽车或自行车从精神上纳入到你的身体里。你能"感觉"到它的大小和运动，就像你能感觉到自己的身体那样。你不必去计算或思考你在车道上所处的位置，或者在转弯时要倾斜多少度。

把这种能力扩散到更广泛的事物上去，只是一个实践性的问题。比如说，你想知道一个杠杆相对于另一个移动时会发生什么事情。你可以下意识地把杠杆投射到自己的胳膊上，然后想象你的胳膊会如何移动。你的大脑非常善于想象和预测你自己身体的行为，而这种投射是理解事物的一种方式，比任何一种智力活动都更强大。

伸出你的手，用指尖去触摸某个东西，这是你从小就学会做的事情。当年才几岁的时候，你的手指每次都能恰好摸到你想要摸的地方，无须思考，从不失手。

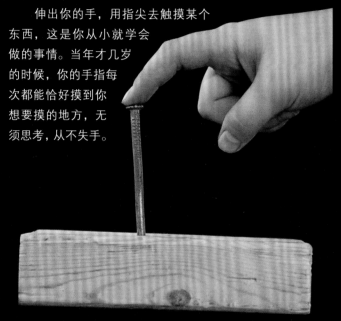

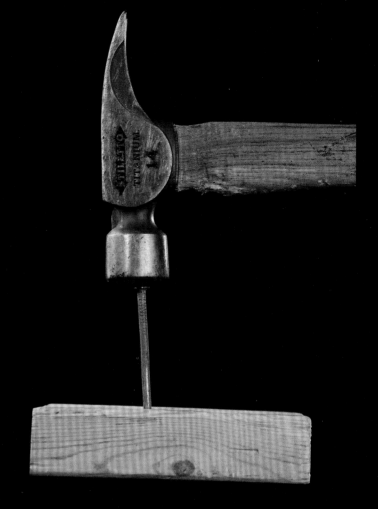

而一个专业的木匠在干活时，锤子就变成了他想象中的身体的一部分。正如你的手指不可能滑过你想要摸的地方，他的锤子也不太可能错过想要敲打的钉子。

这种把外部事物内化的模式对于任何擅长自己工作的人来说都是一样的。画家的笔、外科医生的手术刀都已经成为他们的身体扩展出来的一部分，并不需要有意识去控制，而是由小脑去控制。正是这个部位控制我们单脚跑、跳或金鸡独立。这是一种更高层次的思考，而无意识的执行则依靠我们的大脑。

当达到最高水平时，这些活动中的任何一项都毫不费力。

如果你在骑车时还必须思考如何骑车，那么说明你就没有学会骑车。你必须去感受它，而不是去思考它。这是显而易见的，但有些时候也不是那么明显，比如对于一个正在切开你的胸口给你的心脏重新布线的医生而言。如果他此刻还是思虑重重，那么事情就不好了。希望他只是一个学生，而一个经验丰富的医师正站在他的身后进行指导。外科医生对手术的细节想得越少，就越不容易犯错。

你可以教你自己去做这种投射，甚至包括那些完全不像是你身体的东西。这证明了人脑的力量与灵活性。更值得一提的是，你的大脑甚至可以把它自己投射到抽象的概念上去。数学家和程序员不会把很多时间花在那种类似于数学测验的思考方式上。相反，他们会想象各种奇怪的形状变化或者光与影的明暗交替。如果你见过他们正思考某个棘手的问题时的样子，你

尼克·曼骑着他的自行车。

无论是在哪个领域，高超的技巧都是值得一看的。我们的头脑能够分辨出这种完美，而训练有素的双手能进行高效、毫不费力的行动。这一切之所以看起来很不错，是因为它们是好的。我们下意识地知道，某些动作就该是这个样子。

就会发现他们会经常性地移动他们的手，或者在某种复杂的模式中来回移动手指。这些活动来自大脑中某个活跃的区域所产生的指引。他们正在运用大脑中那个形成连接、预测行为的部分，去解决一些关于算法或数学证明的东西。

理查德·费曼（Richard Feynman，1918—1988，美国物理学家，量子理论的奠基人之一）在他的著作《别闹了，费曼先生》中如此写道："数学家提出一个很棒的定理时，他们都很兴奋。当他们告诉我定理的条件时，我就构建出了所有符合这个条件的东西。你有一个球，分裂后变为两个球。当他们提出更多的条件时，这些球就改变了颜色，长出了头发。当然，这些都发生在我的大脑里。最后，他们陈述了定理，这是一些关于我的脑海里那个绿色的、毛茸茸的球的愚蠢的事情。然而，这和我看到的那个球不一样。所以，我说这是错误的！"

当然，编程，做手术，演奏，做木工活，这些事情都需要投入大量的注意力，而这足以让人筋疲力尽。然而，这种"累"的感觉和你在做一些并不擅长的事情时的那种感觉完全不同。在最美妙的时刻，这感觉起来很好。这比我所知的任何事情都更让人满足。有些时候，这被称为心流，或者"处于最佳状态"。这是人类所能取得的最高成就的体现，这时我们把对方、外物融入了自己的意识之中。这是把外物变成你自己的一部分的那种感觉，从而扩大自己，把身体之外的东西容纳进来。

尽管尼克和我都希望这幅非凡的图像获得赞誉，但它实际上是由医师、摄影师马克斯·阿奎莱拉－赫尔韦格拍摄的，并被收录进了他那令人惊叹的著作《圣心》（The Sacred Heart）之中。

后记：万物的耳语者　249

据说冥想的终极目标是扩展你的大脑，以容纳整个物质存在——和整个世界合而为一，就像木匠的锤子已经成了他的身体的一部分。我不知道这是不是真的。我从来就没有这种感觉，至少到目前还没有那种与世界融为一体的感觉。不过，我曾经感受过和一些物件融合的瞬间，如一把锤子、一辆自行车、几行程序代码。对了，还有一次，一瞬间，我感到自己与整个房间里的管道和电气系统融为了一体。就像一些我想要做的事情一样，这种感觉既美好又合理。也许某天我会扩张自己，包容下整个克利夫兰吧！（如果我住在克利夫兰的话，但我并没有住在那里。）

我试过弹奏一些乐器，能够感受到弹奏时的那种流畅的感觉。但我喜欢音乐的理念，所以，在读高中的时候，我制造了这个东西。这是一个触摸感应式键盘。

设计这个电路花了我几个星期的时间，也可能是几个月，我已经记不清楚了。这 25 个按键中的每个都拥有一个独立的通道，每一个都有单独的频率，由一块 CD 4040 分频器芯片来控制。这是一个漂亮的小型集成电路，至今依然可以工作。

我已经不记得它工作时的诸多细节了，但我确实还记得我在设计、制造它时的那种畅快的感觉。我也记得几年之后我失去了这种感知能力。我不知道为什么我不再能够全身心地沉浸在某一个项目里了。也许是因为我上了大学，也许是因为形单影只，我不知道。幸运的是，这种失落只是暂时性的，因为后来我又多次体验到这种感觉。我预计它还会再次回到我的身边。我希望每个人都能够有这样的感觉。

我用记号笔制作了这些电路板，并在一块空白的集成电路板（一块玻璃纤维板，其上涂覆有一层薄薄的铜膜）上绘出了电路图。画好以后，我把这块板子浸泡在三氯化铁溶液中，没有被记号笔覆盖的地方的那一层铜就被溶液腐蚀掉了。然后，我就可以把各个元器件焊接在那一层铜膜上了。

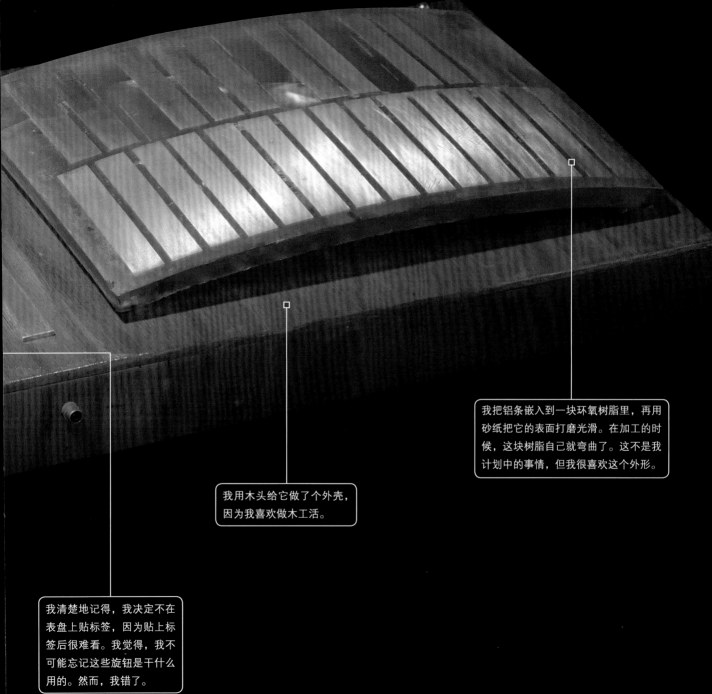

我把铝条嵌入到一块环氧树脂里，再用砂纸把它的表面打磨光滑。在加工的时候，这块树脂自己就弯曲了。这不是我计划中的事情，但我很喜欢这个外形。

我用木头给它做了个外壳，因为我喜欢做木工活。

我清楚地记得，我决定不在表盘上贴标签，因为贴上标签后很难看。我觉得，我不可能忘记这些旋钮是干什么用的。然而，我错了。

你是一个耳语者吗

每个人都有自己所擅长的事情，每个人也都努力去做好那些事情。比如，有些人在学校里很受欢迎。而事实证明，这背后是大量的努力。当然，你或许没有注意到这一点，那也许是因为这项工作的一部分就是要让它看起来毫不费力。你所没有看到的是那些受欢迎的孩子花费了大量的时间研究流行趋势，决定明天穿什么衣服。这样，他们才能拥有恰当的外表，而又不让人觉得他们曾为之付出努力。

建立良好的人际关系并没有什么错，但我绝对没有做到这一点。我希望当时能有个人告诉我，这并不是因为我不够努力。

我并不是说希望那时的我能够更努力地追赶流行趋势。恰恰相反！我希望能够强化我的看法，也就是说不值得花费时间让自己变得时尚起来。高中时期的流行不过是过眼云烟，这种技能并不能很好地为现实生活服务。

我利用自己的时间制作了很多东西，去学习修理它们，去学习编程、制造火药，以及其他诸多我从未后悔花了时间去做的事情。如果你也发现自己是一个耳语者，正在被一些有趣的事物所召唤，那么当你走向世界时理应感到自豪。你会找到自己的同路人，他们会认识你，欢迎你。

致　谢

和我其他所有的书一样，这本书是由我和我周围的人合作完成的。更重要的是，与我长期合作的摄影师尼克·曼拍摄了本书中几乎全部的图片（除了那些来自路易斯安那州等地的照片，那些拍得不是很好，因为它们是由我自己去拍摄的。）

这本书也是我和编辑贝基·科、设计师马特·科克利合作的结果。他们具有强大的流程处理能力，如果没有他们，这本书如今还只是一份 Word 文档，孤零零地躺在我的电脑硬盘里。同属于这一类合作者的还有我那长期备受折磨的助理格雷琴，没有他的帮助，我很可能已经因为报税上的疏忽而身陷囹圄。

除了这些核心人物之外，还有一群人在支撑着我，给我人生目标，并总是让我保持警醒。我不会提及那些前任，但会提到我的孩子们：艾迪、康纳和艾玛。我会提及我生命中那些新遇到的人，玛丽贝尔和托比；还有那些长期陪伴我的人，鲍比、特里斯坦、科蒂、亚历克苏斯、布莱恩娜和昆顿。此外，尽管我们已不再正式参与应用程序开发的相关工作，马克西姆和菲奥娜依然给予了我诸多支持、建议和灵感。

新加入致谢名单的是一群中国朋友。我经常去拜访他们，比如牛顿项目中的徐继哲和清华大学的顾学雍教授（音）。我非常感谢他们，他们带领我访问了那些村庄、工厂和市场。这些地方是本书中许多故事和有趣物品的来源。

我也要特别感谢我那位杰出的向导、翻译王苍，正是他带着我走街串巷。更幸运的是，他的父母和兄弟姐妹恰好从事棉花种植工作，这让我愉快地了解到了中国棉花的有关情况。我也感谢河北昱昌古典钟表有限公司的周宁，他花费了好多天的时间带我在他的钟表帝国中畅游。

同样是在棉花的事情上，我要感谢龙根农场和路易斯安那州卡多教区的吉列姆轧棉公司允许我拍摄他们工作时的场景。香槟社区编织俱乐部的苏曾非常亲切地教我纺纱，而当我没能学会时又亲自替我纺纱。托比和亚历克苏斯帮我编织，昆顿则花了很多时间用我的那台曲柄式轧棉机帮我轧棉，尽管这很可能"涉嫌非法使用童工"。

在制作隔热垫的开端，也就是种植棉花，我要感谢科蒂、鲍比、克旺崔尔、昆顿、布莱恩娜和亚历克斯。他们在我的棉花地里汗流浃背地辛勤劳作。在成长的季节里，杰森和辛迪一直帮我盯着田地，必要时帮我浇水，并提醒我即将发生的虫灾。

科迪特意向我提到了那些外壳透明的物件专门在监狱中使用。没有这些物品，本书的第 1 章就不会诞生。我要感谢甘比，她耐心地站在那个巨大的托莱多台秤上，让我们的照片能清楚地反映出台秤的大小。

布鲁斯·汉农对本书中时钟的运行和起源提供了宝贵的见解。伊戈尔·普迪扎克提供了那些优良的托莱多台秤，也是他让我优雅地摆脱那个生锈轴承所带来的负担。

GU Eager 激光切割机公司的丹尼尔和埃里克给了我很大的支持，让我用极为精密的激光切割机制作你在本书中看到的那些丙烯酸树脂模型。（你可以在 Mechanicalgifs 网站上买到这些模型，它们都是由我的工作室制作的，并由可爱的科蒂、鲍比和格雷琴负责打包。）

最后，我要感谢所有制造了这些奇妙产品的公司，以及设计、制造和销售这些产品的公司里的所有人。我要特别感谢我们当地的博格纳公司，因为它倒闭了，所以我就能以跳楼价购买那些人体模型。你不知道有多少人体模型的照片最终没能选入本书，只是因为它们太令人毛骨悚然了。所以，珍惜你在本书里看到的那些人体模型的照片吧。